实用电气计算

狄富清　狄晓渊　狄欣雨　编著

机械工业出版社

本书共 8 章，包括：电气基础计算，导线、电缆、母线的选择计算及线损计算，短路电流计算，变压器选择计算，配电变压器继电保护整定计算，主变压器继电保护基本原理及整定计算，配电线路继电保护整定计算，变电所电气设备选择计算。书中详细介绍了 220kV 及以下不同电压等级变电所电力系统的短路电流计算、继电保护整定值的计算、电气设备的选择计算，并列举了大量实用例题。

本书内容丰富、资料翔实、图文并茂、技术先进、实用性强，可供从事电网变电所电气设计建设的工程技术人员参考，也可作为相关院校电力专业的教学参考书和电工技术培训用书。

图书在版编目（CIP）数据

实用电气计算/狄富清，狄晓渊，狄欣雨编著. —北京：机械工业出版社，2024.3（2024.8 重印）
ISBN 978-7-111-74587-7

I.①实⋯ II.①狄⋯②狄⋯③狄⋯ III.①电气设备-计算 IV.①TM92

中国国家版本馆 CIP 数据核字（2024）第 037935 号

机械工业出版社（北京市百万庄大街 22 号　邮政编码 100037）
策划编辑：任　鑫　　　　　责任编辑：任　鑫　刘星宁
责任校对：孙明慧　张　征　封面设计：马若濛
责任印制：郜　敏
北京富资园科技发展有限公司印刷
2024 年 8 月第 1 版第 2 次印刷
184mm×260mm·18.75 印张·2 插页·463 千字
标准书号：ISBN 978-7-111-74587-7
定价：88.00 元

电话服务　　　　　　　　　网络服务
客服电话：010-88361066　　机　工　官　网：www.cmpbook.com
　　　　　010-88379833　　机　工　官　博：weibo.com/cmp1952
　　　　　010-68326294　　金　书　网：www.golden-book.com
封底无防伪标均为盗版　机工教育服务网：www.cmpedu.com

前　言

　　随着社会的不断进步和时代的发展，以及国家经济的平稳快速增长，国有企业、民营企业、外资企业等迅速发展；智能化用电的居民住宅小区、商业中心、文化教育和医疗卫生系统建设的步伐也更加快速。这些进一步促进了城乡电网设施的建设，以满足城乡经济的发展和人民日常生活的用电需求。

　　近年来，在经济发达地区，220kV 电网已成为主供电源，110kV 及以下的变电所更是随处可见。为了满足地方经济发展对电力的需求，不同电压等级的变电所则应运而生。为了做到与时俱进，保证变电所的实用性和安全性，故编写了《实用电气计算》一书，供从事电网设计建设的工程技术人员，及变电系统运行维护人员参考。

　　本书内容丰富、资料翔实、图文并茂、技术先进、实用性强。本书共分为 8 章，包括：电气基础计算，导线、电缆、母线的选择计算及线损计算，短路电流计算，变压器选择计算，配电变压器继电保护整定计算，主变压器继电保护基本原理及整定计算，配电线路继电保护整定计算，变电所电气设备选择计算。此外，为做到理论联系实际，书中还大量列举了短路电流计算、继电保护整定计算、电气设备选择计算的实用例题。

　　在本书编写过程中，参考了大量电力系统相关专业的文献资料，得到机械工业出版社付承桂老师、任鑫老师的大力支持。此外，溧阳市供电公司的相关工程技术人员也给予了大力支持，在此一并表示深深谢意！

　　由于作者工作经验和技术水平有限，书中难免存在错漏和不妥之处，敬请读者批评指正。

作者

2023 年 10 月

目　　录

电气基础计算

第一节　电阻、电抗、电容的基本计算

一、电阻的计算

导线单位长度的电阻按式（1-1）计算，即

$$R_0 = \frac{\rho}{S} = \frac{10^3}{\gamma S} \tag{1-1}$$

式中　R_0——导线单位长度电阻，单位为 Ω/km；

ρ——导线材料的电阻率，单位为 $\Omega \cdot mm^2/km$；

S——导线的截面积，单位为 mm^2；

γ——导线的电导率，单位为 $km/\Omega \cdot mm^2$。

常用的铜和铝导线电阻率与电导率见表1-1。

表1-1　铜、铝导线电阻率与电导率

名称	单位	铜	铝
电阻率（ρ）	$\Omega \cdot mm^2/km$	18.8	31.5
电导率（γ）	$km/\Omega \cdot mm^2$	53	32

注：环境温度 $t = 20℃$。

导线的电阻率 ρ 随温度的变化而变化，在一般工作温度范围内，电阻率与温度之间的关系可以视为线性，即

$$\rho_2 = \rho_1 [1 + \alpha(t_2 - t_1)] \tag{1-2}$$

式中　ρ_2——温度为 t_2 时导线的电阻率，单位为 $\Omega \cdot mm^2/km$；

ρ_1——温度为 t_1 时导线的电阻率，单位为 $\Omega \cdot mm^2/km$；

t_1、t_2——导线温度，单位为 $℃$；

α——导线的温度系数。

常用的铜、铝导线的电阻率和平均温度系数见表1-2。

表1-2　铜和铝导线的电阻率和平均温度系数

材料名称	电阻率ρ_{20}/($\Omega \cdot mm^2/km$)	平均温度系数/($1/℃$)（$0 \sim 100℃$）
铜	18.8	0.0041
铝	31.5	0.0042

二、电抗的计算

架空线路的电抗计算

三相交流架空线路单位长度每千米的电抗按式（1-3）计算，即

$$X_0 = 0.1445 \lg \frac{d_{av}}{r} \tag{1-3}$$

式中　X_0——架空线路单位长度的电抗，单位为 Ω / km；

　　　　r——导线的计算半径，单位为 mm；

　　　　d_{av}——三相导线间距离的几何平均值。

　　　d_{av} 的值可按式（1-4）计算，即

$$d_{av} = \sqrt[3]{d_{AB} d_{BC} d_{AC}} \tag{1-4}$$

式中　d_{AB}、d_{BC}、d_{AC}——分别为两相之间的距离，单位为 mm。

【例 1-1】　某 10kV 架空线路导线为水平排列，线间距离 $d = 700\mathrm{mm}$，选用 LGJ—120 型钢芯铝绞线，试计算线路单位长度每千米的电阻和电抗值。

解：

① 电阻 R_0 的计算

每千米导线单位长度的电阻按式（1-1）计算，即

$$R_{0L} = \frac{\rho}{S} = \frac{31.5\Omega \cdot \mathrm{mm}^2 / \mathrm{km}}{120\mathrm{mm}^2} = 0.2625\Omega / \mathrm{km}$$

② 电抗 X_0 的计算

按式（1-4）计算导线排列之间的平均距离，即

$$d_{av} = \sqrt[3]{d_{AB} d_{BC} d_{AC}} = \sqrt[3]{700 \times 700 \times 1400}\,\mathrm{mm}$$
$$= 881.9445\mathrm{mm}$$

导线计算半径为

$$r = \sqrt{\frac{S}{\pi}} = \sqrt{\frac{120}{3.14}}\,\mathrm{mm} = 6.182\mathrm{mm}$$

导线每千米单位长度的电抗按式（1-3）计算，即

$$X_{0L} = 0.1445 \lg \frac{d_{av}}{r}$$
$$= 0.1445 \lg \frac{881.9445}{6.182}\Omega / \mathrm{km}$$
$$= 0.1445 \lg 142.6633\Omega / \mathrm{km}$$
$$= 0.1445 \times 2.1543\Omega / \mathrm{km}$$
$$= 0.311\Omega / \mathrm{km}$$

三、电容的计算

1. 架空线路分布电容的计算

（1）单相输电线路对地电容的计算

单相输电线路对地电容按式（1-5）计算，即

$$C = \frac{2\pi\varepsilon L}{\ln\left(\frac{2h}{r}\right)} \tag{1-5}$$

式中　C——单相对地电容，单位为 F；

h——导线中心轴线与地面的距离，单位为 m；

r——导线的半径，单位为 m；

L——输电线路的长度，单位为 m；

ε——电容率，空气的电容率 $\varepsilon = 1.002$。

（2）三相输电线路每相电容的计算

三相输电线路每相电容按式（1-6）计算，即

$$C = \frac{2\pi\varepsilon L}{\ln\left(\dfrac{d_{av}}{r}\right)} \tag{1-6}$$

式中　d_{av}——$d_{av} = \sqrt[3]{d_{AB}d_{BC}d_{AC}}$，导线轴线间距的几何平均值，单位为 m。

2. 电容器的电容计算

电容器的电容按式（1-7）计算，即

$$C = \frac{Q_C \times 10^3}{2\pi f U_C^2} \tag{1-7}$$

式中　C——电容值，单位为 μF；

Q_C——电容器容量，单位为 kvar；

U_C——电容器电压，单位为 kV；

f——电源频率，50Hz。

【例1-2】　一台三相 BZMJ0.4—50—3 型的电容器，额定电压 $U_{NC} = 0.4$kV，额定容量 $Q_{NC} = 50$kvar，计算电容器的电容值。

解：

电容器的电容值按式（1-7）计算，得

$$C = \frac{Q_{NC} \times 10^3}{2\pi f U_{NC}^2} = \frac{50 \times 10^3}{2 \times 3.14 \times 50 \times 0.4^2}\mu F$$
$$= 995\mu F$$

第二节　直流电路计算

一、欧姆定律

在恒定电流的电路中，用欧姆定律表示电流、电压、电阻三者的关系，电路中的电流与电压成正比，与电阻成反比。在图 1-1 中所示的电流、电压、电阻之间关系式为

$$\left.\begin{aligned} I &= \frac{U}{R} \\ U &= IR \\ R &= \frac{U}{I} \end{aligned}\right\} \tag{1-8}$$

式中　I——电流，单位为 A；

U——电压，单位为 V；

R——电阻，单位为 Ω。

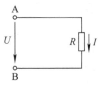

图 1-1　欧姆定律

二、串联电路

电阻串联电路如图 1-2 所示。串联电路中电压、电流、电阻之间关系式为

$$\left.\begin{array}{l} U_1 = I_1 R_1 \\ U_2 = I_2 R_2 \\ U_{AB} = U_1 + U_2 \\ I = I_1 = I_2 \\ R_{AB} = R_1 + R_2 \end{array}\right\} \qquad (1-9)$$

式中　R_1、R_2——电阻，单位为 Ω；

　　　　R_{AB}——串联电路的总电阻，单位为 Ω；

　　　I_1、I_2——通过电阻 R_1、R_2 的电流，单位为 A；

　　　　　I——通过串联电路的电流，单位为 A；

　　U_1、U_2——电阻 R_1、R_2 上的电压，单位为 V；

　　　　U_{AB}——串联电路电源总电压，单位为 V。

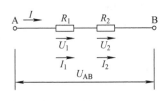

图 1-2　串联电路

三、并联电路

电阻并联电路如图 1-3 所示。并联电路中，电压、电流、电阻之间关系式为

$$\left.\begin{array}{l} U_1 = I_1 R_1 \\ U_2 = I_2 R_2 \\ U_{AB} = U_1 = U_2 \\ I = I_1 + I_2 \\ \dfrac{1}{R_{AB}} = \dfrac{1}{R_1} + \dfrac{1}{R_2} \end{array}\right\} \qquad (1-10)$$

式中　R_{AB}——并联电路的总电阻，单位为 Ω；

　　　U_{AB}——并联电路电源总电压，单位为 V。

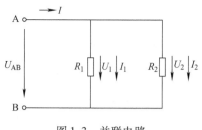

图 1-3　并联电路

四、节点电压法计算

如图 1-4 所示，可用节点电压法计算各支路电流。

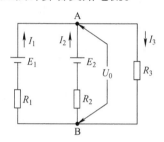

图 1-4　直流并联电路

节点电压 U_0 按式（1-11）计算，即

$$U_0 = \frac{\dfrac{E_1}{R_1} + \dfrac{E_2}{R_2}}{\dfrac{1}{R_1} + \dfrac{1}{R_2} + \dfrac{1}{R_3}} \tag{1-11}$$

式中　U_0——节点 A 与 B 之间的节点电压，单位为 V；

　E_1、E_2——电源电压，单位为 V；

R_1、R_2、R_3——电阻值，单位为 Ω。

　　各支路电流按式（1-12）计算

$$\left. \begin{array}{l} I_1 = \dfrac{E_1 - U_0}{R_1} \\[2mm] I_2 = \dfrac{E_2 - U_0}{R_2} \\[2mm] I_3 = \dfrac{U_0}{R_3} \end{array} \right\} \tag{1-12}$$

式中　I_1、I_2、I_3——各支路电流，单位为 A。

　　【例 1-3】　并联电路如图 1-5 所示，已知 $E_1 = 30V$，$E_2 = 20V$，$R_1 = 5\Omega$，$R_2 = 4\Omega$，$R_3 = 20\Omega$，用节点电压法计算各支路电流。

　　解：

　　按式（1-11）计算节点电压 U_0。

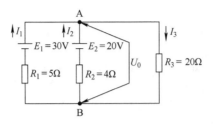

图 1-5　并联电路

$$U_0 = \frac{\dfrac{E_1}{R_1} + \dfrac{E_2}{R_2}}{\dfrac{1}{R_1} + \dfrac{1}{R_2} + \dfrac{1}{R_3}} = \frac{\dfrac{30}{5} + \dfrac{20}{4}}{\dfrac{1}{5} + \dfrac{1}{4} + \dfrac{1}{20}}\mathrm{V} = \frac{11}{0.5}\mathrm{V} = 22\mathrm{V}$$

各支路电流按式（1-12）计算为

$$I_1 = \frac{E_1 - U_0}{R_1} = \frac{30 - 22}{5}\mathrm{A} = 1.6\mathrm{A}$$

$$I_2 = \frac{U_2 - U_0}{R_2} = \frac{20 - 22}{4}\mathrm{A} = -0.5\mathrm{A}$$

则电流 I_2 的实际方向为向下，有

$$I_2 = 0.5\mathrm{A}$$

$$I_3 = \frac{U_0}{R_3} = \frac{22}{20}\mathrm{A} = 1.1\mathrm{A}$$

五、回路电流法计算

在图 1-6 所示的并联电路中，设回路 I 中的电流 I_{I} 方向、回路 II 中的电流 I_{II} 方向如图中所示。

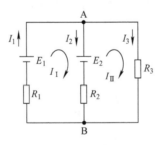

图 1-6　并联电路

回路总电阻之和，即自电阻为

$$\left. \begin{array}{l} R_{11} = R_1 + R_2 \\ R_{22} = R_2 + R_3 \end{array} \right\} \tag{1-13}$$

回路公共支路的电阻，即互电阻为

$$R_{12} = R_{21} = -R_2 \tag{1-14}$$

因为回路方向相同，故互电阻取 $-R_2$。

回路的自电源为

$$E_{11} = E_1 - E_2 \left.\right\} \atop E_{22} = E_2 \qquad \qquad (1\text{-}15)$$

列出电流与电压的回路方程见式（1-16），即

$$R_{11}I_{\text{I}} + R_{12}I_{\text{II}} = E_{11} \left.\right\} \atop R_{21}I_{\text{I}} + R_{22}I_{\text{II}} = E_{22} \qquad (1\text{-}16)$$

式中　R_{11}、R_{22}——回路自电阻，单位为 Ω；

　　　R_{12}、R_{21}——回路互电阻，单位为 Ω；

　　　I_{I}——回路 I 中的回路电流，单位为 A；

　　　I_{II}——回路 II 中的回路电流，单位为 A；

　　　E_{11}、E_{22}——回路自电压，单位为 V。

回路电流的计算为

$$\Delta = \begin{vmatrix} R_{11} & R_{12} \\ R_{21} & R_{22} \end{vmatrix} = R_{11}R_{22} - R_{12}R_{21}$$

$$\Delta_1 = \begin{vmatrix} E_{11} & R_{12} \\ E_{22} & R_{22} \end{vmatrix} = E_{11}R_{22} - E_{22}R_{12}$$

$$\Delta_2 = \begin{vmatrix} R_{11} & E_{11} \\ R_{21} & E_{22} \end{vmatrix} = E_{22}R_{11} - E_{11}R_{21}$$

$$I_{\text{I}} = \dfrac{\Delta_1}{\Delta} \left.\right\} \atop I_{\text{II}} = \dfrac{\Delta_2}{\Delta} \qquad \qquad (1\text{-}17)$$

各支路电流按式（1-18）计算，即

$$I_1 = I_{\text{I}} \left.\right\} \atop I_2 = I_{\text{I}} - I_{\text{II}} \atop I_3 = I_{\text{II}} \qquad \qquad (1\text{-}18)$$

【例 1-4】　在并联电路图 1-7 中，已知 $E_1 = 30\text{V}$，$E_2 = 20\text{V}$，$R_1 = 5\Omega$，$R_2 = 4\Omega$，$R_3 = 20\Omega$，用回路电流法计算各支路电流。

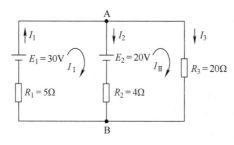

图 1-7　并联电路

解：

回路自电阻、互电阻、自电压分别按式（1-13）、式（1-14）、式（1-15）计算，得

$$R_{11} = R_1 + R_2 = (5+4)\,\Omega = 9\,\Omega$$

$$R_{22} = R_2 + R_3 = (4+20)\,\Omega = 24\,\Omega$$

$$R_{12} = R_{21} = -R_2 = -4\,\Omega$$

$$E_{11} = E_1 - E_2 = (30-20)\,\mathrm{V} = 10\,\mathrm{V}$$

$$E_{22} = E_2 = 20\,\mathrm{V}$$

将数值代入式（1-16），并按式（1-19）计算回路电流。

$$\left. \begin{array}{r} 9I_{\mathrm{I}} - 4I_{\mathrm{II}} = 10 \\ -4I_{\mathrm{I}} + 24I_{\mathrm{II}} = 20 \end{array} \right\} \tag{1-19}$$

$$\Delta = \begin{vmatrix} R_{11} & R_{12} \\ R_{21} & R_{22} \end{vmatrix} = \begin{vmatrix} 9 & -4 \\ -4 & 24 \end{vmatrix} = 9 \times 24 - 4 \times 4 = 216 - 16 = 200$$

$$\Delta_1 = \begin{vmatrix} E_{11} & R_{12} \\ E_{22} & R_{22} \end{vmatrix} = \begin{vmatrix} 10 & -4 \\ 20 & 24 \end{vmatrix} = 10 \times 24 + 4 \times 20 = 240 + 80 = 320$$

$$\Delta_2 = \begin{vmatrix} R_{11} & E_{11} \\ R_{21} & E_{22} \end{vmatrix} = \begin{vmatrix} 9 & 10 \\ -4 & 20 \end{vmatrix} = 9 \times 20 + 10 \times 4 = 180 + 40 = 220$$

$$I_{\mathrm{I}} = \frac{\Delta_1}{\Delta} = \frac{320}{200}\,\mathrm{A} = 1.6\,\mathrm{A}$$

$$I_{\mathrm{II}} = \frac{\Delta_2}{\Delta} = \frac{220}{200}\,\mathrm{A} = 1.1\,\mathrm{A}$$

各支路电流按式（1-18）计算，得

$$I_1 = I_{\mathrm{I}} = 1.6\,\mathrm{A}$$

$$I_2 = I_{\mathrm{I}} - I_{\mathrm{II}} = (1.6 - 1.1)\,\mathrm{A} = 0.5\,\mathrm{A}$$

$$I_3 = I_{\mathrm{II}} = 1.1\,\mathrm{A}$$

第三节　单相交流电路计算

一、电压和电流瞬时值的表达式

单相交流电压和电流瞬时值的表达式为

$$\left. \begin{array}{l} \dot{u} = U_{\mathrm{m}}\sin(\omega t + \varphi) = \sqrt{2}\,U\sin(\omega t + \varphi_0) \\ \dot{i} = I_{\mathrm{m}}\sin(\omega t + \varphi) = \sqrt{2}\,I\sin(\omega t + \varphi_0) \end{array} \right\} \tag{1-20}$$

式中　U_{m}——交流电压的最大值，单位为 V；

$\quad\quad U$——交流电压的有效值，单位为 V；

$\quad\quad I_{\mathrm{m}}$——交流电流的最大值，单位为 A；

$\quad\quad I$——交流电流的有效值，单位为 A；

$\quad\quad \omega$——交流电的角频率，$\omega = 2\pi f$；

$\quad\quad t$——交流电的瞬变时间，单位为 s；

$\quad\quad \varphi_0$——交流电的初相角，单位为°。

二、电阻电路的计算

交流电通过电阻的电流按式（1-21）计算

$$I_R = \frac{U_R}{R}$$ (1-21)

式中 I_R——交流电通过电阻的电流，单位为 A；

U_R——电阻两端的电压，单位为 V；

R——电阻值，单位为 Ω。

电阻消耗的功率按式（1-22）计算，即

$$P = U_R I_R = I_R^2 R = \frac{U_R^2}{R}$$ (1-22)

式中 P——电阻消耗的功率，W。

三、电感电路的计算

电感的电抗值按式（1-23）计算，即

$$X_L = j\omega L = j2\pi fL$$ (1-23)

式中 X_L——电感电抗，单位为 Ω；

ω——交流电的角频率，$\omega = 2\pi f$；

f——交流电的频率，我国交流电的频率为 50Hz；

L——电感线圈的电感量，单位为 H；

π——常数 3.14；

j——$j = \sqrt{-1}$。

通过电感线圈的电流按式（1-24）计算，即

$$I_L = \frac{U_L}{X_L}$$ (1-24)

式中 I_L——通过电感线圈的电流，单位为 A；

U_L——电感线圈两端的电压，单位为 V；

X_L——电感线圈的电抗，单位为 Ω。

电感线圈的无功功率按式（1-25）计算，即

$$Q_L = U_L I_L = I_L^2 X_L = U_L^2 / X_L$$ (1-25)

式中 Q_L——电感线圈的无功功率，单位为 var。

四、电容电路的计算

电容电路的容抗按式（1-26）计算，即

$$X_C = \frac{1}{j\omega C} = \frac{1}{j2\pi fC}$$ (1-26)

式中 X_C——电容电抗值，单位为 Ω；

ω——交流电的角频率，$\omega = 2\pi f$；

C——电容器的电容量，单位为 F。

电容的无功功率按式（1-27）计算，即

$$Q_C = U_C I_C = I_C^2 X_C = U_C^2 / X_C \qquad (1\text{-}27)$$

式中　Q_C——电容的无功功率，单位为 var；

U_C——电容电压，单位为 V；

I_C——电容电流，单位为 A；

X_C——电容电抗，单位为 Ω。

五、交流电的表达式

在直角坐标图 1-8 中，阻抗 $\dot{Z}$ 用复数表达，见式（1-28），也可用矢量或指数表达。同样，电压的表达式见式（1-29），电流的表达式见式（1-30）。

$$\left. \begin{aligned} \dot{Z} &= R + jX \\ \dot{Z} &= Z\angle\varphi \\ \dot{Z} &= Ze^{j\varphi} \end{aligned} \right\} \qquad (1\text{-}28)$$

$$\left. \begin{aligned} \dot{U} &= U_R + jU_X \\ \dot{U} &= U\angle\varphi \\ \dot{U} &= Ue^{j\varphi} \end{aligned} \right\} \qquad (1\text{-}29)$$

$$\left. \begin{aligned} \dot{I} &= I_R + jI_X \\ \dot{I} &= I\angle\varphi \\ \dot{I} &= Ie^{j\varphi} \end{aligned} \right\} \qquad (1\text{-}30)$$

式中　$\dot{Z}$——阻抗复数值，单位为 Ω；

Z——阻抗有效值，单位为 Ω；

φ——阻抗角；

$\dot{U}$——电压复数值，单位为 V；

U——电压有效值，单位为 V；

U_R——电阻上的电压，单位为 V；

U_X——电抗上的电压，单位为 V；

$\dot{I}$——电流复数值，单位为 A；

I——电流有效值，单位为 A。

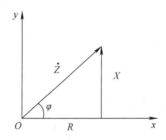

图 1-8　交流电阻抗直角坐标图

$\dot{Z}$—阻抗　R—电阻　X—电抗　φ—角度

【例 1-5】　某交流电路如图 1-9 所示，已知电源电压 $\dot{U} = 190 + j110 = 220\angle 30° =$

$220e^{j30°}$ V, 阻抗为 $\dot{Z} = R + jX = 4 + j3 = 5\angle 37° = 5e^{j37°}\,\Omega$, 计算线路电流 $\dot{I}$。

解:

$$\dot{I} = \frac{\dot{U}}{\dot{Z}} = \frac{220\angle 30°}{5\angle 37°}A = 44\angle -7°A = 44e^{-j7°}A$$

$$= (43.67 - j5.36)A$$

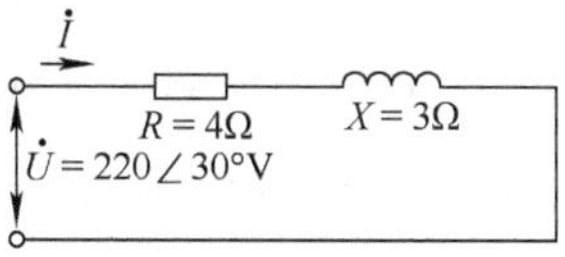

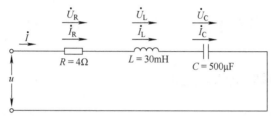

图 1-9 交流电路

【例1-6】 某单相交流电路如图 1-10 所示, 电源电压为 $u = \sqrt{2}220\sin 314t$ V, 电路电阻 $R = 4\Omega$, 线圈电感 $L = 30\text{mH}$, 电容 $C = 500\mu\text{F}$, 计算电路电流, 计算电阻、电感、电容上的电压及功率。

图 1-10 电阻 R、电感 L、电容 C 串联电路

解:

电路中电感线圈电抗按式 (1-23) 计算, 即

$$X_L = j\omega L = j2\pi fL = j314 \times 30 \times 10^{-3}\,\Omega = j9.4\Omega$$

电路中电容电抗按式 (1-26) 计算, 即

$$\dot{X}_C = \frac{1}{j\omega C} = \frac{1}{j2\pi fC} = \frac{1}{j314 \times 500 \times 10^{-6}}\Omega$$

$$= -j6.4\Omega$$

串联电路的阻抗为

$$\dot{Z} = R + X_L - X_C = R + j(X_L - X_C)$$

$$= [4 + j(9.4 - 6.4)]\Omega = (4 + j3)\Omega = 5\angle 37°\Omega$$

电路电流为

$$\dot{I} = \frac{\dot{U}}{\dot{Z}} = \frac{220\angle 0°}{5\angle 37°}A = 44\angle -37°A$$

$$\dot{I}_R = \dot{I}_L = \dot{I}_C = \dot{I} = 44\angle -37°A$$

电路中电阻、电感、电容上的电压分别为

$$\dot{U}_R = \dot{I}_R R = 44\angle -37° \times 4V = 176\angle -37°V = (140.8 - j105.6)V$$

$$\dot{U}_L = jI_L X_L = j44\angle -37° \times 9.4V = j413.6\angle -37°V = 413.6\angle 53°V$$

$$= (248.16 + j330.88)V$$

$$\dot{U}_C = -j\dot{I}_C X_C = -j44\angle -37° \times 6.4V = -j281.6\angle -37°V$$

$$= -281.6\angle 53° = (-168.96 - j225.28)V$$

验证 $\dot{U} = \dot{U}_R + \dot{U}_L + \dot{U}_C = (140.8 - j105.6 + 248.16 + j330.88 - 168.96 - j225.28)\text{V} = 220\angle 0°\text{V}$

由此可知，上述电压计算值正确。

电阻 R、电感 L、电容 C 上的功率为

$$P_R = I_R^2 R \times 10^{-3} = 44^2 \times 4 \times 10^{-3}\text{kW} \approx 7.7\text{kW}$$

$$Q_L = I_L^2 X_L \times 10^{-3} = 44^2 \times 9.4 \times 10^{-3}\text{kvar} \approx 18.2\text{kvar}$$

$$Q_C = I_C^2 X_C \times 10^{-3} = 44^2 \times 6.4 \times 10^{-3}\text{kvar} \approx 12.4\text{kvar}$$

$$Q = Q_L - Q_C = (18.2 - 12.4)\text{kvar} \approx 5.8\text{kvar}$$

或

$$S = UI = 220 \times 44 \times 10^{-3}\text{kVA} \approx 9.68\text{kVA}$$

$$P_R = S\cos 37° = 9.68 \times 0.8\text{kW} \approx 7.7\text{kW}$$

$$Q = S\sin 37° = 9.68 \times 0.6\text{kvar} \approx 5.8\text{kvar}$$

第四节　三相交流电路计算

一、三相交流电瞬时值的表达式

三相交流电压瞬时值的表达式为

$$\left.\begin{array}{l} \dot{u}_A = \sqrt{2}U_A\sin(\omega t + \varphi_0) \\ \dot{u}_B = \sqrt{2}U_B\sin(\omega t + \varphi_0 - 120°) \\ \dot{u}_C = \sqrt{2}U_C\sin(\omega t + \varphi_0 + 120°) \end{array}\right\} \tag{1-31}$$

式中　$\dot{u}_A$、$\dot{u}_B$、$\dot{u}_C$——三相交流电的电压瞬时值，单位为 V；

$\quad\quad U_A$、U_B、U_C——三相交流电的电压有效值，单位为 V；

$\quad\quad\quad\quad\quad \omega$——交流电的角频率；

$\quad\quad\quad\quad\quad \varphi_0$——交流电的电压初相角，单位为 °。

三相交流电流瞬时值的表达式为

$$\left.\begin{array}{l} i_A = \sqrt{2}I_A\sin(\omega t + \varphi_0) \\ i_B = \sqrt{2}I_B\sin(\omega t + \varphi_0 - 120°) \\ i_C = \sqrt{2}I_C\sin(\omega t + \varphi_0 + 120°) \end{array}\right\} \tag{1-32}$$

式中　i_A、i_B、i_C——三相交流电的电流瞬时值，单位为 A；

$\quad\quad I_A$、I_B、I_C——三相交流电的电流有效值，单位为 A；

$\quad\quad\quad\quad\quad \omega$——交流电的角频率；

$\quad\quad\quad\quad\quad \varphi_0$——三相交流电的初相角，单位为 °。

二、三相交流电的联结计算

1. 星形（Y）联结计算

三相交流负荷星形（Y）联结，如图 1-11 所示。

三相交流负荷星形（丫）联结时，线电压、相电压、线电流、相电流之间关系式为

$$\left.\begin{array}{l} U_{\mathrm{L}} = \sqrt{3}U_{\mathrm{ph}} \\ I_{\mathrm{L}} = I_{\mathrm{ph}} \end{array}\right\} \tag{1-33}$$

式中　U_{L}、U_{ph}——分别为线电压和相电压，单位为 kV；

　　　I_{L}、I_{ph}——分别为线电流和相电流，单位为 A。

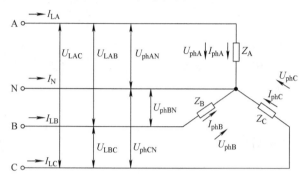

图 1-11　三相交流负荷星形（丫）联结

三相交流电的视在功率为

$$\left.\begin{array}{l} S = \sqrt{3}U_{\mathrm{L}}I_{\mathrm{L}} \\ S = 3U_{\mathrm{ph}}I_{\mathrm{ph}} \end{array}\right\} \tag{1-34}$$

式中　S——视在功率，单位为 VA；

　　　U_{L}——线电压，单位为 V；

　　　U_{ph}——相电压，单位为 V；

　　　I_{L}——线电流，单位为 A；

　　　I_{ph}——相电流，单位为 A。

三相交流电的有功功率为

$$\left.\begin{array}{l} P = S\cos\varphi \\ P = \sqrt{3}U_{\mathrm{L}}I_{\mathrm{L}}\cos\varphi \\ P = 3U_{\mathrm{ph}}I_{\mathrm{ph}}\cos\varphi \end{array}\right\} \tag{1-35}$$

式中　P——有功功率，单位为 W；

　　$\cos\varphi$——负载功率因数。

三相交流电的无功功率为

$$\left.\begin{array}{l} Q = S\sin\varphi \\ Q = \sqrt{3}U_{\mathrm{L}}I_{\mathrm{L}}\sin\varphi \\ Q = 3U_{\mathrm{ph}}I_{\mathrm{ph}}\sin\varphi \end{array}\right\} \tag{1-36}$$

式中　Q——无功功率，单位为 var；

　　$\sin\varphi$——功率因数 $\cos\varphi$ 的正弦值。

2. 三角形（△）联结计算

三相交流负荷三角形（△）联结，如图 1-12 所示。

三相交流负荷三角形（△）联结时，线电压、相电压、线电流、相电流之间关系见下式。

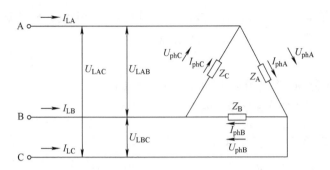

图 1-12   三相交流负荷三角形（△）联结

$$\left.\begin{array}{l} U_L = U_{ph} \\ I_L = \sqrt{3}I_{ph} \end{array}\right\} \tag{1-37}$$

三相交流电的视在功率为

$$\left.\begin{array}{l} S = \sqrt{3}U_LI_L \\ S = 3U_{ph}I_{ph} \end{array}\right\} \tag{1-38}$$

三相交流电的有功功率为

$$\left.\begin{array}{l} P = S\cos\varphi \\ P = \sqrt{3}U_LI_L\cos\varphi \\ P = 3U_{ph}I_{ph}\cos\varphi \end{array}\right\} \tag{1-39}$$

三相交流电的无功功率为

$$\left.\begin{array}{l} Q = S\sin\varphi \\ Q = \sqrt{3}U_LI_L\sin\varphi \\ Q = 3U_{ph}I_{ph}\sin\varphi \end{array}\right\} \tag{1-40}$$

三、星形（Y）联结与三角形（△）联结的转换

1. 三角形（△）联结转换成星形（Y）联结

三角形（△）联结转换成星形（Y）联结如图 1-13 所示。

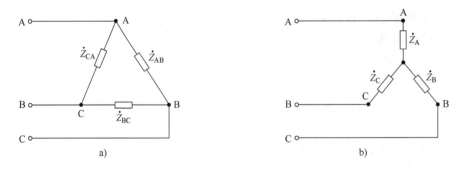

图 1-13   三角形联结转换成星形联结

a）原三角形（△）联结   b）转换成星形（Y）联结

三角形（△）联结转换成星形（Y）联结后阻抗按式（1-41）计算，即

$$\dot{Z}_A = \frac{\dot{Z}_{AB} \cdot \dot{Z}_{CA}}{\dot{Z}_{AB} + \dot{Z}_{BC} + \dot{Z}_{CA}}$$

$$\dot{Z}_B = \frac{\dot{Z}_{AB} \cdot \dot{Z}_{BC}}{\dot{Z}_{AB} + \dot{Z}_{BC} + \dot{Z}_{CA}} \right\} \tag{1-41}$$

$$\dot{Z}_C = \frac{\dot{Z}_{BC} \cdot \dot{Z}_{CA}}{\dot{Z}_{AB} + \dot{Z}_{BC} + \dot{Z}_{CA}}$$

若 $\dot{Z}_{AB} = \dot{Z}_{BC} = \dot{Z}_{CA} = \dot{Z}$，则

$$\dot{Z}_A = \dot{Z}_B = \dot{Z}_C = \frac{1}{3}\dot{Z} \tag{1-42}$$

2. 星形（丫）联结转换成三角形（△）联结

星形（丫）联结转换成三角形（△）联结如图 1-14 所示。

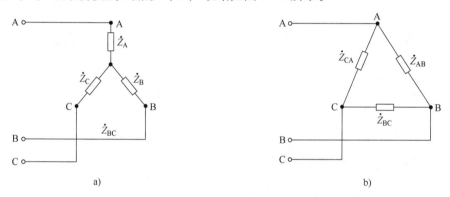

图 1-14　星形（丫）联结转换成三角形（△）联结

a）原星形（丫）联结　b）转换成三角形（△）联结

星形（丫）联结转换成三角形（△）联结后阻抗按式（1-43）计算，即

$$\dot{Z}_{AB} = \dot{Z}_A + \dot{Z}_B + \frac{\dot{Z}_A \dot{Z}_B}{\dot{Z}_C}$$

$$\dot{Z}_{BC} = \dot{Z}_B + \dot{Z}_C + \frac{\dot{Z}_B \dot{Z}_C}{\dot{Z}_A} \right\} \tag{1-43}$$

$$\dot{Z}_{CA} = \dot{Z}_C + \dot{Z}_A + \frac{\dot{Z}_C \dot{Z}_A}{\dot{Z}_B}$$

若 $\dot{Z}_A = \dot{Z}_B = \dot{Z}_C = \dot{Z}$，则

$$\dot{Z}_{AB} = \dot{Z}_{BC} = \dot{Z}_{CA} = 3\dot{Z} \tag{1-44}$$

【例 1-7】　三相交流电路如图 1-15 所示，电源电压为 $\dot{u}_{AB} = \sqrt{2}380\sin(314t + 30°)$ V，负载为三角形（△）联结，阻抗为 $Z = (12 + j9)\,\Omega$，试计算线电流、相电流、负载相电压、视在功率、有功功率、无功功率。

解：

【方法 1】　由题意可知，$\dot{U}_{AB}$ 线电压初相角为 $\varphi_0 = 30°$，则 A、B、C 三相线电压分别为 $\dot{U}_{LAB} = 380\angle 30°$ V，$\dot{U}_{LBC} = 380\angle -90°$ V，$\dot{U}_{LCA} = 380\angle 150°$ V。

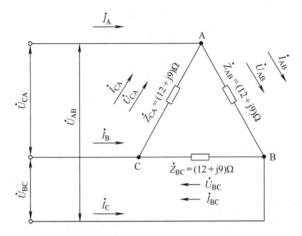

图 1-15　三相交流负载三角形（△）联结

负载为三角形（△）联结，则相电压等于线电压，即 $\dot{U}_{\mathrm{phAB}} = \dot{U}_{\mathrm{LAB}} = 380 \angle 30° \, \mathrm{V}$，
$\dot{U}_{\mathrm{phBC}} = \dot{U}_{\mathrm{LBC}} = 380 \angle -90° \, \mathrm{V}$，$\dot{U}_{\mathrm{phCA}} = \dot{U}_{\mathrm{LCA}} = 380 \angle 150° \, \mathrm{V}$。则相电流为

$$\dot{I}_{\mathrm{AB}} = \frac{\dot{U}_{\mathrm{phAB}}}{\dot{Z}_{\mathrm{AB}}} = \frac{380 \angle 30°}{12 + \mathrm{j}9} \mathrm{A} = \frac{380 \angle 30°}{15 \angle 37°} \mathrm{A} = 25.33 \angle -7° \mathrm{A}$$
$$= (25.14 - \mathrm{j}3.08) \, \mathrm{A}$$

$$\dot{I}_{\mathrm{BC}} = \frac{\dot{U}_{\mathrm{phBC}}}{\dot{Z}_{\mathrm{BC}}} = \frac{380 \angle -90°}{15 \angle 37°} \mathrm{A} = 25.33 \angle -127° \mathrm{A}$$
$$= (-15.25 - \mathrm{j}20.23) \, \mathrm{A}$$

$$\dot{I}_{\mathrm{CA}} = \frac{\dot{U}_{\mathrm{phCA}}}{\dot{Z}_{\mathrm{CA}}} = \frac{380 \angle 150°}{15 \angle 37°} \mathrm{A} = 25.33 \angle 113° \mathrm{A}$$
$$= (-9.9 + \mathrm{j}23.32) \, \mathrm{A}$$

$\dot{I}_{\mathrm{A}}$、$\dot{I}_{\mathrm{B}}$、$\dot{I}_{\mathrm{C}}$ 三相线电流分别为

$$\dot{I}_{\mathrm{A}} + \dot{I}_{\mathrm{CA}} - \dot{I}_{\mathrm{AB}} = 0$$
$$\dot{I}_{\mathrm{A}} = \dot{I}_{\mathrm{AB}} - \dot{I}_{\mathrm{CA}} = (25.14 - \mathrm{j}3.08 + 9.9 - \mathrm{j}23.32) \mathrm{A} = (35.04 - \mathrm{j}26.4) \mathrm{A}$$
$$= 43.88 \angle -37° \mathrm{A}$$
$$\dot{I}_{\mathrm{B}} + \dot{I}_{\mathrm{AB}} - \dot{I}_{\mathrm{BC}} = 0$$
$$\dot{I}_{\mathrm{B}} = \dot{I}_{\mathrm{BC}} - \dot{I}_{\mathrm{AB}} = (-15.25 - \mathrm{j}20.23 - 25.14 + \mathrm{j}3.08) \mathrm{A} = (-40.39 - \mathrm{j}17.15) \mathrm{A}$$
$$= 43.88 \angle -157° \mathrm{A}$$
$$\dot{I}_{\mathrm{C}} + \dot{I}_{\mathrm{BC}} - \dot{I}_{\mathrm{CA}} = 0$$
$$\dot{I}_{\mathrm{C}} = \dot{I}_{\mathrm{CA}} - \dot{I}_{\mathrm{BC}} = (-9.9 + \mathrm{j}23.32 + 15.25 + \mathrm{j}20.23) \mathrm{A} = (5.35 + \mathrm{j}43.55) \mathrm{A}$$
$$= 43.88 \angle 83° \mathrm{A}$$

验证

A 点：　$\dot{I}_{\mathrm{A}} + \dot{I}_{\mathrm{CA}} - \dot{I}_{\mathrm{AB}} = (35.04 - \mathrm{j}26.4 - 9.9 + \mathrm{j}23.32 - 25.14 + \mathrm{j}3.08) \mathrm{A} = 0$

B 点：　$\dot{I}_{\mathrm{B}} + \dot{I}_{\mathrm{AB}} - \dot{I}_{\mathrm{BC}} = (-40.39 - \mathrm{j}17.15 + 25.14 - \mathrm{j}3.08 + 15.25 + \mathrm{j}20.23) \mathrm{A} = 0$

C 点：　$\dot{I}_{\mathrm{C}} + \dot{I}_{\mathrm{BC}} - \dot{I}_{\mathrm{CA}} = (5.35 + \mathrm{j}43.55 - 15.25 - \mathrm{j}20.23 + 9.9 - \mathrm{j}23.32) \mathrm{A} = 0$

由此可证，上述计算正确。

负载相电压分别为

$$\dot{U}_{\text{phAB}} = \dot{U}_{\text{LAB}} = 380 \angle 30° \text{V}$$

$$\dot{U}_{\text{phBC}} = \dot{U}_{\text{LBC}} = 380 \angle -90° \text{V}$$

$$\dot{U}_{\text{phCA}} = \dot{U}_{\text{LCA}} = 380 \angle 150° \text{V}$$

负载的视在功率为

$$S = \sqrt{3} U_{\text{L}} I_{\text{L}} = \sqrt{3} \times 380 \times 43.88 \times 10^{-3} \text{kW}$$
$$= 28880 \times 10^{-3} \text{kW} = 29 \text{kW}$$

负载的有功功率为

$$P = S\cos\varphi = 29 \times \cos 37° \text{kW} = 29 \times 0.8 \text{kW} = 23 \text{kW}$$

或　　　　$$P = 3 U_{\text{ph}} I_{\text{ph}} \cos\varphi = 3 \times 380 \times 25.33 \times 0.8 \times 10^{-3} \text{kW} = 23 \text{kW}$$

负载的无功功率为

$$Q = S\sin\varphi = 29\sin 37° = 29 \times 0.6 \text{kW} = 17 \text{kW}$$

或　　　　$$Q = 3 U_{\text{ph}} I_{\text{ph}} \sin\varphi = 3 \times 380 \times 25.33 \times 0.6 \times 10^{-3} \text{kW} = 17 \text{kW}$$

【方法 2】三相交流电路如图 1-16a 所示，将三角形（△）联结转换成星形（Y）联结如图 1-16b 所示。

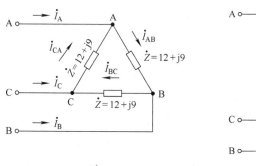
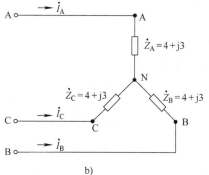

图 1-16　三角形（△）联结转换成星形（Y）联结

a）三角形（△）联结　b）星形（Y）联结

三角形（△）联结转换成星形（Y）联结后的负载阻抗按式（1-42）计算，即

$$\dot{Z}_{\text{A}} = \dot{Z}_{\text{B}} = \dot{Z}_{\text{C}} = \frac{1}{3}\dot{Z} = \frac{1}{3}(12 + \text{j}9)\Omega = (4 + \text{j}3)\Omega = 5 \angle 37° \Omega$$

取 U_{ph} 为参考相量，则线电流为

$$\dot{I}_{\text{A}} = \frac{\dot{U}_{\text{ph}}}{\dot{Z}_{\text{A}}} = \frac{\dot{U}_{\text{L}}/\sqrt{3} \angle 0°}{\dot{Z}_{\text{A}}} = \frac{380/\sqrt{3} \angle 0°}{4 + \text{j}3} = \frac{380 \angle 0°}{5\sqrt{3} \angle 37°} \text{A} = 43.88 \angle -37° \text{A}$$
$$= (35.04 - \text{j}26.4)\text{A}$$

$$\dot{I}_{\text{B}} = 43.88 \angle -37° -120° \text{A} = 43.88 \angle -157° \text{A}$$
$$= (-40.39 - \text{j}17.15)\text{A}$$

$$\dot{I}_{\text{C}} = 43.88 \angle -37° +120° \text{A} = 43.88 \angle 83° \text{A}$$
$$= (5.35 + \text{j}43.55)\text{A}$$

$$\dot{I}_{\text{N}} = \dot{I}_{\text{A}} + \dot{I}_{\text{B}} + \dot{I}_{\text{C}} = (35.04 - \text{j}26.40 - 40.39 - \text{j}17.15 + 5.35 + \text{j}43.55)\text{A} = 0$$

由此可知，在图 1-16b 中，中性点电流 $\dot{I}_N = 0$。

相电流比线电流小 $\sqrt{3}$，其相位差为 30°。

相电流 $\dot{I}_{AB}$、$\dot{I}_{BC}$、$\dot{I}_{CA}$ 之间相位差为 120°。

$$\dot{I}_{AB} = I_A/\sqrt{3}e^{j30°} = 43.88/\sqrt{3} \angle -37° + 30°A$$
$$= 25.33 \angle -7°A = (25.14 - j3.08)A$$
$$\dot{I}_{BC} = 25.33 \angle -7 -120°A = 25.33 \angle -127°A$$
$$= (-15.25 - j20.23)A$$
$$\dot{I}_{CA} = 25.33 \angle -7° +120°A = 25.33 \angle 113°A$$
$$= (-9.9 + j23.32)A$$

验证

A 点：$\sum \dot{I} = \dot{I}_A - \dot{I}_{AB} + \dot{I}_{CA}$
$$= (35.04 - j26.40 - 25.14 + j3.08 - 9.9 + j23.32)A = 0$$

B 点：$\sum \dot{I} = \dot{I}_B + \dot{I}_{AB} - \dot{I}_{BC}$
$$= (-40.39 - j17.15 + 25.14 - j3.08 + 15.25 + j20.23)A = 0$$

C 点：$\sum \dot{I} = \dot{I}_C + \dot{I}_{BC} - \dot{I}_{CA}$
$$= (5.35 + j43.55 - 15.25 - j20.23 + 9.9 - j23.32)A = 0$$

由此可知，上述计算正确。

负载相电压为

$$\dot{U}_{AB} = \dot{I}_{AB}\dot{Z}_{AB} = 25.33 \angle -7° \times (12 + j9)V$$
$$= 25.33 \angle -7° \times 15 \angle 37°V = 380 \angle 30°V$$
$$\dot{U}_{BC} = \dot{I}_{BC}\dot{Z}_{BC} = 25.33 \angle -127° \times 15 \angle 37°V = 380 \angle -90°V$$
$$\dot{U}_{CA} = \dot{I}_{CA}\dot{Z}_{CA} = 25.33 \angle 113° \times 15 \angle 37°V = 380 \angle 150°V$$

负载的功率计算为

$$S = \sqrt{3}U_L I_L = \sqrt{3} \times 380 \times 43.88 \times 10^{-3}kVA$$
$$= 28880 \times 10^{-3}kVA = 29kVA$$
$$P = S\cos\varphi = 29 \times \cos37° = 29 \times 0.8kW = 23kW$$

或 $\quad P = 3U_{ph}I_{ph}\cos\varphi = 3 \times 380 \times 25.33 \times 0.8 \times 10^{-3}kW = 23kW$
$$Q = S\sin\varphi = 29 \times \sin37° = 29 \times 0.6kvar = 17kvar$$

或 $\quad Q = 3U_{ph}I_{ph}\sin37° = 3 \times 380 \times 25.33 \times 0.6 \times 10^{-3}kvar = 17kvar$

由此，上述两种方法计算结果完全一致。

第二章

导线、电缆、母线的选择计算及线损计算

第一节 导线和电缆的选择计算

一、按发热条件选择导线和电缆的截面积

导线和电缆有一定的电阻、电抗，负荷电流流经导线和电缆时，便会产生一定的功率损耗，使导线和电缆发热，温度升高。

按允许电流选择导线和电缆，必须能够承受负荷电流长时期通过所引起的温升，一般导线的最高允许温度为 +70℃，导线温度升高时，导线接头处、导线与电器连接处会因发热而氧化，而氧化又会使接触电阻加大，促使进一步发热，从而形成恶性循环，甚至造成导线烧断，引发事故。对于绝缘导线，导线温度过高可能使绝缘（橡皮、塑料等）损坏。绝缘导线和电缆的允许温度与绝缘材料结构等因素有关，导线、电缆线芯的长期允许工作温度见表 2-1。

表 2-1 导线、电缆线芯的长期允许工作温度

导线、电缆种类	线芯的长期允许工作温度/℃	导线、电缆种类	线芯的长期允许工作温度/℃
聚氯乙烯绝缘电力电缆		交联聚乙烯绝缘聚氯乙烯护套电力电缆	
1kV	65		
6kV	65	6~10kV	90
裸铅、铜母线	70	裸铝、铜绞线	70

当线路送电距离较短时，可根据导线允许电流选择导线截面积，即

$$I_{pe} \geq I_L \tag{2-1}$$

式中 I_{pe}——导线允许电流，单位为 A；

I_L——三相线路最大负荷电流，单位为 A。

LJ 型铝绞线的技术参数见表 2-2。

表 2-2 LJ 型铝绞线的技术参数

型号	标称截面积 S/mm²	单位长度直流电阻 R_{0L} /(mΩ/m)<	允许电流（环境温度为 +35℃，导线温度为 +70℃）/A
LJ—16	16	1.802	93
LJ—25	25	1.127	120
LJ—35	35	0.8332	150
LJ—50	50	0.5786	190
LJ—70	70	0.4018	234

（续）

型号	标称截面积 S/mm^2	单位长度直流电阻 R_{0L} /（$\text{m}\Omega/\text{m}$）　<	允许电流（环境温度为 +35℃，导线温度为 +70℃）/A
LJ—95	95	0.3009	290
LJ—120	120	0.2373	330
LJ—150	150	0.1943	388
LJ—185	185	0.1574	450
LJ—210	210	0.1371	584
LJ—240	240	0.1205	634
LJ—300	300	0.09689	731

LGJ 型钢芯铝绞线技术参数见表 2-3。

表 2-3　LGJ 型钢芯铝绞线技术参数

型号	标称截面积 S/mm^2	单位长度直流电阻 R_{0L}（温度为 +70℃时）/（$\text{m}\Omega/\text{m}$）　<	允许电流（环境温度为 +35℃，导线温度为 +70℃）/A
LGJ—16	16	2.141	97
LGJ—25	25	1.371	124
LGJ—35	35	0.979	150
LGJ—50	50	0.685	195
LGJ—70	70	0.489	242
LGJ—95	95	0.361	295
LGJ—120	120	0.286	335
LGJ—150	150	0.228	393
LGJ—185	185	0.185	450
LGJ—240	240	0.143	540

铝绞线温度校正系数 K 见表 2-4。

表 2-4　铝绞线温度校正系数 K

周围环境温度/℃	5	15	25	35	40	45	50	55
温度校正系数 K	1.36	1.25	1.13	1.00	0.93	0.85	0.76	0.66

电力线路每相的单位长度电抗平均值见表 2-5。

表 2-5　电力线路每相的单位长度电抗平均值　　　　（单位：Ω/km）

线路结构	线路电压			
	6 ~ 10kV		220/380V、1kV	
	$X_1 = X_2$	X_0	$X_1 = X_2$	X_0
架空线路	0.4	1.4	0.32	1.12
三芯电缆	0.08	0.28	0.06	0.21
1kV 四芯电缆	—	—	0.066	0.17

电力电缆单位长度电阻见表2-6。

表2-6　电力电缆单位长度电阻

标称截面积 S/mm^2	单位长度铜导体直流电阻 R_{0L}（温度为 +90℃时）/（mΩ/m）<	单位长度铝导体直流电阻 R_{0L}（温度为 +90℃时）/（mΩ/m）<	标称截面积 S/mm^2	单位长度铜导体直流电阻 R_{0L}（温度为 +90℃时）/（mΩ/m）<	单位长度铝导体直流电阻 R_{0L}（温度为 +90℃时）/（mΩ/m）<
25	0.911	1.465	185	0.123	0.198
35	0.651	1.046	240	0.0949	0.153
50	0.455	0.732	300	0.0759	0.122
70	0.325	0.523	400	0.0570	0.0916
95	0.240	0.385	500	0.0455	0.0732
120	0.190	0.305	630	0.0361	0.0581
150	0.152	0.244			

0.6/1kV（ZR—）YJV、（ZR—）YJLV系列三芯交联聚乙烯绝缘聚氯乙烯护套（阻燃）电力电缆参考载流量见表2-7。

0.6/1kV（ZR—）YJV22、（ZR—）YJLV22系列三芯交联聚乙烯绝缘钢带铠装聚氯乙烯护套（阻燃）电力电缆参考载流量见表2-8。

表2-7　0.6/1kV（ZR—）YJV、（ZR—）YJLV系列三芯交联聚乙烯绝缘聚氯乙烯护套（阻燃）电力电缆参考载流量

导体总数×标称截面积/mm^2	电缆参考载流量/A			
	空气中		直埋土壤中	
	铜	铝	铜	铝
3×1.5	20	—	27	—
3×2.5	26	20	35	27
3×4	34	27	45	36
3×6	43	35	57	46
3×10	60	47	77	59
3×16	83	64	105	80
3×25	105	82	125	100
3×35	125	100	155	120
3×50	160	125	185	145
3×70	200	155	225	175
3×95	245	200	270	210
3×120	285	220	310	240
3×150	325	250	345	270
3×185	375	295	390	305
3×240	440	345	450	355
3×300	505	395	515	400

表 2-8   0.6/1kV（ZR—）YJV22、（ZR—）YJLV22 系列三芯交联聚乙烯绝缘钢带铠装聚氯乙烯护套（阻燃）电力电缆参考载流量

导体总数×标称截面积/mm²	电缆参考载流量/A			
	空气中		直埋土壤中	
	铜	铝	铜	铝
3×4	34	27	45	36
3×6	43	35	57	46
3×10	60	47	77	59
3×16	83	64	105	80
3×25	105	82	125	100
3×35	125	100	155	120
3×50	160	125	185	145
3×70	200	155	225	175
3×95	245	200	270	210
3×120	285	220	310	240
3×150	325	250	345	270
3×185	375	295	390	305
3×240	440	345	450	355
3×300	505	395	515	400

3.6/6～12/20kV 单芯交联聚乙烯绝缘电力电缆连续负荷参考载流量见表 2-9，3.6/6～12/20kV 三芯交联聚乙烯绝缘电力电缆连续负荷参考载流量见表 2-10。

表 2-9   3.6/6～12/20kV 单芯交联聚乙烯绝缘电力电缆连续负荷参考载流量

（单位：A）

型号	YJV YJLY YJY YJLY							
排列方式	三角形（相互接触）				扁平形（相邻间距等于电缆外径）			
标准截面积/mm²	空气中		直埋土壤中		空气中		直埋土壤中	
	铜	铝	铜	铝	铜	铝	铜	铝
25	140	110	150	115	165	130	160	120
35	170	135	180	135	205	155	190	145
50	205	160	215	160	245	190	225	175
70	260	200	265	200	305	235	275	215
95	315	245	315	240	370	290	330	255
120	360	280	360	270	430	335	375	290
150	410	320	405	305	490	380	425	330
185	470	365	455	345	560	435	480	370
240	555	435	530	400	665	515	555	435
300	640	500	595	455	765	595	630	490

型号	\multicolumn{8} YJV YJLY YJY YJLY							
排列方式	三角形（相互接触）				扁平形（相邻间距等于电缆外径）			
标准截面积 /mm²	空气中		直埋土壤中		空气中		直埋土壤中	
	铜	铝	铜	铝	铜	铝	铜	铝
400	745	585	680	520	890	695	725	565
500	855	680	765	595	1030	810	825	650
630	980	790	860	680	1190	950	940	745
800	1100	910	950	765	1370	1100	1050	850
1000	1230	1030	1040	850	1540	1260	1170	950

注：单芯钢丝铠装电缆连续负荷参考载流量为非铠装单芯电缆的65%。

表 2-10　3.6/6～12/20kV 三芯交联聚乙烯绝缘电力电缆连续负荷参考载流量

（单位：A）

型号	YJV YJY YJV22 YJLV JYLY YJLV22									
电压	3.6/6～12/20kV									
敷设	空气中		土壤热阻系数							
			ρ_ω		$\rho_D/(\text{km/W})$					
			1.0		2.5		3.0		3.5	
标称截面积/mm²	铜	铝	铜	铝	铜	铝	铜	铝	铜	铝
25	120	90	125	100	120	90	120	90	115	90
35	140	110	155	120	140	110	140	110	135	105
50	165	130	180	140	165	125	165	125	165	125
70	210	165	220	170	205	160	200	155	195	155
95	255	200	265	210	240	185	235	185	235	180
120	290	225	300	235	270	210	265	210	260	205
150	330	255	340	260	300	235	300	235	295	230
185	375	295	380	300	345	265	335	260	330	255
240	435	345	435	345	390	305	385	305	380	300
300	495	390	485	390	435	345	430	340	420	335
400	585	465	575	465	530	420	525	415	515	410
500	662	514	662	505	612	455	605	445	600	440
工作温度/℃	90									
环境温度/℃	40		25							

注：ρ_ω 为未发生水分迁移时的土壤热阻系数；ρ_D 为水分迁移使土壤干枯时的土壤热阻系数。

二、按经济电流密度选择导线的截面积

经济电流密度是既考虑线路运行时的电能损耗，又考虑线路建设投资等多方面经济效益时，确定的导线截面电流密度。按经济电流密度选择导线截面积的方法，一般只用于10kV

线路、母线和特大电流的低压线路。

经济电流密度选择导线截面积可按式（2-2）计算，即

$$S = \frac{I_L}{j}$$ (2-2)

式中 S——导线截面积，单位为 mm^2；

I_L——线路最大负荷电流，单位为 A；

j——经济电流密度，单位为 A/mm^2。

导线的经济电流密度见表 2-11，各类负荷的年最大负荷利用小时数见表 2-12。

表 2-11 导线的经济电流密度 （单位：A/mm^2）

线路类别	导线材料	年最大负荷利用小时数		
		<3000h	3000～5000h	>5000h
架空线路	铝	1.65	1.15	0.90
	铜	3.00	2.25	1.75

表 2-12 各类负荷的年最大负荷利用小时数

负荷类型	户内照明及生活用电	单班制企业用电	两班制企业用电	三班制企业用电	农业用电
年最大负荷利用小时数 t/h	2000～3000	1500～2200	3000～4500	6000～7000	2500～3000

三、按允许电压损失选择导线和电缆的截面积

由于线路导线存在电阻和电感，当电流通过线路时，必将产生电压降。导线上引起的电压降必须限制在一定的数值内，以确保用户的电压保持在允许的水平。因此，必须按允许电压的条件来选择导线和电缆的截面积。

三相架空线路电压损失百分数按式（2-3）计算，即

$$\Delta U\% = \frac{R_{0L} + X_{0L}\tan\varphi}{10U_N^2}\% PL = \Delta U_0\% PL = \Delta U_0\% M$$ (2-3)

式中 $\Delta U\%$——三相架空线路电压损失百分数；

R_{0L}、X_{0L}——分别为线路单位长度的电阻和电抗，单位为 Ω/km；

U_N——线路额定电压，单位为 kV；

$\tan\varphi$——功率因数角的正切值；

P——线路输送功率，单位为 kW；

L——线路长度，单位为 km；

M——负荷矩，单位为 $kW \cdot km$；

$\Delta U_0\%$——线路每 $kW \cdot km$ 负荷矩时的电压损失百分数。

线路单位负荷矩时的电压损失百分数可按式（2-4）计算，即

$$\Delta U_0\% = \frac{(R_{0L} + X_{0L}\tan\varphi)}{10U_N^2}\%$$ (2-4)

【例 2-1】 一条 400V 低压线路，选用 LJ—185 型铝绞线，线路单位长度电阻 R_{0L} =

$0.1574\Omega/\text{km}$，电抗 $X_{0L} = 0.32\Omega/\text{km}$，功率因数 $\cos\varphi = 0.9$ 时，试计算该线路单位负荷矩时的电压损失百分数。

解：

线路单位负荷矩时的电压损失百分数按式（2-4）计算，得

$$\Delta U_0\% = \frac{R_{0L} + X_{0L}\tan\varphi}{10U_N^2}\% = \frac{0.1574 + 0.32\times0.48}{10\times0.4^2}\% = 0.1944\%$$

按照上述方法进行计算，400V 三相架空线路单位负荷矩时的电压损失百分数见表 2-13。10kV 架空线路采用铝绞线单位负荷矩时的电压损失百分数见表 2-14。10kV 架空线路采用钢芯铝绞线单位负荷矩时的电压损失百分数见表 2-15。

表 2-13　400V 三相架空线路采用铝绞线单位负荷矩时的电压损失百分数 （%）

铝绞线型号	功率因数（$\cos\varphi$）			
	0.80	0.85	0.90	0.95
LJ—16	1.2763	1.2503	1.2223	1.1923
LJ—25	0.8544	0.8284	0.8004	0.7704
LJ—35	0.6708	0.6448	0.6168	0.5868
LJ—50	0.5116	0.4856	0.4576	0.4276
LJ—70	0.4011	0.3751	0.3471	0.3171
LJ—95	0.3381	0.3121	0.2841	0.2541
LJ—120	0.2983	0.2723	0.2443	0.2143
LJ—150	0.2714	0.2454	0.2174	0.1874
LJ—185	0.2484	0.2224	0.1944	0.1644
LJ—210	0.2357	0.2097	0.1817	0.1517
LJ—240	0.2253	0.1993	0.1713	0.1413
LJ—300	0.2106	0.1846	0.1566	0.1266

表 2-14　10kV 架空线路采用铝绞线单位负荷矩时的电压损失百分数 （%）

铝绞线型号	功率因数（$\cos\varphi$）			
	0.80	0.85	0.90	0.95
LJ—16	2.102×10^{-3}	2.050×10^{-3}	1.994×10^{-3}	1.934×10^{-3}
LJ—25	1.427×10^{-3}	1.375×10^{-3}	1.319×10^{-3}	1.259×10^{-3}
LJ—35	1.1332×10^{-3}	1.0812×10^{-3}	1.0252×10^{-3}	0.9652×10^{-3}
LJ—50	0.8786×10^{-3}	0.8266×10^{-3}	0.7706×10^{-3}	0.6106×10^{-3}
LJ—70	0.7018×10^{-3}	0.6498×10^{-3}	0.5938×10^{-3}	0.5338×10^{-3}
LJ—95	0.6009×10^{-3}	0.5489×10^{-3}	0.4929×10^{-3}	0.4329×10^{-3}
LJ—120	0.5373×10^{-3}	0.4853×10^{-3}	0.4293×10^{-3}	0.3693×10^{-3}
LJ—150	0.4943×10^{-3}	0.4423×10^{-3}	0.3863×10^{-3}	0.3263×10^{-3}
LJ—185	0.4574×10^{-3}	0.4054×10^{-3}	0.3494×10^{-3}	0.2894×10^{-3}
LJ—210	0.4371×10^{-3}	0.3851×10^{-3}	0.3291×10^{-3}	0.2691×10^{-3}
LJ—240	0.4205×10^{-3}	0.3685×10^{-3}	0.3125×10^{-3}	0.2525×10^{-3}
LJ—300	0.3969×10^{-3}	0.3449×10^{-3}	0.2889×10^{-3}	0.2289×10^{-3}

表 2-15　10kV 架空线路采用钢芯铝绞线单位负荷矩时的电压损失百分数　　（%）

钢芯铝绞线型号	功率因数（$\cos\varphi$）			
	0.80	0.85	0.90	0.95
LGJ—16	2.441×10^{-3}	2.389×10^{-3}	2.333×10^{-3}	2.273×10^{-3}
LGJ—25	1.671×10^{-3}	1.619×10^{-3}	1.563×10^{-3}	1.503×10^{-3}
LGJ—35	1.279×10^{-3}	1.227×10^{-3}	1.171×10^{-3}	1.111×10^{-3}
LGJ—50	0.985×10^{-3}	0.933×10^{-3}	0.877×10^{-3}	0.817×10^{-3}
LGJ—70	0.789×10^{-3}	0.737×10^{-3}	0.681×10^{-3}	0.621×10^{-3}
LGJ—95	0.661×10^{-3}	0.609×10^{-3}	0.553×10^{-3}	0.493×10^{-3}
LGJ—120	0.586×10^{-3}	0.534×10^{-3}	0.478×10^{-3}	0.418×10^{-3}
LGJ—150	0.528×10^{-3}	0.476×10^{-3}	0.420×10^{-3}	0.360×10^{-3}
LGJ—185	0.485×10^{-3}	0.433×10^{-3}	0.377×10^{-3}	0.317×10^{-3}
LGJ—240	0.443×10^{-3}	0.391×10^{-3}	0.335×10^{-3}	0.275×10^{-3}
LGJ—300	0.414×10^{-3}	0.362×10^{-3}	0.306×10^{-3}	0.246×10^{-3}

线路电压损失百分数应小于或等于允许电压损失百分数，即

$$\Delta U\% = PL\Delta U_0\% \leqslant \Delta U_{pe}\% \tag{2-5}$$

式中　$\Delta U_{pe}\%$——允许电压损失百分数。

为保证用户的电压质量，规定了受电端的用户电压的允许偏差，10kV 及以下三相供电的，允许电压偏差幅度为额定值的 ±7%；220V 单相供电的，允许电压偏差为额定值的 +7%、−10%。

电缆与架空线路允许电压偏差的规定相同。

【例 2-2】　有一条 10kV 架空线路，采用 LGJ—□型钢芯铝绞线，线路计算负荷 $P_L = 1530kW$，功率因数 $\cos\varphi = 0.9$，线路长度 $L = 8km$，试选择导线截面积。

解：

① 线路负荷电流的计算

线路负荷电流按式（1-35）计算，得

$$I_L = \frac{P_L}{\sqrt{3}U_N\cos\varphi} = \frac{1530}{\sqrt{3}\times 10 \times 0.9}A = 98A$$

② 按导线发热条件选择导线截面积

查表 2-3 得 LGJ—95 型钢芯铝绞线的长期允许电流 $I_{pe} = 295A$，大于该线路计算负荷电流 $I_L = 98A$，故选择 LGJ—95 型钢芯铝绞线能满足发热条件的要求。

③ 校验电压损失

查表 2-3 得 LGJ—95 型钢芯铝绞线单位长度电阻 $R_{0L} = 0.361\Omega/km$，查表 2-5 得 10kV 架空线路单位长度电抗 $X_{0L} = 0.4\Omega/km$，功率因数 $\cos\varphi = 0.9$ 时，$\tan\varphi = 0.48$，电压损失百分数按式（2-3）计算，得

$$\Delta U\% = \frac{R_{0L} + X_{0L}\tan\varphi}{10U_N^2}\% PL = \left(\frac{0.361 + 0.4 \times 0.48}{10 \times 10^2} \times 1530 \times 8\right)\% = 6.8\%$$

该值小于 10kV 架空线路允许电压损失百分数 $\Delta U_{pe}\% = 7\%$，故选择的 LGJ—95 型钢芯铝绞线能满足电压损失的要求。

【例 2-3】 一条 400V 电力电缆线路，选用三芯铜导线电缆，截面积为 25mm^2，长度为 1km，输送功率为 1kW，平均功率因数 $\cos\varphi = 0.8$，试计算该电缆单位负荷矩时的电压损失百分数。

解：

查表 2-6 得该电缆单位长度电阻 $R_{0\text{L}} = 0.911\Omega/\text{km}$，查表 2-5 得该电缆单位长度电抗 $X_{0\text{L}} = 0.066\Omega/\text{km}$。

电缆线路单位负荷矩时的电压损失百分数按式（2-4）计算，得

$$\Delta U_0\% = \frac{R_{0\text{L}} + X_{0\text{L}}\tan\varphi}{10 U_\text{N}^2}\% = \frac{0.911 + 0.066 \times 0.75}{10 \times 0.4^2}\% \approx 0.6\%$$

低压电力电缆线路，电压为 0.4kV，供电负荷平均功率因数 $\cos\varphi = 0.8$，按照上述计算方法，1kW 功率通过 1km 三相电缆线路时，造成的单位负荷矩电压损失百分数见表 2-16。

表 2-16　0.4kV 三相电缆线路单位负荷矩时的电压损失百分数

截面积 /mm^2	电缆单位负荷矩时的电压损失百分数（%），功率因数 $\cos\varphi = 0.8$，$t = 90℃$		截面积 /mm^2	电缆单位负荷矩时的电压损失百分数（%），功率因数 $\cos\varphi = 0.8$，$t = 90℃$	
	铜	铝		铜	铝
25	0.6	0.944	185	0.105	0.152
35	0.435	0.682	240	0.0874	0.124
50	0.313	0.486	300	0.0756	0.104
70	0.231	0.355	400	0.0638	0.0854
95	0.178	0.269	500	0.0566	0.0739
120	0.147	0.219	630	0.0507	0.0644
150	0.123	0.181			

四、按机械强度选择导线的最小允许截面积

架空导线在运行中除了要承受自身重量的载荷外，还要承受温度变化及冰、风等外载荷。这些载荷可能使导线承受的拉力大大增加，甚至造成断线事故。为了保证安全，使导线有一定的抗拉强度，在大风、覆冰或低温等不利气象条件下，不致发生断线事故，因此需要规定各种情况下架空线路最小允许截面积。按机械强度要求，选择导线的截面积不得小于表 2-17 规定的值。

表 2-17　导线的最小截面积　　　　（单位：mm^2）

导线种类	3～10kV 线路		0.4kV 线路	接户线
	居民区	非居民区		
铝绞线及铝合金线	35	25	16	绝缘线 6.0
钢芯铝绞线	25	16	16	
铜线	16	16	直径 3.2mm	绝缘铜线 4.0

五、电缆额定电压的选择

选择电缆的额定电压应适合于电缆使用系统的运行状况，用 $U_0/U(U_\text{m})\text{kV}$ 表示。其中，

U_0 为电缆设计用的导线与屏蔽或金属套之间的额定工频电压；U 为电缆设计用的导线之间的额定工频电压；U_m 为设备可承受的"最高系统电压"的最大值。

三相电力系统电缆电压见表 2-18。

表 2-18　三相电力系统电缆电压

U/kV	U_m/kV	U_0/kV	
		第一类电缆	第二类电缆
1	—	0.6	0.6
3	3.6	1.8	3.6
6	7.2	3.6	6
10	12	6	8.7
15	17.5	8.7	12
20	24	12	18

注：1. 第一类电缆用于单相接地故障时间每一次一般不大于1min，亦可用于最长故障时间不超过8h，每年累计不超过125h 的系统。

2. 第二类电缆用于接地故障时间更长的系统及对电缆绝缘性能要求较高的场合。

第二节　硬母线的选择

一、母线型号的选择

1. 矩形铝母线

220kV 及以下的配电装置和 35kV 及以下的配电装置一般都是选用矩形的铝母线。铝母线的允许载流量较铜母线小，但价格较便宜，安装、检修简单，连接方便。因此，在 35kV 及以下的配电装置中，首先应选用矩形铝母线。

2. 矩形铜母线

在化工厂附近的屋外配电装置中，或持续工作电流较大时，可选用铜母线，但铜母线的价格较高。

3. 管形母线

在 110kV、220kV 的配电装置中，可选用铝锰合金或铜的管形母线，由于母线跨距和短路容量较大，管形母线截面积除应满足载流量和机械强度要求外。其形状应有利于提高电晕起始电压和避免微风振动。户外配电装置使用管形母线，具有占地面积小、架构简明、布置清晰等优点。

二、母线截面积的选择

1. 一般要求

裸导体应根据具体情况，按下列技术条件分别进行选择或校验：

1）工作电流；

2）经济电流密度；

3）电晕；

4）动稳定或机械强度；

5）热稳定。

裸导体应按下列使用环境条件进行校验：

1）环境温度；

2）日照；

3）风速；

4）海拔。

2. 按回路持续工作电流选择

$$I_{xu} \geq I_g \tag{2-6}$$

式中　I_g——导体回路持续工作电流，单位为 A；

　　　I_{xu}——相应于导体在某一运行温度、环境条件及安装方式下长期允许的载流量，单位为 A，其值见表 2-19 ~ 表 2-21。表中载流量是按导体允许工作温度 70℃、环境温度 25℃、导体表面涂漆、无日照、海拔 1000m 及以下条件计算的。其他情况需将表中所列载流量值乘以相应的校正系数，见表 2-22。

裸铝排、裸铜排立放时的允许电流值见表 2-19 和表 2-20，周围环境温度分别为 25℃、30℃、35℃、40℃，母线相间宽度为 60mm。当母线平放、相间宽度小于 60mm 时，表 2-19、表 2-20 中数据应乘以 0.95；当母线平放、相间宽度大于 60mm 时，应乘以 0.92。

表 2-19　单片母线立放的载流量

母线尺寸 （宽×厚）/mm	铝/A				铜/A			
	25℃	30℃	35℃	40℃	25℃	30℃	35℃	40℃
15×3	165	155	145	134	210	197	185	170
20×3	215	202	189	174	275	258	242	223
25×3	265	249	233	215	340	320	299	276
30×4	365	343	321	296	475	446	418	385
40×4	480	451	422	389	625	587	550	506
40×5	540	507	475	438	700	659	615	567
50×5	665	625	585	539	860	809	756	697
50×6.3	740	695	651	600	955	898	840	774
60×6.3	870	818	765	705	1125	1056	990	912
80×6.3	1150	1080	1010	932	1480	1390	1300	1200
100×6.3	1425	1340	1255	1155	1810	1700	1590	1470
60×8	1025	965	902	831	1320	1240	1160	1070
80×8	1320	1240	1160	1070	1690	1590	1490	1370
100×8	1625	1530	1430	1315	2080	1955	1830	1685
120×8	1900	1785	1670	1540	2400	2255	2110	1945
60×10	1155	1085	1016	936	1475	1388	1300	1195
80×10	1480	1390	1300	1200	1900	1786	1670	1540
100×10	1820	1710	1600	1475	2310	2170	2030	1870
120×10	2070	1945	1820	1680	2650	2490	2330	2150

注：1. 母线允许温升为 70℃，环境温度为 25℃。

　　2. 母线平放时母线的载流量应乘以 0.95。

表 2-20 2~3 片组合涂漆母线立放的载流量

母线尺寸 (宽×厚)/mm	铝/A		铜/A	
	2 片	3 片	2 片	3 片
60×6	1350	1720	1740	2240
80×6.3	1630	2100	2110	2720
100×6.3	1935	2500	2470	3170
60×8	1680	2180	2160	2790
80×8	2040	2620	2620	3370
100×8	2390	3050	3060	3930
120×8	2650	3380	3400	4340
60×10	2010	2650	2560	3300
80×10	2410	3100	3100	3990
100×10	2860	3650	3610	4650
120×10	3200	4100	4100	5200

注：母线允许温升为 70℃，环境温度为 25℃。

铝锰合金管形母线长期允许载流量及计算用数据见表 2-21，裸导体载流量在不同海拔及环境温度下的综合校正系数见表 2-22。

表 2-21 LF—21Y 型铝锰合金管形母线长期允许载流量及计算用数据

母线尺寸 D_1/D_2 /mm	导体截面积 /mm²	导体最高允许温度为下值时的载流量/A		截面系数 W/cm^3	惯性半径 r_j/cm	惯性矩 J/cm^4
		+70℃	+80℃			
φ30/25	216	572	565	1.37	0.976	2.06
φ40/35	294	770	712	2.60	1.33	5.20
φ50/45	273	970	850	4.22	1.68	10.6
φ60/54	539	1240	1072	7.29	2.02	21.9
φ70/64	631	1413	1211	10.2	2.37	35.5
φ80/72	954	1900	1545	17.3	2.69	69.2
φ100/90	1491	2350	2054	33.8	3.36	169
φ110/100	1649	2569	2217	41.4	3.72	228
φ120/110	1806	2782	2377	49.9	4.07	299
φ130/116	2705	3511	2976	79.0	4.36	513
φ150/136	3143		3140			

注：1. 最高允许温度为 +70℃ 的载流量，是按基准环境温度为 +25℃、无风、无日照、辐射散热与吸热系数为 0.5，不涂漆条件计算。

2. 最高允许温度为 +80℃ 的载流量，是按基准环境温度为 +25℃、日照 0.1W/cm²、风速 0.5m/s、海拔 1000m、辐射散热系数与吸热系数为 0.5，不涂漆条件计算。

3. 导体尺寸中，D_1 为母线外径、D_2 为母线内径。

表 2-22　裸导体载流量在不同海拔及环境温度下的综合校正系数

导体最高允许温度/℃	适用范围	海拔高度/m	实际环境温度/℃						
			+20	+25	+30	+35	+40	+45	+50
+70	屋内矩形、槽形、管形导体和不计日照的屋外软导线	—	1.05	1.00	0.94	0.88	0.81	0.74	0.67
+80	计及日照时的屋外软导线	1000 及以下	1.05	1.00	0.95	0.89	0.83	0.76	0.69
		2000	1.01	0.96	0.91	0.85	0.79		
		3000	0.97	0.92	0.87	0.81	0.75		
		4000	0.93	0.89	0.84	0.77	0.71		
	计及日照时的屋外管形导体	1000 及以下	1.05	1.00	0.94	0.87	0.80	0.72	0.63
		2000	1.00	0.94	0.88	0.81	0.74		
		3000	0.95	0.90	0.84	0.76	0.69		
		4000	0.91	0.86	0.80	0.72	0.65		

圆形屏蔽绝缘铜管母线额定电流温升试验值见表 2-23。

表 2-23　圆形屏蔽绝缘铜管母线额定电流温升试验值

直径/mm	厚度/mm	根数	截面积/mm²	电流/A	载流密度/(A/mm²)	温升/℃		
						前端	中段	后端
100	10	1	2826	4000	1.42	18.0	26.2	23.0
100	10	1	2826	5000	1.77	31.5	45.0	37.2
100	10	1	2826	6000	2.12	51.5	65.0	57.2
100	10	2	5652	8000	1.42	—	50.2	—
100	10	2	5652	10000	1.769	55.0	67.8	60.8
100	5	1	1491	3150	2.11	26.8	41.2	33.8
100	5	1	1491	4000	2.68	38.0	64.2	47.5
80	10	1	2229	4000	1.79	29.0	48.5	28.0
80	10	1	2229	4500	2.02	41.2	60.8	40.5
60	10	1	1570	3150	2.01	32.0	60.8	34.2

注：母线长度为6m，试验环境为密闭室内，没有空气流通，环境温度为31℃，相对湿度为60%。

3. 按经济电流密度选择

对于 110kV、220kV 变电所，一般负荷较大，母线较长，在综合考虑减少母线电能损耗、减少投资和节约有色金属的情况下，应以经济电流密度选择母线截面积。

除配电装置的汇流母线以外，对于全年负荷利用小时数较大，母线较长（长度超过 20m），传输容量较大的回路（如发电机至主变压器和发电机至主配电装置的回路），均应按经济电流密度选择导体截面积，可按式（2-7）计算，即

$$S_j = \frac{I_p}{j} \tag{2-7}$$

式中　S_j——经济截面积，单位为 mm^2；

　　　I_p——回路持续工作电流，单位为 A；

　　　j——经济电流密度，单位为 A/mm^2。

现行的经济电流密度可从图 2-1 中查取。

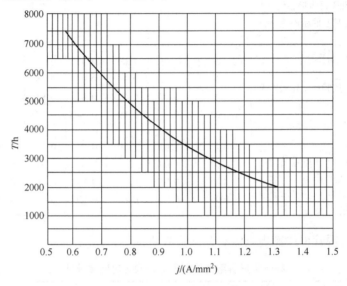

图 2-1　铝矩形、组合导线经济电流密度

当无合适规格的导体时，导体截面积可小于经济电流密度的计算截面积。

火力发电厂的最大负荷利用小时数 T 平均可取 5000h；水力发电厂平均可取 3200h；变电所应根据负荷性质确定。

电力系统地区最大负荷利用小时数可参考表 2-24 中的数值。其他行业 T 的取值可参照表 2-25。

表 2-24　电力系统地区最大负荷利用小时数

序号	最大负荷/ $\times 10^4$ kW	电量/ $\times 10^8$ kWh	最大负荷利用小时数/h
1	466	273	5858
2	321	188	5856
3	290	162	5586
4	175	99	5657
5	134	75	5597
6	104	60	5769
7	101	54	5346
8	93	46	4946
9	90	51	5666
10	83	44	5301
11	66	36	5454
总值/平均值	$\sum P = 1923$	$\sum W = 1088$	$T_{av} = 5657$

表 2-25 不同负荷的年利用时间

负荷性质	T/h	负荷性质	T/h	负荷性质	T/h	负荷性质	T/h
煤炭工业	6000	食品工业	4500	铁合金工业	7700	上下水道	5500
黑色金属工业	6500	交通运输	3000	有色金属冶炼	7500	农村工业	3500
有色金属采选业	5800	城市生活用电	2500	机械制造工业	5000	原子能工业	7800
电铝工业	8200	农业排灌	2800	建筑材料工业	6500	其他工业	4000
化学工业	7300	农村照明	1500	纺织工业	6000		
造纸工业	6500	石油工业	7000	电气化铁道	6000		

为了方便起见，经济电流密度可按表 2-26 中所列数值选取。

表 2-26 经济电流密度　　　　　　　（单位：A/mm²）

导体种类	最大负荷年利用小时数/h		
裸铝导线和母线	3000 以下	3000~5000	5000 以上
	1.65	1.15	0.90

第三节　软导线的选择

一、一般要求

1）配电装置中软导线的选择，应根据环境条件（如环境温度、日照、风速、污秽、海拔）和回路负荷电流、电晕、无线电干扰等条件，确定导线的截面积和导线的结构型式。

2）在空气中含盐量较大的沿海地区或周围气体对铝有明显腐蚀的场所，应尽量选用防腐型铝绞线。

3）当负荷电流较大时，应根据负荷电流选择较大截面积的导线。当电压较高时，为保持导线表面的电场强度，导线最小截面积必须满足电晕的要求，可增加导线外径或增加每相导线的根数。

4）对于 220kV 及以下的配电装置，电晕对选择导线截面积一般不起决定作用，故可根据负荷电流选择导线截面积。导线的结构型式可采用单根钢芯铝绞线或由钢芯铝绞线组成的复导线。

二、导线截面积的选择

屋外配电装置中的软导线可按下列条件分别进行选择：

1. 按回路持续工作电流选择

$$I_{xu} \geq I_g \tag{2-8}$$

式中　I_g——导体回路持续工作电流，单位为 A；
　　　I_{xu}——相应于导体在某一运行温度、环境条件下长期允许工作电流，其值见表 2-27 和表 2-28。

表 2-27 LJ 型铝绞线规格及长期允许载流量

标称截面积/mm²	单线根数及直径		计算截面积/mm²	外径/mm	直流电阻不大于/(Ω/km)	计算拉断力/N	计算质量/(kg/km)	交货长度不小于/m	长期允许载流量/A	
	根数	直径/mm							+70℃	+80℃
16	7	1.70	15.89	5.10	1.802	2840	43.5	4000	112	117
25	7	2.15	25.41	6.45	1.127	4355	69.6	3000	151	157

（续）

标称截面积/mm²	单线根数及直径		计算截面积/mm²	外径/mm	直流电阻不大于/(Ω/km)	计算拉断力/N	计算质量/(kg/km)	交货长度不小于/m	长期允许载流量/A	
	根数	直径/mm							+70℃	+80℃
35	7	2.50	34.36	7.50	0.8332	5760	94.1	2000	183	190
50	7	3.00	49.48	9.00	0.5786	7930	135.5	1500	231	239
70	7	3.60	71.25	10.80	0.4018	10950	195.1	1250	291	301
95	7	4.16	95.14	12.48	0.3009	14450	260.5	1000	351	360
120	19	2.85	121.21	14.25	0.2373	19420	333.5	1500	410	420
150	19	3.15	148.07	15.75	0.1943	23310	407.4	1250	466	476
185	19	3.50	182.80	17.50	0.1574	28440	503.0	1000	534	543
210	19	3.75	209.85	18.75	0.1371	32260	577.4	1000	584	593
240	19	4.00	238.76	20.00	0.1205	36260	656.9	1000	634	643
300	37	3.20	397.57	22.40	0.09689	46850	820.4	1000	731	738
400	37	3.70	397.83	25.90	0.07247	61150	1097	1000	879	883
500	37	4.16	502.90	29.12	0.05733	76370	1387	1000	1023	1023
630	61	3.63	631.30	32.67	0.04577	91940	1744	800	1185	1180
800	61	4.10	805.36	36.90	0.03588	115900	2225	800	1388	1377

表 2-28　LGJ 型钢芯铝绞线规格及长期允许载流量

铝/钢的标称截面积/mm²	单线根数及直径				计算截面积/mm²			外径/mm	直流电阻不大于/(Ω/km)	计算拉断力/N	计算质量/(kg/km)	交货长度不小于/m	长期允许载流量/A	
	铝		钢											
	根数	直径/mm	根数	直径/mm	铝	钢	总计						+70℃	+80℃
10/2	6	1.50	1	1.50	10.60	1.77	12.37	4.50	2.706	4120	42.9	3000	88	93
16/3	6	1.85	1	1.85	16.13	2.69	18.82	5.55	1.779	6130	65.2	3000	115	121
25/4	6	2.32	1	2.32	25.36	4.23	29.59	6.96	1.131	9290	102.6	3000	154	160
35/6	6	2.72	1	2.72	34.86	5.81	40.67	8.16	0.8230	12630	141.0	3000	189	195
50/8	6	3.20	1	3.20	48.25	8.04	56.29	9.60	0.5946	16870	195.1	2000	234	240
50/30	12	2.32	7	2.32	50.73	29.59	80.32	11.60	0.5692	12620	372.0	3000	250	257
70/10	6	3.80	1	3.80	68.05	11.34	79.39	11.40	0.4217	23390	275.2	2000	289	297
70/40	12	2.72	7	2.72	69.73	40.67	110.40	13.60	0.4141	58300	511.3	2000	307	314
95/15	26	2.15	7	1.67	94.39	15.33	109.72	13.61	0.3058	35000	380.8	2000	357	365
95/20	7	4.16	7	1.85	95.14	18.82	113.96	13.87	0.3019	37200	408.9	2000	361	370
95/55	12	3.20	7	3.20	96.51	56.30	152.81	16.00	0.2992	78110	707.7	2000	378	385
120/7	18	2.90	1	2.90	118.89	6.61	125.50	14.50	0.2422	27570	379.0	2000	408	417
120/20	26	2.38	7	1.85	115.67	18.82	134.49	15.07	0.2496	41000	466.8	2000	407	415
120/25	7	4.72	7	2.10	122.48	24.25	146.73	15.74	0.2345	47880	526.6	2000	425	433
120/70	12	3.60	7	3.60	122.15	71.25	193.40	18.00	0.2364	98370	895.6	2000	440	447
150/8	18	3.20	1	3.20	144.76	8.04	152.80	16.00	0.1989	32860	461.4	2000	463	472
150/20	24	2.78	7	1.85	145.68	18.82	164.50	16.67	0.1980	46630	549.4	2000	469	478
150/25	26	2.70	7	2.10	148.86	24.25	173.11	17.10	0.1939	54110	601.0	2000	478	487
150/35	30	2.50	7	2.50	147.26	34.36	181.62	17.50	0.1962	65020	676.2	2000	478	487
185/10	18	3.60	1	3.60	183.22	10.18	193.40	18.00	0.1572	40880	584.0	2000	539	548
185/25	24	3.15	7	2.10	187.04	24.25	211.29	18.90	0.1542	59420	706.1	2000	552	560
185/30	26	2.98	7	2.32	181.34	29.59	210.93	18.88	0.1592	64320	732.6	2000	543	551
185/45	30	2.80	7	2.80	184.73	43.10	227.83	19.60	0.1564	80190	848.2	2000	553	562
210/10	18	3.80	1	3.80	204.14	11.34	215.48	19.00	0.1411	45140	650.7	2000	577	586

铝/钢的标称截面积/mm²	单线根数及直径				计算截面积/mm²			外径/mm	直流电阻不大于/（Ω/km）	计算拉断力/N	计算质量/（kg/km）	交货长度不小于/m	长期允许载流量/A	
	铝		钢											
	根数	直径/mm	根数	直径/mm	铝	钢	总计						+70℃	+80℃
210/25	24	3.33	7	2.22	209.02	27.10	236.12	19.98	0.1380	65990	789.1	2000	587	601
210/35	26	3.22	7	2.50	211.73	34.36	246.09	20.38	0.1363	74250	853.9	2000	599	607
210/50	30	2.98	7	2.98	209.24	48.82	258.06	20.86	0.1381	90830	960.8	2000	604	607
240/30	24	3.60	7	2.40	244.29	31.67	275.96	21.60	0.1181	75620	922.2	2000	655	662
240/40	26	3.42	7	2.66	238.85	38.90	277.75	21.66	0.1209	83370	964.3	2000	648	655
240/55	30	3.20	7	3.20	241.27	56.30	297.57	22.40	0.1198	102100	1108	2000	657	664
300/15	42	3.00	7	1.67	296.88	15.33	312.21	23.01	0.09724	68060	939.8	2000	735	742
300/20	45	2.93	7	1.95	303.42	20.91	324.33	23.43	0.09520	75680	1002	2000	747	753
300/25	48	2.85	7	2.22	306.21	27.10	333.31	23.76	0.09433	83410	1058	2000	754	760
300/40	24	3.99	7	2.66	300.09	38.90	338.99	23.94	0.09614	92220	1133	2000	746	754
300/50	26	3.83	7	2.98	299.54	48.82	348.36	24.26	0.09636	103400	1210	2000	747	756
300/70	30	3.60	7	3.60	305.36	71.25	376.61	25.20	0.09463	128000	1402	2000	766	770
400/20	42	3.51	7	1.95	406.40	20.91	427.31	26.91	0.07104	88850	1286	1500	898	901
400/25	45	3.33	7	2.22	391.91	27.10	419.01	26.64	0.07370	95940	1295	1500	879	882
400/35	48	3.22	7	2.50	390.88	34.36	425.24	26.82	0.07389	103900	1349	1500	879	882
400/50	54	3.07	7	3.07	399.73	51.82	451.55	27.63	0.07232	123400	1541	1500	898	899
400/65	26	4.42	7	3.44	398.94	65.06	464.00	28.00	0.07236	135200	1611	1500	900	902
400/95	30	4.16	19	2.50	407.75	93.27	501.02	29.14	0.07087	171300	1860	1500	920	921
500/35	45	3.75	7	2.50	497.01	34.36	531.37	30.00	0.05812	119500	1642	1500	1025	1024
500/45	48	3.60	7	2.80	488.58	43.10	531.68	30.00	0.05912	128100	1688	1500	1016	1016
500/65	54	3.44	7	3.44	501.88	65.06	566.94	30.96	0.05760	154000	1897	1500	1039	1038
630/45	45	4.20	7	2.80	623.45	43.10	666.55	33.60	0.04633	148700	2060	1200	1187	1182
630/55	48	4.12	7	3.20	639.92	56.30	696.22	34.32	0.04514	164400	2209	1200	1211	1204
630/80	54	3.87	19	2.32	635.19	80.32	715.51	34.82	0.04551	192900	2388	1200	1211	1204
800/55	45	4.80	7	3.20	814.30	56.30	870.60	38.40	0.03547	191500	2690	1200	1413	1399
800/70	48	4.63	7	3.60	808.15	71.25	879.40	38.58	0.03574	207000	2791	1200	1410	1396
800/100	54	4.33	19	2.60	795.17	100.88	896.05	38.98	0.03635	241100	2991	1000	1402	1388

注：1. 对于 LGJF 型的计算质量，还应增加防腐涂料的质量，其增值为：钢芯涂防腐涂料者增加 2%，内部铝钢各层间涂防腐涂料者增加 5%。

2. 本表的载流量是按基准环境温度为 25℃、风速为 0.5m/s、辐射系数及吸热系数为 0.5，海拔为 1000m 的条件计算。最高允许温度为 +70℃ 时未考虑日照影响，最高允许温度为 +80℃ 时考虑 0.1W/cm² 日照的影响。

若导体所处环境条件与表 2-28 中的载流量计算条件不同时，载流量应乘以相应的修正系数，见表 2-22。

220kV 变电所中，110kV、35kV 主变进线母线往往选用双分裂钢芯铝绞线，导线持续允许电流可近似按式（2-9）计算，即

$$I = 1.03 n I_{xu} \tag{2-9}$$

式中　n——导线根数。

【例 2-4】　计算 2×LCJ—400/25 型双分裂钢芯铝绞线长期允许载流量。

解：

查表 2-27 得 LGJ—400/25 型导线长期允许载流量为 879A，最高允许温度为 +40℃ 时，查表 2-22 得温度校正系数 0.81，导线长期允许载流量为 711.99A。

按式（2-9）计算 $2 \times$ LGJ—400/25 型双分裂钢芯铝绞线长期允许载流量为

$$I = 1.03 n I_{xu}$$
$$= 1.03 \times 2 \times 711A = 1464A$$

2. 按经济电流密度选择

$$S_j = I_g / j \qquad (2\text{-}10)$$

式中　S_j——按经济电流密度计算的导体截面积，单位为 mm^2；

　　　I_g——导体回路持续工作电流，单位为 A；

　　　j——经济电流密度单位为 A/mm^2，软导线经济电流密度由图 2-2 查取，铝矩形、组合导线经济电流密度由图 2-1 查取。

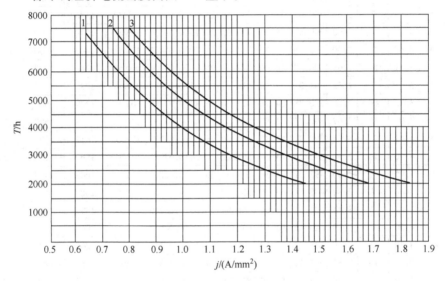

图 2-2　软导线经济电流密度

1—10kV 及以下 LJ 型导线经济电流密度　2—10kV 及以下 LGJ 型导线经济电流密度
3—35～220kV LGJ、LGJQ 型导线经济电流密度

第四节　母线的稳定校验

一、动稳定校验

母线发生三相短路时，母线受到的电动力为

$$F = 1.76 i_b^2 \frac{l}{a} 10^{-2} \times 9.81 \text{N} \qquad (2\text{-}11)$$

式中　i_b——短路冲击电流，单位为 kA；

　　　l——沿母线支持绝缘子之间的距离，单位为 cm；

　　　a——相间距离，单位为 cm。

母线所受的力矩为

$$M = F \times \frac{l}{10} \tag{2-12}$$

母线所受的应力为

$$\sigma = \frac{M}{W} \tag{2-13}$$

母线水平放置时的截面系数为

$$W = \frac{1}{6}h^2 b \tag{2-14}$$

式中　b——母线的宽度，单位为 cm；

　　　h——母线的厚度，单位为 cm。

母线立放时的截面系数为

$$W = \frac{1}{6}hb^2 \tag{2-15}$$

不同形状和布置时母线的截面系数见表 2-29。

表 2-29　不同形状和布置时母线的截面系数

母线布置草图及其截面形状	截面系数 W
	$0.167h^2 b$
	$0.167hb^2$
	$0.333h^2 b$
	$1.44hb^2$
	$0.5h^2 b$
	$3.3hb^2$
	$0.667h^2 b$
	$12.4hb^2$
	$\approx 0.1d^3$
	$\approx 0.1\dfrac{D^4 - d^4}{D}$

注：b、h、d 及 D 的单位为 cm。

硬导体最大允许应力见表 2-30。

表 2-30　硬导体最大允许应力　　　　　　　　　　（单位：N/cm²）

导体材料	铝	铜	LF—21 型铝锰合金管
最大允许应力	6860	13720	8820

注：1. 对于槽形导体，可能达不到表中数值，选择时应向制造部门咨询。

　　2. 表中所列数值为计算安全系数后的最大允许应力，安全系数一般取 1.7（对应于材料破坏应力）或 1.4（对应于材料屈服点应力）。

铝母线允许通过的短路冲击电流见表 2-31。

表 2-31　铝母线允许通过的短路冲击电流

支持点间距离 l/cm	100				120				140				160			
相间距离 a/cm	20	25	30	35	20	25	30	35	20	25	30	35	20	25	30	35
母线尺寸（宽×厚）/mm	允许通过的短路电流/kA															
母线平放 — — —																
30×4	22	24	27	29	18	20	22	24	16	18	19	21	14	15	17	18
40×4	29	33	36	39	24	27	30	32	21	23	26	28	18	20	22	24
40×5	33	36	40	43	27	30	33	36	23	26	29	31	20	23	25	27
50×5	41	46	50	54	34	38	42	45	29	33	36	39	26	29	31	34
50×6	45	50	55	59	37	42	46	49	32	36	39	42	28	31	34	37
60×6	54	60	66	71	45	50	55	59	38	43	47	51	34	37	41	44
80×6	71	80	88	95	60	67	73	79	51	57	63	68	45	50	55	60
100×6	89	100	109	118	74	83	91	98	64	71	78	84	56	62	68	74
60×8	62	69	76	82	52	58	63	68	44	49	54	58	39	43	47	51
80×8	83	92	101	109	69	77	84	91	59	66	72	78	52	58	63	68
100×8	103	115	126	136	86	96	105	114	74	82	90	97	64	72	79	85
120×8	124	138	152	164	103	115	126	136	88	99	108	117	77	86	95	102
60×10	69	77	85	91	58	64	71	76	49	55	60	65	43	48	53	57
80×10	92	103	113	122	77	86	94	102	66	74	81	87	58	64	71	76
100×10	115	129	141	153	96	107	118	127	82	92	101	109	72	81	88	95
120×10	138	155	169	183	115	129	141	153	99	111	121	131	86	97	106	114
母线竖放 | | |																
30×4	8	9	10	11	7	7	8	9	6	6	7	8	5	6	6	7
40×4	9	10	11	12	8	9	9	10	7	7	8	9	6	6	7	8
40×5	12	13	14	15	10	11	12	13	8	9	10	11	7	8	9	10
50×5	13	14	16	17	11	12	13	14	9	10	11	12	8	9	10	11
50×6	16	17	19	21	13	14	16	17	11	12	14	15	10	11	12	13
60×6	17	19	21	22	14	16	17	18	12	13	15	16	11	12	13	14
80×6	20	22	24	26	16	18	20	22	14	16	17	19	12	14	15	16
100×6	22	24	27	29	18	20	22	24	16	18	19	21	14	15	17	18
60×8	23	25	28	30	19	21	23	25	16	18	20	21	14	16	17	19
80×8	26	29	32	35	22	24	27	29	19	21	23	25	16	18	20	22
100×8	29	33	36	39	24	27	30	32	21	23	26	28	18	20	22	24
120×8	32	36	39	42	27	30	33	35	23	26	28	30	20	22	24	26
60×10	28	32	35	37	24	26	29	31	20	23	25	27	18	20	22	23
80×10	33	36	40	43	27	30	33	36	23	26	29	31	20	23	25	27
100×10	36	41	45	48	30	34	37	40	26	29	32	34	23	26	28	30
120×10	40	45	49	53	33	37	41	44	29	32	35	38	25	28	31	33

二、热稳定校验

在母线出口处发生三相短路时，必须按式（2-16）校验母线的热稳定，即

$$S_{\min} = \frac{I_K}{C}\sqrt{t_a}\times 10^3$$

$$= \frac{I_K^{(3)}}{C}\sqrt{t_a}\times 10^3 \tag{2-16}$$

式中　$S_{\min}$——所需要的最小截面积，单位为 mm^2；

I_K——短路电流稳态值，近似以三相短路电流有效值 $I_K^{(3)}$ 计算，单位为 kA；

t_a——短路电流假想时间，一般为 $0.2 \sim 0.3s$；

C——母线常数。

导体短路前的温度为 $+70℃$ 时的热稳定系数 C 见表2-32。

表2-32　导体短路前的温度为 $+70℃$ 时的热稳定系数

导体材料	短路时导体最高允许温度/℃	C
铜	300	171
铝及铝锰合金	200	87

若导体短路前的温度不是 $+70℃$ 时，其热稳定系数见表2-33。

表2-33　不同工作温度下 C 值

工作温度/℃	50	55	60	65	70	75	80	85	90	95	100	105
硬铝及铝锰合金	95	93	91	89	87	85	83	81	79	77	75	73
硬铜	181	179	176	174	171	169	166	164	161	159	157	155

铝母线允许通过的稳态短路电流有效值见表2-34。

表2-34　铝母线允许通过的稳态短路电流有效值　　　　（单位：kA）

母线规格 （宽×厚）/mm	假想时间/s												
	0.1	0.15	0.2	0.3	0.4	0.6	0.8	1.0	1.2	1.6	2.0	2.5	3.0
30×4	33	27	23	19	17	13	12	10	10	8	7	7	6
40×4	44	36	31	25	22	18	16	14	13	11	10	9	8
40×5	55	45	39	32	28	22	19	17	16	14	12	11	10
50×5	69	56	49	40	34	28	24	22	20	17	15	14	13
50×6	83	67	58	48	41	34	29	26	24	21	18	17	15
60×6	99	81	70	57	50	40	35	31	29	25	22	20	18
80×6	132	108	93	76	66	54	47	42	38	33	30	26	24
100×6	165	135	117	95	83	67	58	52	48	41	37	33	30
60×8	132	108	93	76	66	54	47	42	38	33	30	26	24
80×8	176	144	125	102	88	72	62	56	51	44	39	35	32
100×8	220	180	156	127	110	90	78	70	64	55	49	44	40
120×8	264	216	187	152	132	108	93	84	76	66	59	53	48
60×10	165	135	117	95	83	67	58	52	48	41	37	33	30
80×10	220	180	156	127	110	90	78	70	64	55	49	44	40
100×10	262	214	195	151	131	107	93	83	76	66	59	52	48
120×10	315	257	233	182	157	129	111	100	91	79	70	63	57

三、按电晕电压校验

110kV 及以上电压的变电所母线均应以当地气象条件为晴天且不出现全面电晕为控制条件，使导线安装处的最高工作电压小于临界电晕电压。

海拔不超过 1000m，在常用相间距离情况下，如导体型号或外径不小于表 2-35 所列数值时，可不进行电晕校验。

表 2-35　可不进行电晕校验的最小导体型号及外径

电压/kV	110	220
软导线型号	LGJ—70	LGJ—300
管形导线外径/mm	$\phi20$	$\phi30$

第五节　母线选择计算举例

一、变电所输送功率及短路电流

某县市 220/110/35kV 变电所拟安装主变压器两台，最终安装三台，主变压器容量为 120000kVA。变电所母线持续穿越功率和电流见表 2-36，变电所主变压器三相短路电流见表 2-37。

表 2-36　变电所母线持续穿越功率和电流

母线名称	持续穿越功率/MVA	持续电流/A
220kV 主母线	525	1380
220kV 旁路母线	315	828
220kV 主变压器进线	126	331
110kV 主母线	262	1380
110kV 旁路母线	126	662
110kV 主变压器进线	126	662
35kV 主母线	63	1040

表 2-37　变电所主变压器三相短路电流

短路点编号	额定电压 U_N/kV	短路点平均电压 U_{av}/kV	短路电流周期分量稳态值 I_∞/kA	短路冲击电流最大值 i_b/kA
K1	220	230	17.99	45.87
K2	110	115	12.24	31.21
K3	35	37	11.66	29.73

二、220kV 母线选择

1. 220kV 主母线的选择

1）母线类型的选择。220kV 主母线选择 LF—21Y—ϕ120/110 型铝锰合金管形母线。

2）按主母线长期工作电流选择。220kV 主母线长期工作电流由表 2-36 查得为 1380A，查表 2-21，选择 φ120/110 型管形母线，环境温度 +25℃，导体最高温度 +70℃，导体长期允许载流量 2782A。环境温度为 +40℃时，查表 2-22 得温度校正系数为 0.81，则导体长期允许载流量为 2782×0.81 = 2253A，大于 220kV 主母线长期工作电流 1380A，持续极限输送容量为 857MVA，大于 220kV 主母线持续穿越容量 525MVA。故选择 φ120/110 型管形母线满足输送功率的需要。

3）热稳定要求最小截面积。220kV 母线 K1 点三相短路电流周期分量稳态值 I_∞ = 17.99kA，查表 2-32 得热稳定系数 $C = 87$，假想时间选 $t_a = 0.2$s，按式（2-16）进行母线热稳定要求最小截面积计算，即

$$S_{min} = \frac{I_\infty}{C}\sqrt{t_a} \times 10^3$$
$$= \frac{17.99}{87}\sqrt{0.2} \times 10^3 \, mm^2$$
$$= 92 \, mm^2$$

查表 2-21 得选用管形母线 φ120/110 的截面积 $S = 1806\,mm^2$，大于热稳定最小截面积 $S_{min} = 92\,mm^2$，故选择的母线满足热稳定要求。

4）按电晕电压校验。查表 2-35 得晴天不可出现可见电晕时，要求管形母线最小截面积为 φ30mm，选择管形母线型号为 φ120，故满足电晕校验要求。

2. 220kV 旁路母线的选择

1）母线类型的选择。220kV 旁路母线选择 LGJ—500/45 型钢芯铝绞线。

2）按旁路母线长期工作电流选择。220kV 旁路母线长期工作电流由表 2-36 查得为 828A，持续穿越功率为 315MVA。

查表 2-28 得 LGJ—500/45 型导线在环境温度 +25℃、导体最高温度为 +70℃时，长期允许载流量为 1016A，考虑环境温度为 +40℃，查表 2-22 得温度校正系数为 0.81，则导体长期允许载流量为 822A，持续极限输送容量 313MVA。故选择的母线满足持续输送功率的要求。

3）热稳定要求最小截面积。同样按式（2-16）计算热稳定要求最小截面积为

$$S_{min} = \frac{I_\infty}{C}\sqrt{t_a} \times 10^3$$
$$= \frac{17.99}{87}\sqrt{0.2} \times 10^3 \, mm^2$$
$$= 92 \, mm^2$$

选择导线截面积为 $S = 500\,mm^2$，大于热稳定要求最小导线截面积 92mm^2，故选择的导线截面积满足热稳定要求。

4）按电晕电压校验。查表 2-35 得电晕校验的最小导体型号为 LGJ—300，故选择的 LGJ—500 型导线满足晴天不出现电晕的要求。

3. 220kV 主变压器进线选择

1）母线类型的选择。220kV 主变压器进线选择 LGJ—500/45 型钢芯铝绞线。

2）按 220kV 主变压器进线长期工作电流选择。查表 2-36 得变电所 220kV 主变压器进

线持续穿越功率为126MVA,长期工作电流为331A。

LGJ—500/45型导线,在环境温度为+40℃时,长期允许截流量为822A,持续极限输送功率为313MVA。故选择的母线满足长期负荷电流和功率的要求。

3)热稳定要求最小截面积。同样按式(2-16)计算热稳定要求最小截面积为

$$S_{min} = \frac{I_\infty}{C}\sqrt{t_a} \times 10^3$$

$$= \frac{17.99}{87}\sqrt{0.2} \times 10^3\, mm^2$$

$$= 92\, mm^2$$

选择导线截面积为$S = 500\, mm^2$,大于热稳定要求最小导线截面积$92\, mm^2$,故选择的导线截面积满足热稳定要求。

4)按经济电流密度选择。查表2-24取平均最大负荷利用小时数$T = 5657h$,查表2-26得经济电流密度$j = 0.9\, A/mm^2$,查表2-36得220kV主变压器进线持续电流331A,则按式(2-10)计算经济截面积为

$$S_j = \frac{I_g}{j} = \frac{331}{0.9}\, mm^2 = 367\, mm^2$$

选择LGJ—500/45型导线输送经济电流为

$$I_j = jS_j = 0.9 \times 500\, A = 450\, A$$

经济输送容量为

$$S_j = \sqrt{3}U_N I_j = \sqrt{3} \times 220 \times 450 \times 10^{-3}\, MVA = 171\, MVA$$

大于220kV主变压器进线负荷126MVA,满足经济运行的要求。

5)按电晕电压校验。查表2-35得电晕校验的最小导体型号为LCJ—300,故选择的LGJ—500型导线满足晴天不出现电晕的要求。

三、110kV母线选择

1. 110kV主母线选择

1)母线类型的选择。110kV主母线选择$2 \times$LGJ—400/35型钢芯铝绞线。

2)按主母线长期工作电流选择。110kV主母线长期工作电流由表2-36查得1380A,持续穿越功率为262MVA。

查表2-28得LGJ—400/35型导线,环境温度+25℃,导体最高温度为+70℃时,长期允许载流量为879A,考虑环境温度为+40℃,查表2-22得温度校正系数为0.81,则导体长期允许载流量为712A,则$2 \times$LGJ—400/35型导体长期允许载流量为1424A,导体极限输送容量为

$$S = \sqrt{3}U_N I_j = \sqrt{3} \times 110 \times 1424 \times 10^{-3}\, MVA = 271\, MVA$$

选择的$2 \times$LGJ—400/35型导线极限输送功率及电流都大于实际输送的容量及电流,故选择的母线满足要求。

3)热稳定要求最小截面积。按式(2-16)计算热稳定要求最小截面积为

$$S_{\min} = \frac{I_\infty}{C}\sqrt{t_a} \times 10^3$$

$$= \frac{12.24}{87}\sqrt{0.2} \times 10^3 \mathrm{mm}^2$$

$$= 63\mathrm{mm}^2$$

选择的 2×LGJ—400/35 型导线截面积大于热稳定要求最小截面积，故满足要求。

4）按经济电流密度选择。主变压器 110kV 侧最大负荷利用小时取 $T = 3000\mathrm{h}$，查表 2-26 得经济电流密度 $j = 1.65\mathrm{A/mm}^2$。则按式（2-10）计算经济截面积为

$$S_j = \frac{I_g}{j} = \frac{1380}{1.65}\mathrm{mm}^2 = 836\mathrm{mm}^2$$

选择 2×LGJ—400/35 型导线输送经济电流为

$$I_j = jS_j = 1.65 \times 800\mathrm{A} = 1320\mathrm{A}$$

经济输送容量为

$$S_j = \sqrt{3}U_N I_j = \sqrt{3} \times 110 \times 1320 \times 10^{-3}\mathrm{MVA} = 252\mathrm{MVA}$$

该值基本满足要求。

5）按电晕电压校验。查表 2-35 得电晕校验的最小导体型号为 LGJ—70，故选择 2×LGJ—400/35 型导线满足晴天不出现电晕的要求。

2. 110kV 旁路母线的选择

1）旁路母线类型的选择。110kV 旁路母线选择 LGJ—500/45 型导线。

2）按旁路母线长期工作电流选择。110kV 旁路母线长期工作电流由表 2-36 查得 662A，持续穿越功率为 126MVA。

查表 2-28 得 LGJ—500/45 型导线，环境温度 +25℃，导体最高温度 +70℃时，长期允许载流量为 1016A，考虑环境温度为 +40℃，查表 2-22 得温度校正系数为 0.81，则导体长期允许载流量为 822A，持续输送极限容量为 156MVA，均大于 110kV 旁路母线持续输送电流 662A，持续输送容量 126MVA，故选择的母线满足要求。

3）热稳定要求最小截面积。按式（2-16）计算热稳定要求最小截面积为

$$S_{\min} = \frac{I_\infty}{C}\sqrt{t_a} \times 10^3$$

$$= \frac{12.24}{87}\sqrt{0.2} \times 10^3 \mathrm{mm}^2$$

$$= 63\mathrm{mm}^2$$

故选择 LGJ—500/45 型导体截面积大于热稳定要求最小截面积 $63\mathrm{mm}^2$，故选择的导体截面积满足热稳定要求。

4）按经济电流密度选择。主变压器 110kV 侧最大负荷利用小时数取 $T = 3000\mathrm{h}$，查表 2-26 得经济电流密度 $j = 1.65\mathrm{A/mm}^2$，则按式（2-10）计算经济截面积为

$$S_j = \frac{I_g}{j} = \frac{662}{1.56}\mathrm{mm}^2 = 424\mathrm{mm}^2$$

选择 LGJ—500 型导线输送经济电流为

$$I_j = jS_j = 1.65 \times 500\mathrm{A} = 825\mathrm{A}$$

经济输送容量为

$$S_j = \sqrt{3}U_N I_j = \sqrt{3} \times 110 \times 825 \times 10^{-3} MVA = 157MVA$$

该值大于 110kV 旁路母线输送容量 126MVA，故满足要求。

5）按电晕电压校验。查表 2-35 得电晕校验的最小导体型号为 LGJ—70，故选择 LGJ—500/45 型导线满足晴天不出现电晕的要求。

3. 110kV 主变压器进线的选择

按照 110kV 旁路选择方法，110kV 主变压器进线选择 LGJ—500/45 型导线，能满足 110kV 主变压器进线负荷的要求。

四、35kV 母线选择

1. 母线类型的选择

35kV 主母线选 LWB—100 × 10 型矩形铝母线。

2. 按主母线长期工作电流选择

35kV 主母线长期工作电流由表 2-19 得，LWB—100 × 10 型立放矩形铝母线在环境温度为 +40℃时的长期允许电流为 1475A，母线平放时乘以 0.95，则允许电流为 1400A，持续允许极限输送容量为 85MVA。该母线能满足 35kV 主母线持续穿越功率 63MVA、长期工作电流 1040A 的要求。

3. 主母线动稳定校验

35kV 配电装置选用 JGN2B—40.5 型固定式开关柜，母线固定间距 $l = 2000mm$，相间距离 $a = 300mm$。查表 2-37 得 35kV 母线短路电流冲击值 $i_{imp} = 29.73kA$。按式（2-11）计算母线受到的电动力，即

$$F = 1.76 i_{imp}^2 \frac{l}{a} \times 10^{-2}$$

$$= 1.76 \times 29.73^2 \times \frac{200}{30} \times 10^{-2} kgf = 103.70 kgf^{\ominus}$$

$$= 1017.37N$$

由式（2-12）计算母线受到的弯曲力矩，即

$$M = \frac{Fl}{10} = \frac{103.70 \times 200}{10} kgf \cdot cm = 2074 kgf \cdot cm$$

母线水平布置，截面积为 $100 \times 10 mm^2$，则 $b = 10mm$，$h = 100mm$，查表 2-29，计算该母线截面系数，即

$$W = 0.167 h^2 b = 0.167 \times 1 \times 10^2 cm^3 = 16.7 cm^3$$

按式（2-13）计算母线最大应力，即

$$\sigma = \frac{M}{W} = \frac{2074}{16.7} kgf/cm^2 = 124 kgf/cm^{2\ominus}$$

$$= 124 \times 9.81 \times 10^4 Pa$$

$$= 1216 \times 10^4 Pa$$

⊖ 1kgf（千克力）=9.81N（牛顿）。

⊖ 1kgf/cm² = 9.81 × 10⁴ Pa。

此值小于表 2-30 中规定的铝母线极限应力 $6860 \times 10^4 \text{Pa}$，故满足动稳定要求。

4. 热稳定要求最小截面积

按式（2-16）计算热稳定要求最小截面积为

$$S_{\min} = \frac{I_\infty}{C}\sqrt{t_a} \times 10^3$$

$$= \frac{11.66}{87}\sqrt{0.2} \times 10^3 \text{mm}^2$$

$$= 60 \text{mm}^2$$

选择 LWB—100×10 型矩形母线的截面积大于热稳定要求最小截面积 60mm^2，故满足要求。

5. 35kV 软母线的选择

选择 $2 \times \text{LGJ}$—400/35 型钢芯铝绞线，环境温度 +40℃时，长期允许电流为 1423A，极限输送容量为 86MVA，取经济电流密度 $j = 1.15\text{A}/\text{mm}^2$，经济输送电流 920A，经济输送容量为 56MVA。

220kV 变电所母线选择计算结果见表 2-38。

表 2-38　220kV 变电所母线选择计算结果

序号	安装地点	计算值					所选导线及铝母线型号	保证值				
		额定电压	工作电流	输送容量	热稳定要求最小截面积	按晴天不可出现可见电晕要求最小截面积		持久允许电流（环境温度+40℃）	持续极限输送容量	经济电流密度	经济输送电流	经济输送容量
		$U_N/$ kV	$I_g/$ A	$S_g/$ MVA	$S_x/$ mm^2	$S_{xe}/$ mm^2		$I_x/$ A	$S_{xu}/$ MVA	$j/$ (A/mm^2)	$I_j/$ A	$S_j/$ MVA
1	220kV 主母线	220	1380	525	92	$\phi30$	LF—21Y—$\phi120/110$	2253	857	—	—	—
	220kV 旁路母线		828	315		LGJ—300	LGJ—500	822	313	—	—	—
	220kV 主变压器进线		331	126			LGJ—500	822	313	0.9	450	171
2	110kV 主母线	110	1380	262	63	LGJ—70	$2 \times$ LGJ—400	1424	271	—	—	—
	110kV 旁路母线		662	126			LGJ—500	822	156	1.65	825	157
	110kV 主变压器进线											
3	35kV 主母线	35	1040	63	60	—	LMY—100×10	1400	85	—	—	—
	35kV 主变压器进线						LMY—100×10 $+ 2 \times$ LGJ—400	1423	86	1.15	920	56

第六节　线路电压损耗计算

在输电线路的末端存在集中负荷，如图 2-3 所示。设该段线路阻抗 $Z = R + jX$，则可得，线路等效电路如图 2-4 所示。

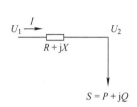

图 2-3 末端有集中负荷的线路图

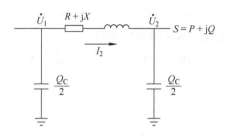

图 2-4 线路等效电路图

根据图 2-4 可画出电压、电流的线路相量图，如图 2-5 所示。

从图 2-5 线路相量图中可知：

$$\overline{AD} = \overline{AE} + \overline{ED} = IR\cos\varphi + IX\sin\varphi = \Delta U_{ph2} \tag{2-17}$$

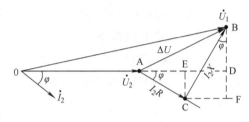

图 2-5 线路相量图

其中，$\overline{AD}$ 表示电压降 $\overline{AB}$ 在 U_2 相量上的投影，称为电压降的纵分量。

$$\overline{BD} = \overline{BF} - \overline{DF} = IX\cos\varphi - IR\sin\varphi = \Delta U_{ph2}$$

$\overline{BD}$ 表示电压降 $\overline{AB}$ 在 U_2 相量上的投影，称为电压降的横分量。

对于 110kV 及以下电网可以忽略 ΔU_{ph2} 的影响，故电压降就等于电压降的纵分量 ΔU_{ph2}。

将式 (2-17) 两边分别乘以 $\sqrt{3}$，同时在等式左右的分子、分母同时乘以线路末端电压 U_2，得

$$\Delta U_2 = \sqrt{3} U_{ph2} = \frac{\sqrt{3} U_2 I_2 \cos\varphi R + \sqrt{3} U_2 I_2 \sin\varphi X}{U_2} \tag{2-18}$$

$$= \frac{P_2 R + Q_2 X}{U_2}$$

式中　ΔU_2——输电线路电压降，单位为 kV；

　　　P_2——输电线路末端有功功率，单位为 MW；

　　　Q_2——输电线路末端无功功率，单位为 MVar；

　　　U_2——输电线路末端电压，单位为 kV；

　　　R——输电线路电阻，单位为 Ω；

　　　X——输电线路电抗，单位为 Ω。

输电线路电压偏移按式 (2-19) 计算，即

$$\Delta U\% = \frac{U - U_N}{U_N} \times 100\% = \frac{\Delta U}{U_N} \times 100\% \tag{2-19}$$

式中　$\Delta U\%$——电压偏移百分数，单位为%；

　　　U——某点的实际电压，单位为 kV；

　　　U_N——某点的额定电压，单位为 kV；

　　　ΔU——电压损耗，单位为 kV。

国家相关标准规定的各类用户的允许电压偏移见表 2-39。

表 2-39　允许电压偏移

用户性质	电压偏移
35kV 及以上电压供电负荷	±10%
10kV 供电负荷	±7%
低压照明负荷	+5% 、 −7%

【例 2-5】　某条 10kV 供电线路，输送功率为 2 台 ×2000kVA 的配电变压器，功率因数为 $\cos\varphi = 0.8$。线路采用 LGJ—95 型钢芯铝绞线，单位长度电阻 $R_{0L} = 0.361\Omega/\mathrm{km}$，单位长度电抗 $X_{0L} = 0.4\Omega/\mathrm{km}$，线路长度 $L = 3\mathrm{km}$。计算该供电线路电压损耗及电压损耗率。

解：

供电线路的电阻、电抗为

$$R = R_{0L}L = 0.361 \times 3\Omega = 1\Omega$$

$$X = X_{0L}L = 0.4 \times 3\Omega = 1.2\Omega$$

供电线路输送的功率为

$$\begin{aligned} S &= P_2 + jQ_2 = S\cos\varphi + jS\sin\varphi \\ &= 2 \times 2000 \times 0.8 + j2 \times 2000 \times 0.6 \\ &= (3200 + 2400)\mathrm{kVA} \\ &= (3.2 + j2.4)\mathrm{MVA} \end{aligned}$$

供电线路电压损耗按式（2-18）计算，得

$$\Delta U_2 = \frac{P_2 R + Q_2 X}{U_2} = \frac{3.2 \times 1 + 2.4 \times 1.2}{10}\mathrm{kV} = 0.6\mathrm{kV}$$

线路电压损耗率按式（2-19）计算，得

$$\Delta U_2\% = \frac{\Delta U_2}{U_{N2}} \times 100\% = \frac{0.6}{10} \times 100\% = 6\% < 7\%$$

或用负荷矩，按式（2-3）计算线路电压损耗率，得

$$\Delta U_2\% = \Delta U_0\% PL = \frac{R_{0L} + X_{0L}\tan\varphi}{10U_{N2}^2}\% PL$$

$$= \frac{0.361 + 0.4 \times 0.75}{10 \times 10^2} \times 3200 \times 3\%$$

$$= 0.661 \times 3.2 \times 3\%$$

$$= 6.3\% < 7\%$$

故该线路电压损耗满足要求。

第七节　线路功率损耗计算

输电线路末端有一集中负荷时，线路中的有功功率损耗为

$$\Delta P = 3I^2 R \times 10^{-3} \tag{2-20}$$

式中　ΔP——线路有功功率损耗，单位为 kW；

　　　I——线路中通过的电流，单位为 A；

　　　R——线路电阻，单位为 Ω。

因为 $I = \dfrac{S}{\sqrt{3} U_L}$，$S^2 = P^2 + Q^2$，则

$$
\begin{aligned}
\Delta P &= 3I^2 R \times 10^{-3} \\
&= 3\left(\frac{S}{\sqrt{3} U_L}\right)^2 R \times 10^{-3} \\
&= \frac{P^2 + Q^2}{U_L^2} R \times 10^{-3}
\end{aligned}
\tag{2-21}
$$

式中　ΔP——线路有功功率损耗，单位为 kW；

　　　S——线路中通过的视在功率，单位为 MVA；

　　　P——线路中通过的有功功率，单位为 MW；

　　　Q——线路中通过的无功功率，单位为 MVar；

　　　U_L——线电压，单位为 kV；

　　　R——线路每相的电阻，单位为 Ω。

线路无功功率损耗按式（2-22）计算，得

$$
\begin{aligned}
\Delta Q &= 3\left(\frac{S}{\sqrt{3} U_L}\right)^2 X \times 10^{-3} \\
&= \frac{P^2 + Q^2}{U^2} X \times 10^{-3}
\end{aligned}
\tag{2-22}
$$

式中　ΔQ——无功功率损耗，单位为 kvar；

　　　X——线路每相电抗，单位为 Ω。

输电线路有功功率线损率按式（2-23）计算，即

$$
\Delta P\% = \frac{\Delta P}{P_N} \times 100\%
\tag{2-23}
$$

式中　$\Delta P\%$——线损率，单位为%；

　　　ΔP——线路有功功率损耗，单位为 kW；

　　　P_N——线路输送的额定有功功率，单位为 kW。

【例 2-6】　某条 10kV 架空线路，安装两台配电变压器，单台变压器额定容量为 $S_N =$ 2500kVA，功率因数 $\cos\varphi = 0.8$，线路采用 LGJ—95 型钢芯铝绞线，单位长度电阻为 $R_{0L} = 0.361\Omega/\mathrm{km}$，单位长度电抗为 $X_{0L} = 0.4\Omega/\mathrm{km}$，计算该线路的有功功率损耗及线损率。

解：

线路电阻、电抗为

$$
R_L = R_{0L} L = 0.361 \times 5\Omega = 1.8\Omega
$$

$$
X_L = X_{0L} L = 0.4 \times 5\Omega = 2\Omega
$$

线路输送功率为

$$
\begin{aligned}
S &= P + jQ = S\cos\varphi + jS\sin\varphi \\
&= 2500 \times 2 \times 0.8 + j2500 \times 2 \times 0.6 \,\mathrm{kVA} \\
&= (4000 + j3000)\,\mathrm{kVA} \\
&= (4 + j3)\,\mathrm{MVA}
\end{aligned}
$$

线路中通过的电流为

$$I_N = \frac{S_N}{\sqrt{3}U_N} = \frac{2500 \times 2}{\sqrt{3} \times 10.5}A = 275A$$

线路有功功率损耗分别按式（2-20）、式（2-21）计算，得

$$\Delta P = 3I_N^2 R \times 10^{-3} = 3 \times 275^2 \times 1.8 \times 10^{-3} = 408kW$$

$$\Delta P = \frac{P^2 + Q^2}{U^2}R = \frac{4^2 + 3^2}{10.5^2} \times 1.8 = 0.408MW$$

$$= 408kW$$

输电线路线损率按式（2-23）计算，得

$$\Delta P\% = \frac{\Delta P}{P_N} \times 100\%$$

$$= \frac{408}{4000} \times 100\%$$

$$\approx 10\%$$

第三章

短路电流计算

第一节　电路元件有名值的计算

在计算电力系统短路电流时，首先应对短路回路的中高压系统、变压器、线路、开关设备等电路元件的阻抗进行计算。

一、电力系统电抗的计算

电力系统中高压侧电抗可按式（3-1）计算

$$X = \frac{U_N^2}{S_K} \tag{3-1}$$

式中　X——电力系统电抗，单位为 Ω；

　　　U_N——电力系统额定电压，单位为 kV；电力系统额定电压为 10kV、35kV、110kV、220kV；

　　　S_K——电力系统短路容量，单位为 MVA。

电力系统短路容量见表 3-1。或者从供电系统查得上一级电压出线断路器的短路容量。

表 3-1　电力系统短路容量

额定电压/kV	短路电流/kA	短路容量/MVA	系统电抗/Ω
10	16	276	0.3623
35	16	968	1.2654
110	20	3806	3.1791
220	40	15224	3.1791

【例 3-1】　某 10kV 配电变压器，其高压侧的短路电流为 16kA，短路容量为 276MVA，试计算高压系统电抗。

解：

根据式（3-1）算得高压系统电抗为

$$X = \frac{U_N^2}{S_K} = \frac{10^2}{276}\Omega = 0.3623\Omega$$

按同样方法得 35kV、110kV、220kV 系统电抗值见表 3-1。

二、双绕组变压器阻抗计算

变压器的负载损耗可按式（3-2）计算，即

$$\Delta P_K = 3I_N^2 R_T \tag{3-2}$$

则变压器的每相电阻为

$$R_T = \frac{\Delta P_K}{3I_N^2} \tag{3-3}$$

变压器相对额定时的电阻可按式（3-4）计算，即

$$R_T\% = R_T \frac{S_N}{U_N^2} = \frac{\Delta P_K}{3I_N^2} \times \frac{S_N}{U_N^2} = \frac{\Delta P_K}{S_N} \times 100\% \tag{3-4}$$

由式（3-5）求得变压器的每相电阻为

$$R_T = \frac{R_T\% \, U_N^2}{S_N} \times 10^6 = \frac{\Delta P_K U_N^2}{S_N^2} \times 10^6 \tag{3-5}$$

式中　R_T——变压器每相电阻，单位为 mΩ；

　　ΔP_K——变压器的负载损耗，单位为 kW；

　　I_N——变压器的二次额定电流，单位为 A；

　　S_N——变压器的额定容量，单位为 kVA；

　　U_N——变压器的二次额定电压，单位为 kV。

变压器的相对电抗可按式（3-6）计算，即

$$X\% = \sqrt{(u_K\%)^2 - (R_T\%)^2} \tag{3-6}$$

变压器的阻抗可按式（3-7）计算，即

$$Z_T = \frac{u_K\% \, U_N^2}{100 S_N} \times 10^6 \tag{3-7}$$

式中　Z_T——变压器的阻抗，单位为 mΩ；

　　$u_K\%$——变压器的阻抗电压百分比，单位为%。

变压器的电抗为

$$X_T = \sqrt{Z_T^2 - R_T^2} \tag{3-8}$$

式中　X_T——变压器电抗值，单位为 Ω；

　　Z_T——变压器阻抗值，单位为 Ω；

　　R_T——变压器电阻值，单位为 Ω。

变压器的正序和负序电阻、电抗为

$$R_1 = R_2 = R_T \tag{3-9}$$
$$X_1 = X_2 = X_T \tag{3-10}$$

【例3-2】　一台 S11—2500/10 型配电变压器，额定电压 $U_{N1} = 10kV$，$U_{N2} = 0.4kV$，额定容量 $S_N = 2500kVA$，阻抗电压百分比 $u_K\% = 5.0\%$，负载损耗 $\Delta P_K = 19.70kW$，试计算该配电变压器的阻抗、电阻、电抗。

解：

配电变压器的阻抗按式（3-7）计算，得

$$Z_T = \frac{u_K\% \, U_{N2}^2}{100 S_N} \times 10^6 = \frac{5.0 \times 0.4^2}{100 \times 2500} \times 10^6 \, \text{mΩ} = 3.20 \, \text{mΩ}$$

配电变压器的电阻按式（3-5）计算，得

$$R_T = \frac{\Delta P_K U_{N2}^2}{S_N^2} \times 10^6 = \frac{19.70 \times 0.4^2}{2500^2} \times 10^6 \, \text{mΩ} = 0.50 \, \text{mΩ}$$

配电变压器的电抗按式（3-8）计算，得

$$X_T = \sqrt{Z_T^2 - R_T^2} = \sqrt{3.20^2 - 0.50^2} \, \text{mΩ} = 3.16 \, \text{mΩ}$$

按照【例3-2】的计算方法，将常用型号的配电变压器的电阻、电抗、阻抗经计算后，其值见表3-2~表3-5，供读者选用时参考。

表3-2　10/0.4kV 级 S11 系列配电变压器的电阻、电抗、阻抗

额定容量 S_N/kVA	阻抗电压百分比 u_K%	负载损耗 ΔP_K/kW	电阻 R_T/mΩ	电抗 X_T/mΩ	阻抗 Z_T/mΩ
30	4	0.57	101.33	187.73	213.33
50	4	0.83	53.12	116.46	128.00
63	4	0.99	39.91	93.42	101.59
80	4	1.19	29.75	74.26	80.00
100	4	1.42	22.72	59.83	64.00
125	4	1.71	17.51	48.11	51.20
160	4	2.09	13.06	37.81	40.00
200	4	2.47	9.88	30.44	32.00
250	4	2.90	7.42	24.50	25.60
315	4	3.47	5.60	19.53	20.32
400	4	4.09	4.09	15.47	16.00
500	4	4.90	3.14	12.41	12.80
630	4.5	5.89	2.37	11.18	11.43
800	4.5	7.10	1.78	8.82	9.00
1000	4.5	9.78	1.56	7.03	7.20
1250	4.5	11.40	1.17	5.64	5.76
1600	4.5	13.70	0.86	4.42	4.50
2000	5	16.80	0.67	3.94	4.00
2500	5	19.70	0.50	3.16	3.20

表3-3　10kV 级 SBH11—M 系列配电变压器的电阻、电抗、阻抗

额定容量 S_N/kVA	阻抗电压百分比 u_K%	负载损耗 ΔP_K/kW	电阻 R_T/mΩ	电抗 X_T/mΩ	阻抗 Z_T/mΩ
30	4	0.60	106.67	184.75	213.33
50	4	0.87	55.68	115.26	128.00
63	4	1.04	41.92	92.54	101.59
80	4	1.25	31.25	73.64	80.00
100	4	1.50	24.00	59.33	64.00
125	4	1.80	18.43	47.77	51.20
160	4	2.20	13.75	37.56	40.00
200	4	2.60	10.40	30.26	32.00
250	4	3.05	7.81	24.40	25.60
315	4	3.65	5.89	19.45	20.32
400	4	4.30	4.30	15.41	16.00
500	4	3.15	3.30	12.37	12.80

额定容量 S_N/kVA	阻抗电压百分比 u_K%	负载损耗 ΔP_K/kW	电阻 R_T/mΩ	电抗 X_T/mΩ	阻抗 Z_T/mΩ
630	4.5	6.20	2.50	11.15	11.43
800	4.5	7.50	1.88	8.80	9.00
1000	4.5	10.30	1.47	7.05	7.20
1250	4.5	12.00	1.23	5.63	5.76
1600	4.5	14.50	0.91	4.41	4.50
2000	5	17.40	0.70	3.94	4.00
2500	5	20.20	0.52	3.16	3.20

表 3-4 10/0.4kV 级 SC10 系列干式配电变压器的电阻、电抗、阻抗

额定容量 S_N/kVA	阻抗电压百分比 u_K%	负载损耗 ΔP_K/kW	电阻 R_T/mΩ	电抗 X_T/mΩ	阻抗 Z_T/mΩ
30	4	0.61	108.44	183.72	213.33
50	4	0.85	54.40	115.86	128.00
80	4	1.20	30.00	74.16	80.00
100	4	1.37	21.92	60.13	64.00
125	4	1.60	16.38	48.51	51.20
160	4	1.85	11.56	38.30	40.00
200	4	2.20	8.80	30.77	32.00
250	4	2.40	6.14	24.85	25.60
315	4	3.02	4.87	19.73	20.32
400	4	3.48	3.48	15.62	16.00
500	4	4.26	2.73	12.51	12.80
630	4	5.12	2.06	9.95	10.16
630	6	5.19	2.09	15.10	15.24
800	6	6.07	1.52	11.90	12.00
1000	6	7.09	1.13	9.53	9.60
1250	6	8.46	0.87	7.63	7.68
1600	6	10.20	0.64	5.97	6.00
2000	6	12.60	0.50	4.77	4.80
2500	6	15.00	0.38	3.82	3.84

表 3-5 35/10kV 级 S11 配电变压器技术参数

额定容量 S_N/kVA	阻抗电压百分比 u_K%	负载损耗 ΔP_K/kW	电阻 R_T/mΩ	电抗 X_T/mΩ	阻抗 Z_T/mΩ
S11—1600	6	16.58	714.04	4071.85	4134
S11—2000	6	18.28	503.84	3269.40	3308
S11—2500	6	19.55	344.86	2623.43	2646
S11—3150	7	22.95	255.00	2436.69	2450
S11—4000	7	27.20	187.43	1919.87	1929

（续）

额定容量 S_N/kVA	阻抗电压百分比 $u_K\%$	负载损耗 ΔP_K/kW	电阻 R_T/mΩ	电抗 X_T/mΩ	阻抗 Z_T/mΩ
S11—5000	7	31.20	137.59	1537.68	1544
S11—6300	7.5	34.85	96.81	1309.43	1313
S11—8000	7.5	39.62	68.25	1031.75	1034
S11—10000	7.5	45.05	49.67	825.51	827
S11—12500	7.5	53.55	37.78	660.92	642
S11—16000	8.0	65.45	28.19	550.28	551
S11—20000	8.0	79.05	21.79	440.46	441

三、配电变压器零序阻抗的计算

1. Dyn11 联结组标号

配电变压器高压绕组三角形（△）联结时，绕组内可通过零序循环感应电流，因而可与低压绕组零序电流相互平衡去磁。因此，低压侧零序阻抗很小。配电变压器零序电阻的近似计算式为

$$R_{T0} = KR_T \tag{3-11}$$

式中　　R_{T0}——配电变压器零序电阻，单位为 mΩ；

K——系数，一般取 0.5；

R_T——配电变压器电阻，单位为 mΩ。

配电变压器零序电抗计算式为

$$X_{T0} = Ku_K\% \frac{U_{ph}}{I_{ph}} \times 10^3 \approx 0.8X_T \tag{3-12}$$

式中　　X_{T0}——配电变压器零序电抗，单位为 mΩ；

K——系数，一般取 0.9 ~ 1，容量较小（50kVA）时取小值，容量较大（2500kVA）时取大值；

$u_K\%$——阻抗电压百分比；

U_{ph}——相电压，230V；

I_{ph}——相电流，单位为 A。

【例 3-3】　SBH11—M—1250/10 型配电变压器，额定电压 $U_{N1}/U_{N2} = 10kV/0.4kV$，额定容量 $S_N = 1250kVA$，配电变压器低压侧相电流 $I_{ph.2} = I_{N2} = 1804A$，阻抗电压百分比 $u_K\% = 4.5\%$，绕组联结组标号为 Dyn11。试计算该变压器的零序阻抗。

解：

查表 3-3 得 SBH11—M—1250/10 型变压器电阻 $R_T = 1.23$mΩ。配电变压器零序电阻按式（3-11）计算，得

$$R_{T0} = KR_T = 0.5 \times 1.23 \text{mΩ} = 0.615 \text{mΩ}$$

配电变压器零序电抗按式（3-12）计算，得

$$X_{T0} = Ku_K\% \frac{U_{ph}}{I_{ph.2}} \times 10^3 = 1 \times 4.5\% \times \frac{230}{1804} \times 10^3 \text{mΩ} = 5.74 \text{mΩ}$$

2. Yyn0 联结组标号

配电变压器高压绕组成星形（Y）联结时，绕组不能流过零序电流，低压侧 Yn 联结励磁时，由零序电流产生的零序磁通一部分经过空气形成回路，磁阻较大，零序磁通较小，所以零序阻抗较小，零序电阻计算式为

$$R_{T0} = K \frac{U_{ph}}{I_N} \times 10^3 \tag{3-13}$$

式中　R_{T0}——配电变压器零序电阻，单位为 mΩ；

　　　U_{ph}——配电变压器低压侧额定相电压，单位为 V；

　　　I_N——配电变压器低压侧额定相电流，单位为 A；

　　　K——系数，取 0.5。

零序电抗计算式为

$$X_{T0} = K \frac{U_{ph}}{I_N} \times 10^3 \tag{3-14}$$

式中　X_{T0}——配电变压器零序电抗，单位为 mΩ；

　　　U_{ph}——配电变压器低压侧额定相电压，单位为 V；

　　　I_N——配电变压器低压侧额定相电流，单位为 A；

　　　K——系数，一般取值范围为 0.3~0.7，配电变压器容量较小时，取小数，容量较大时，取大数。

【例 3-4】　SBH11—M—1250/10 型配电变压器，额定电压 $U_{N1}/U_{N2} = 10kV/0.4kV$，额定容量 $S_N = 1250kVA$，配电变压器低压侧额定电流 $I_{ph·2} = I_{N2} = 1804A$，联结组标号为 Yyn0，试计算该变压器的零序电阻及零序电抗。

解：

配电变压器零序电阻按式（3-13）计算，得

$$R_{T0} = K \frac{U_{ph}}{I_N} \times 10^3 = 0.5 \times \frac{230}{1804} \times 10^3 mΩ = 63.75mΩ$$

配电变压器零序电抗按式（3-14）计算，得

$$X_{T0} = K \frac{U_{ph}}{I_{ph·2}} \times 10^3 = 0.6 \times \frac{230}{1804} \times 10^3 mΩ = 76.50mΩ$$

该配电变压器（Yyn0 联结）零序电抗实测值为 78.6mΩ。

采用 Yyn0 联结的 10kV 配电变压器的零序电抗实测值见表 3-6。

表 3-6　10kV 配电变压器（Yyn0 联结）零序电抗实测值

额定容量/kVA	50	80	100	125	160	200	250	315	400
零序电抗/mΩ	902.2	753.6	613.1	460.5	407.1	359.2	307.0	229.8	220.1
额定容量/kVA	500	630	800	1000	1250	1600	2000	2500	
零序电抗/mΩ	175.6	151.2	150.1	110.2	78.6	59.2	45.9	37.1	

四、三绕组变压器阻抗的计算

1. 电阻的计算

如果三绕组变压器每侧绕组容量比为 100/100/100，已知三个绕组两两作短路试验时测得的负载损耗为 ΔP_{K1-2}、ΔP_{K1-3}、ΔP_{K2-3}，因为

$$\Delta P_{K1-2} = \Delta P_{K1} + \Delta P_{K2}$$

$$\Delta P_{K2-3} = \Delta P_{K2} + \Delta P_{K3}$$

$$\Delta P_{K1-3} = \Delta P_{K1} + \Delta P_{K3}$$

则求解可得

$$\left.\begin{array}{l} \Delta P_{K1} = \dfrac{1}{2}(\Delta P_{K1-2} + \Delta P_{K1-3} - \Delta P_{K2-3}) \\[2mm] \Delta P_{K2} = \dfrac{1}{2}(\Delta P_{K1-2} + \Delta P_{K2-3} - \Delta P_{K1-3}) \\[2mm] \Delta P_{K3} = \dfrac{1}{2}(\Delta P_{K1-3} + \Delta P_{K2-3} - \Delta P_{K1-2}) \end{array}\right\} \tag{3-15}$$

根据绕组的负载损耗，可按式（3-16）计算出变压器各绕组的电阻值，即

$$\left.\begin{array}{l} R_{T1} = \dfrac{\Delta P_{K1} U_N^2}{S_N^2} \times 10^6 \\[3mm] R_{T2} = \dfrac{\Delta P_{K2} U_N^2}{S_N^2} \times 10^6 \\[3mm] R_{T3} = \dfrac{\Delta P_{K3} U_N^2}{S_N^2} \times 10^6 \end{array}\right\} \tag{3-16}$$

式中　R_{T1}、R_{T2}、R_{T3}——变压器每个绕组的电阻值，单位为 mΩ；

　　ΔP_{K1}、ΔP_{K2}、ΔP_{K3}——变压器每个绕组的负载损耗，单位为 kW；

　　　　　　S_N——变压器的额定容量，单位为 kVA；

　　　　　　U_N——归算到变压器高压侧电压，单位为 kV。

如果变压器绕组 1、2 的容量等于变压器的额定容量，而绕组 3 的容量小于额定容量时，此时 ΔP_{K2-3} 和 ΔP_{K1-3} 应按式（3-17）归算到变压器的额定容量，即

$$\left.\begin{array}{l} \Delta P_{K2-3} = \Delta P'_{K2-3}\left(\dfrac{S_N}{S_{N3}}\right)^2 \\[3mm] \Delta P_{K1-3} = \Delta P'_{K1-3}\left(\dfrac{S_N}{S_{N3}}\right)^2 \end{array}\right\} \tag{3-17}$$

如果已知一个最大的负载损耗 ΔP_K，变压器的容量比为 100/100/100 时，因各绕组容量相等，则归算到同一电压的电阻也相等，假使第 1 绕组满载，第 2 或第 3 绕组空载，此时负载损耗最大，各绕组电阻值相等，即

$$R_{T1} = R_{T2} = R_{T3} = R_{T100}$$

则变压器各绕组的电阻可按式（3-18）计算，即

$$R_{T100} = \frac{1}{2} \times \frac{\Delta P_K U_N^2}{S_N^2} \times 10^6 \tag{3-18}$$

式中　R_{T100}——变压器容量为 100% 时的等效电阻，单位为 mΩ；

　　　ΔP_K——变压器最大负载损耗，单位为 kW；

　　　　U_N——归算到同侧时变压器额定电压，单位为 kV；

　　　　S_N——变压器额定容量，单位为 kVA。

2. 电抗值的计算

已知变压器两两绕组的阻抗电压百分比 $u_{K1-2}\%$、$u_{K1-3}\%$、$u_{K2-3}\%$，则变压器每侧绕

组电抗可按式（3-19）计算，即

$$u_{K1}\% = \frac{1}{2}(u_{K1-2}\% + u_{K1-3}\% - u_{K2-3}\%)$$

$$u_{K2}\% = \frac{1}{2}(u_{K1-2}\% + u_{K2-3}\% - u_{K1-3}\%) \tag{3-19}$$

$$u_{K3}\% = \frac{1}{2}(u_{K2-3}\% + u_{K1-3}\% - u_{K1-2}\%)$$

变压器各绕组的等效电抗可按式（3-20）计算，即

$$X_{T1} = \frac{u_{K1}\% U_N^2}{100 S_N} \times 10^6$$

$$X_{T2} = \frac{u_{K2}\% U_N^2}{100 S_N} \times 10^6 \tag{3-20}$$

$$X_{T3} = \frac{u_{K3}\% U_N^2}{100 S_N} \times 10^6$$

式中　X_{T1}、X_{T2}、X_{T3}——变压器的各绕组电阻，单位为 $m\Omega$；

　　　　U_N——归算到一侧变压器的额定电压，单位为 kV；

　　　　S_N——变压器的额定容量，单位为 kVA。

【例3-5】 某变电所安装一台 OSFPS9—120000/220 型自耦变压器，高压侧电压为220 ± 2×2.5%kV，安装电压调压开关；中压侧电压为121kV，无调压；低压侧电压为 38.5kV。容量比为120000/120000/60000，阻抗电压百分比为 $u_{K1-2}\% = 8.57\%$、$u_{K1-3}\% = 32.72\%$、$u_{K2-3}\% = 22.03\%$，负载损耗为 $\Delta P_{K1-2} = 280kW$、$\Delta P_{K1-3} = 257.84kW$、$\Delta P_{K2-3} = 264.97kW$。试计算该变压器绕组的阻抗值。

解：

① 电阻的计算

首先按式（3-17）将变压器损耗 ΔP_{K2-3}、ΔP_{K1-3} 归算到变压器的额定容量时的损耗，即

$$\Delta P_{K2-3} = \Delta P'_{K2-3} \left(\frac{S_N}{S_{N3}}\right)^2 = 264.97 \times \left(\frac{120}{60}\right)^2 kW = 1059.88kW$$

$$\Delta P_{K1-3} = \Delta P'_{K1-3} \left(\frac{S_N}{S_{N3}}\right)^2 = 257.84 \times \left(\frac{120}{60}\right)^2 kW = 1031.36kW$$

按式（3-15）计算变压器三绕组负载损耗，即

$$\Delta P_{K1} = \frac{1}{2}(\Delta P_{K1-2} + \Delta P_{K1-3} - \Delta P_{K2-3})$$

$$= \frac{1}{2}(280 + 1031.36 - 1059.88)kW$$

$$= 125.74kW$$

$$\Delta P_{K2} = \frac{1}{2}(\Delta P_{K1-2} + \Delta P_{K2-3} - \Delta P_{K1-3})$$

$$= \frac{1}{2}(280 + 1059.88 - 1031.36)kW$$

$$= 154.26kW$$

$$\Delta P_{K3} = \frac{1}{2}(\Delta P_{K1-3} + \Delta P_{K2-3} - \Delta P_{K1-2})$$

$$= \frac{1}{2}(1031.36 + 1059.88 - 280)\,\mathrm{kW}$$

$$= 905.62\,\mathrm{kW}$$

按式（3-16）计算变压器三绕组的电阻，即

$$R_{T1} = \frac{\Delta P_{K1}U_N^2}{S_N^2} \times 10^3 = \frac{125.74 \times 220^2}{120000^2} \times 10^3\,\Omega = 0.42\,\Omega$$

$$R_{T2} = \frac{\Delta P_{K2}U_N^2}{S_N^2} \times 10^3 = \frac{154.26 \times 220^2}{120000^2} \times 10^3\,\Omega = 0.51\,\Omega$$

$$R_{T3} = \frac{\Delta P_{K3}U_N^2}{S_N^2} \times 10^3 = \frac{905.62 \times 220^2}{120000^2} \times 10^3\,\Omega = 3.04\,\Omega$$

② 电抗的计算

按式（3-19）计算变压器每个绕组的阻抗电压百分比，即

$$u_{K1}\% = \frac{1}{2}(u_{K1-2}\% + u_{K1-3}\% - u_{K2-3}\%)$$

$$= \frac{1}{2}(8.57\% + 32.72\% - 22.03\%)$$

$$= 9.63\%$$

$$u_{K2}\% = \frac{1}{2}(u_{K1-2}\% + u_{K2-3}\% - u_{K1-3}\%)$$

$$= \frac{1}{2}(8.57\% + 22.03\% - 32.72\%)$$

$$= -1.06\%$$

$$u_{K3}\% = \frac{1}{2}(u_{K2-3}\% + u_{K1-3}\% - u_{K1-2}\%)$$

$$= \frac{1}{2}(22.03\% + 32.72\% - 8.57\%)$$

$$= 23.09\%$$

按式（3-20）计算变压器每个绕组的电抗，即

$$X_{T1} = \frac{u_{K1}\% \, U_N^2}{100 S_N} \times 10^3 = \frac{9.63 \times 220^2}{100 \times 120000} \times 10^3\,\Omega = 38.84\,\Omega$$

$$X_{T2} = \frac{u_{K2}\% \, U_N^2}{100 S_N} = \frac{-1.06 \times 220^2}{100 \times 120000} \times 10^3\,\Omega = -4.27\,\Omega$$

$$X_{T3} = \frac{u_{K3}\% \, U_N^2}{100 S_N} \times 10^3 = \frac{23.09 \times 220^2}{100 \times 120000} \times 10^3\,\Omega = 93.12\,\Omega$$

变压器等效阻抗如图 3-1 所示。

五、架空线路及电缆阻抗的计算

1. 架空线路阻抗的计算

电力架空线路的电阻可按式（3-21）计算，即

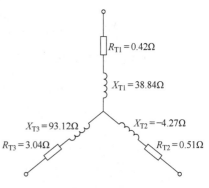

图 3-1　变压器等效阻抗图

$$R = R_{0L}L \tag{3-21}$$

式中　R——架空线路电阻，单位为 Ω；

　　　R_{0L}——架空线路每千米电阻，单位为 Ω/km；

　　　L——架空线路长度，单位为 km。

电力架空线路的电抗可按式（3-22）计算，即

$$X_L = X_{0L}L \tag{3-22}$$

式中　X_L——架空线路电抗，单位为 Ω；

　　　X_{0L}——架空线路每千米电抗，单位为 Ω/km；

　　　L——架空线路长度，单位为 km。

电力架空线路的阻抗可按式（3-23）计算，即

$$Z = \sqrt{R^2 + X^2} \tag{3-23}$$

式中　Z——架空线路阻抗，单位为 Ω。

6kV、10kV、35kV、110kV、220kV 架空电力线路电抗、电阻标幺值从表 3-7 中查取。

表 3-7　每千米架空线路的电抗、电阻标幺值（$S_j = 100MVA$）

导线型号	6kV				10kV			
	X/Ω	X_*	R/Ω	R_*	X/Ω	X_*	R/Ω	R_*
LJ—16	0.404	1.028	1.96	4.938	0.404	0.367	1.96	1.778
LJ—25	0.390	0.983	1.27	3.200	0.390	0.354	1.27	1.152
LGJ、LJ—35	0.380	0.957	0.91	2.293	0.380	0.345	0.91	0.825
LGJ、LJ—50	0.368	0.927	0.63	1.587	0.368	0.334	0.63	0.571
LGJ、LJ—70	0.358	0.902	0.45	1.134	0.358	0.325	0.45	0.408
LGJ、LJ—95	0.342	0.862	0.33	0.831	0.342	0.310	0.33	0.299
LGJ、LJ—120	0.335	0.844	0.27	0.680	0.335	0.304	0.27	0.245

导线型号	35kV				110kV			
	X/Ω	X_*	R/Ω	R_*	X/Ω	X_*	R/Ω	R_*
LGJ、LJ—35	0.424	0.0310	0.91	0.0665				
LGJ、LJ—50	0.412	0.0301	0.63	0.0460	0.442	0.00334	0.63	0.00476
LGJ、LJ—70	0.402	0.0294	0.45	0.0329	0.432	0.00327	0.45	0.00340
LGJ、LJ—95	0.386	0.0282	0.33	0.0241	0.416	0.00315	0.33	0.00250
LGJ、LJ—120	0.379	0.0277	0.27	0.0197	0.409	0.00309	0.27	0.00204
LGJ—150	0.373	0.0272	0.21	0.0153	0.403	0.00305	0.21	0.00159
LGJ—185	0.365	0.0267	0.17	0.0124	0.395	0.00299	0.17	0.00129
LGJ—240	0.358	0.0262	0.13	0.0096	0.388	0.00293	0.13	0.00100
LGJQ—300					0.382	0.00289	0.11	0.00081
LGJQ—400					0.373	0.00282	0.08	0.00061

（续）

导线型号	220kV							
	单导线				双分裂			
	X/Ω	X_*	R/Ω	R_*	X/Ω	X_*	R/Ω	R_*
LGJ—185	0.440	0.000832	0.170	0.000321	0.315	0.000595	0.085	0.000161
LGJ—240	0.342	0.000817	0.132	0.000250	0.310	0.000586	0.066	0.000125
LGJQ—300	0.427	0.000807	0.107	0.000202	0.308	0.000582	0.054	0.000102
LGJQ—400	0.417	0.000788	0.080	0.000151	0.303	0.000573	0.040	0.000076
LGJQ—500	0.411	0.000777	0.065	0.000123	0.300	0.000567	0.033	0.000061
LGJQ—600	0.405	0.000766	0.055	0.000104	0.297	0.000561	0.028	0.000052
LGJQ—700	0.398	0.000752	0.044	0.000083	0.294	0.000556	0.022	0.000042

【例3-6】 一条 10kV 电力线路，采用 LGJ—120 型导线，线路长度 10km，计算线路电阻、电抗。

解：

取基准容量 $S_j = 100MVA$，平均电压 $U_p = 10.5kV$，查表 3-7 得，线路单位长度电阻为 $R_{0L} = 0.27\Omega/km$，电抗为 $X_{0L} = 0.335\Omega/km$。按式（3-21）计算线路电阻

$$R = R_{0L}L = 0.27 \times 10\Omega = 2.7\Omega$$

按式（3-22）计算线路电抗

$$X = X_{0L}L = 0.335 \times 10\Omega = 3.35\Omega$$

2. 电力电缆阻抗的计算

电力电缆电阻计算式为

$$R_L = R_{0L}L \tag{3-24}$$

式中 R_L——电缆电阻，单位为 Ω；

R_{0L}——电缆单位长度电抗，单位为 Ω/km；

L——电缆长度，单位为 km。

电力电缆电抗计算式为

$$X_L = X_{0L}L \tag{3-25}$$

式中 X_L——电缆电抗，单位为 Ω；

X_{0L}——电缆单位长度电抗，单位为 Ω/km；

L——电缆长度，单位为 km。

电力电缆阻抗计算式为

$$Z_L = \sqrt{R_L^2 + X_L^2} \tag{3-26}$$

式中 Z_L——电缆阻抗，单位为 Ω；

R_L——电缆电阻，单位为 Ω；

X_L——电缆电抗，单位为 Ω。

电力电缆单位长度电阻从表 2-6 中查取，单位长度电抗从表 2-5 中查取。

六、母线阻抗的计算

母线的电阻计算式为

$$R_M = R_{0M}L \qquad (3-27)$$

式中　R_M——母线的电阻，单位为 $m\Omega$；

　　　R_{0M}——母线单位长度电阻，单位为 $m\Omega/m$；

　　　L——母线长度，单位为 m。

　　母线的电抗计算式为

$$X_M = X_{0M}L \qquad (3-28)$$

式中　X_M——母线的电抗，单位为 $m\Omega$；

　　　X_{0M}——母线单位长度电抗，单位为 $m\Omega/m$；

　　　L——母线长度，单位为 m。

　　母线的阻抗（$m\Omega$）计算式为

$$Z_M = \sqrt{R_M^2 + X_M^2} \qquad (3-29)$$

三相母线单位长度电阻、电抗见表3-8。

表3-8　三相母线单位长度电阻、电抗

母线规格 $a/mm \times b/mm$	单位长度电阻 R_{0M}（温度为 +70℃时）/（$m\Omega/m$）		单位长度电抗 $X_{0M}/$（$m\Omega/m$）（当相间中心距离 D 为下列诸值时）			
	铜导体	铝导体	160mm	200mm	250mm	350mm
25 × 3	0.292	0.469	0.218	0.232	0.240	0.267
25 × 4	0.221	0.355	0.215	0.229	0.237	0.265
30 × 3	0.246	0.394	0.207	0.221	0.230	0.256
30 × 4	0.185	0.299	0.205	0.219	0.227	0.255
40 × 4	0.140	0.225	0.189	0.203	0.212	0.238
40 × 5	0.113	0.180	0.188	0.202	0.210	0.237
50 × 5	0.091	0.144	0.175	0.189	0.199	0.224
50 × 6.3	0.077	0.121	0.174	0.188	0.197	0.223
63 × 6.3	0.067	0.102	0.164	0.187	0.188	0.213
63 × 8	0.050	0.077	0.162	0.176	0.185	0.211
80 × 6.3	0.050	0.077	0.147	0.161	0.172	0.196
80 × 8	0.039	0.060	0.146	0.160	0.170	0.195
80 × 10	0.033	0.049	0.144	0.158	0.168	0.193
100 × 6.3	0.042	0.063	0.134	0.148	0.160	0.183
100 × 8	0.032	0.048	0.133	0.147	0.158	0.182
100 × 10	0.027	0.041	0.132	0.146	0.156	0.181
120 × 8	0.028	0.042	0.122	0.136	0.149	0.171
120 × 10	0.023	0.035	0.121	0.135	0.147	0.170

七、低压断路器及隔离开关的阻抗值

　　低压断路器及隔离开关的接触电阻见表3-9，断路器过电流线圈的电阻和电抗见表3-10。

表3-9　低压断路器及隔离开关的接触电阻

类　　型	额定电流/A							
	50	100	200	400	630	1000	2000	3150
断路器接触电阻/mΩ	1.3	0.75	0.60	0.40	0.25	0	0	0
隔离开关接触电阻/mΩ	0.87	0.50	0.40	0.20	0.15	0.08	0.03	0.02

表3-10　低压断路器过电流线圈的电阻和电抗

额定电流/A	50	100	200	400	630
电阻/mΩ	5.5	1.3	0.36	0.15	0.12
电抗/mΩ	2.7	0.86	0.28	0.10	0.09

八、等效阻抗的计算

电网中各电器元件的电阻、电抗计算出来以后，应根据阻抗等效电路图算出其等效阻抗。当电网均为放射式时，其等值阻抗为

$$\left. \begin{array}{l} R_\Sigma = \sum R_i \\ X_\Sigma = \sum X_i \end{array} \right\} \tag{3-30}$$

单相短路电路中任一元件（配电变压器、线路等）的相零阻抗 Z_{XL} 均可表示为

$$Z_{XL} = \sqrt{R_{XL}^2 + X_{XL}^2} \tag{3-31}$$

式中　R_{XL}——元件的相零电阻，$R_{XL} = \frac{1}{3}(R_1 + R_2 + R_0)$；

$\qquad X_{XL}$——元件的相零电抗，$X_{XL} = \frac{1}{3}(X_1 + X_2 + X_0)$；

$\qquad R_1$、X_1——元件的正序电阻和正序电抗；

$\qquad R_2$、X_2——元件的负序电阻和负序电抗；

$\qquad R_0$、X_0——元件的零序电阻和零序电抗。

如果有两台变压器并联运行，如图3-2所示。两支路的电阻为 R_1 和 R_2，电抗为 X_1 和 X_2，则其等效阻抗可用式（3-32）计算

$$\left. \begin{array}{l} R_\Sigma = \dfrac{R_1(R_2^2 + X_2^2) + R_2(R_1^2 + X_1^2)}{(R_1 + R_2)^2 + (X_1 + X_2)^2} \\ \\ X_\Sigma = \dfrac{X_1(R_2^2 + X_2^2) + X_2(R_1^2 + X_1^2)}{(R_1 + R_2)^2 + (X_1 + X_2)^2} \end{array} \right\} \tag{3-32}$$

若支路电阻和电抗之间有下列关系

$$\frac{R_1}{X_1} = \frac{R_2}{X_2}$$

则等效阻抗可按式（3-33）计算

$$\left. \begin{array}{l} R_\Sigma = \dfrac{R_1 R_2}{R_1 + R_2} \\ \\ X_\Sigma = \dfrac{X_1 X_2}{X_1 + X_2} \end{array} \right\} \tag{3-33}$$

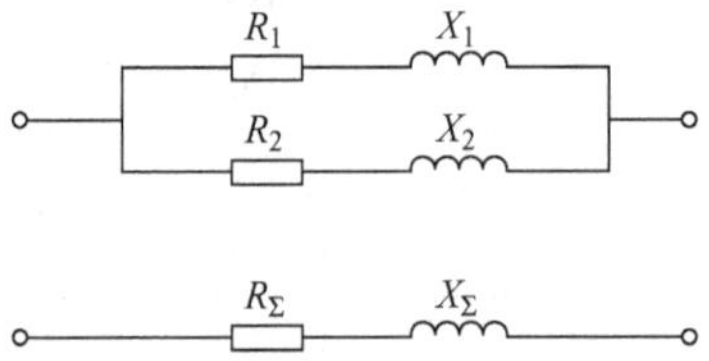

图 3-2　并联阻抗等效电路图

当 $R_1 = R_2$、$X_1 = X_2$ 时，电阻、电抗为

$$\left.\begin{array}{l} R_\Sigma = \dfrac{1}{2}R_1 = \dfrac{1}{2}R_2 \\[2mm] X_\Sigma = \dfrac{1}{2}X_1 = \dfrac{1}{2}X_2 \end{array}\right\} \tag{3-34}$$

第二节 电路元件标幺值的计算

一、基准值的计算

在计算高压短路电流时，一般只计及电力线路、变压器等电器元件的电抗，采用标幺值方法计算。为了计算方便，在计算之前通常应选定短路回路的基准容量、基准电压、基准电流及基准电抗等参数。

基准容量通常选 $S_j = 100\text{MVA}$。

基准电压通常选各级的平均电压，即

$$U_j = U_{av} = 1.05U_N \tag{3-35}$$

式中　U_j——基准电压，单位为 kV；

　　　U_{av}——平均电压，单位为 kV：

　　　U_N——额定电压，单位为 kV。

当基准容量 S_j（MVA）与基准电压 U_j（kV）选定后，基准电流 I_j（kA）可按式（3-36）计算，即

$$I_j = \frac{S_j}{\sqrt{3}U_j} \tag{3-36}$$

式中　I_j——基准电流，单位为 kA。

基准电抗可按式（3-37）计算，即

$$X_j = \frac{U_j}{\sqrt{3}I_j} = \frac{U_j^2}{S_j} \tag{3-37}$$

式中　X_j——基准电抗，单位为 Ω。

$10 \sim 220\text{kV}$ 额定电压时的电压、电流、电抗基准值见表 3-11。

表 3-11　$10 \sim 220\text{kV}$ 电压、电流、电抗基准值

额定电压 U_N/kV	10	35	110	220
基准电压 U_j/kV	10.5	37	115	230
基准电流 I_j/kA	5.50	1.56	0.50	0.25
基准电抗 X_j/Ω	1.10	13.69	132.25	529.00

二、标幺值的计算

在计算高压电网的短路电流时，采用标幺值方法计算十分方便。标幺值是一种相对值，即电路参数的有名值与基准值之比。即

$$容量标幺值: S_* = \frac{S}{S_j}$$

$$电压标幺值: U_* = \frac{U}{U_j}$$

$$电流标幺值: I_* = \frac{I}{I_j} \left.\begin{matrix}\\\\\\\\\end{matrix}\right\} \qquad (3\text{-}38)$$

$$电抗标幺值: X_* = \frac{X}{X_j} = \frac{XS_j}{U_j^2}$$

式中　S——计算回路容量，单位为 MVA；

　　　U——计算回路电压，单位为 kV；

　　　I——计算回路电流，单位为 kA；

　　　X——计算回路电抗，单位为 Ω；

　　　S_j——基准容量，单位为 MVA；

　　　U_j——基准电压，单位为 kV；

　　　I_j——基准电流，单位为 kA；

　　　X_j——基准电抗，单位为 Ω。

三、电力系统电抗标幺值的计算

电力系统短路容量为 S_K、基准容量为 S_j 时，该电力系统的组合电抗标幺值可按式（3-39）计算，即

$$X_{S \cdot *} = \frac{S_j}{S_K} \qquad (3\text{-}39)$$

式中　S_j——基准容量，单位为 100MVA；

　　　S_K——系统短路容量，单位为 MVA。

10～220kV 电力系统电抗标幺值见表 3-12。

表 3-12　10～220kV 电力系统电抗标幺值

额定电压 U_N/kV	短路电流 I_K/kA	短路容量 S_K/MVA	S_j=100MVA 时系统电抗标幺值 $X_{S \cdot *}$
10	16	276	0.3623
35	16	968	0.1033
110	20	3806	0.0262
220	40	15224	0.0066
220	50	19030	0.0052

四、变压器阻抗标幺值的计算

1. 三相双绕组变压器阻抗标幺值计算

变压器电阻标幺值按式（3-40）计算

$$R_{T \cdot *} = \Delta P_K \frac{S_j}{S_N^2} \times 10^{-3} \qquad (3\text{-}40)$$

式中　$R_{T \cdot *}$——变压器电阻标幺值；

　　　ΔP_K——变压器负载损耗，单位为 kW；

　　　S_j——基准容量，取 100MVA；

　　　S_N——变压器额定容量，单位为 MVA。

变压器电抗标幺值按式（3-41）计算

$$X_{T \cdot *} = \sqrt{Z_{T \cdot *}^2 - R_{T \cdot *}^2} \tag{3-41}$$

式中　$X_{T \cdot *}$——变压器电抗标幺值；

　　　$Z_{T \cdot *}$——变压器阻抗标幺值。

$Z_{T \cdot *}$ 可按式（3-42）计算

$$Z_{T \cdot *} = \frac{u_K\%}{100} \times \frac{S_j}{S_N} \tag{3-42}$$

式中　$u_K\%$——变压器阻抗电压百分比。

当变压器电阻值允许忽略不计时，变压器电抗标幺值可按式（3-43）计算

$$X_{T \cdot *} = \frac{u_K\%}{100} \times \frac{S_j}{S_N} \tag{3-43}$$

【例3-7】　一台 10kV S9—1600/10 型变压器，变压器额定容量为 1600kVA，额定电压为 10kV/0.4kV，阻抗电压百分比 $u_K\% = 4.5\%$，负载损耗 $\Delta P_K = 14.5$kW，试计算该变压器的标幺值。

解:

取基准容量 $S_j = 100$MVA，按式（3-40）计算变压器的电阻标幺值

$$R_{T \cdot *} = \Delta P_K \frac{S_j}{S_N^2} \times 10^{-3} = 14.5 \times \frac{100}{1.6^2} \times 10^{-3} = 0.5664$$

按式（3-42）计算变压器阻抗标幺值

$$Z_{T \cdot *} = \frac{u_K\%}{100} \times \frac{S_j}{S_N} = \frac{4.5}{100} \times \frac{100}{1.6} = 2.8125$$

按式（3-41）计算变压器电抗标幺值

$$X_{T \cdot *} = \sqrt{Z_{T \cdot *}^2 - R_{T \cdot *}^2} = \sqrt{2.8125^2 - 0.5664^2} = 2.7548$$

2. 三相三绕组变压器电抗标幺值的计算

三相三绕组变压器及自耦变压器的电抗标幺值可按式（3-44）进行计算，即

$$\left. \begin{aligned} X_{T1 \cdot *} &= \frac{u_{K1}\%}{100} \times \frac{S_j}{S_N} \\ X_{T2 \cdot *} &= \frac{u_{K2}\%}{100} \times \frac{S_j}{S_N} \\ X_{T3 \cdot *} &= \frac{u_{K3}\%}{100} \times \frac{S_j}{S_N} \end{aligned} \right\} \tag{3-44}$$

式中　$X_{T1 \cdot *}$、$X_{T2 \cdot *}$、$X_{T3 \cdot *}$——变压器三侧绕组电抗标幺值；

　　　$u_{K1}\%$、$u_{K2}\%$、$u_{K3}\%$——变压器三侧绕组阻抗电压百分比；

　　　　　　S_j——基准容量，取 100MVA；

　　　　　　S_N——变压器额定容量，单位为 MVA。

【例3-8】 一台 SFSZ9—63000/110 型三相三绕组有载调压变压器，额定容量为 63000kVA，额定电压为 110kV/38.5kV/10.5kV，阻抗电压百分比为 $u_{K1-2}\% = 10.5\%$、$u_{K1-3}\% = 17.5\%$、$u_{K2-3}\% = 6.5\%$，试计算该变压器每个绕组的电抗标幺值。

解：

变压器每侧绕组电抗电压按式（3-19）计算，即

$$u_{K1}\% = \frac{1}{2}(u_{K1-2}\% + u_{K1-3}\% - u_{K2-3}\%)$$

$$= \frac{1}{2}(10.5\% + 17.5\% - 6.5\%)$$

$$= 10.75\%$$

$$u_{K2}\% = \frac{1}{2}(u_{K1-2}\% + u_{K2-3}\% - u_{K1-3}\%)$$

$$= \frac{1}{2}(10.5\% + 6.5\% - 17.5\%)$$

$$= -0.25\%$$

$$u_{K3}\% = \frac{1}{2}(u_{K1-3}\% + u_{K2-3}\% - u_{K1-2}\%)$$

$$= \frac{1}{2}(17.5\% + 6.5\% - 10.5\%)$$

$$= 6.75\%$$

取基准容量为 $S_j = 100MVA$，按式（3-44）计算变压器三侧绕组电抗标幺值，即

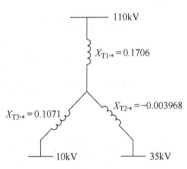

$$X_{T1 \cdot *} = \frac{u_{K1}\%}{100} \times \frac{S_j}{S_N} = \frac{10.75 \times 100}{100 \times 63} = 0.1706$$

$$X_{T2 \cdot *} = \frac{u_{K2}\%}{100} \times \frac{S_j}{S_N} = \frac{-0.25 \times 100}{100 \times 63} = -0.003968$$

$$X_{T3 \cdot *} = \frac{u_{K3}\%}{100} \times \frac{S_j}{S_N} = \frac{6.75 \times 100}{100 \times 63} = 0.1071$$

变压器电抗标幺值等效电路如图3-3所示。

图3-3 变压器电抗标幺值
等效电路图

五、电力架空线路及电缆线路阻抗标幺值的计算

电力线路电阻标幺值可按式（3-45）计算

$$R_* = R\frac{S_j}{U_{av}^2} \tag{3-45}$$

式中　R_*——电力线路电阻标幺值；

　　　R——电力线路电阻值，单位为 Ω；

　　　S_j——基准容量，取 100MVA；

　　　U_{av}——平均电压，单位为 kV。

电力线路电抗标幺值可按式（3-46）计算

$$X_{L \cdot *} = X_L \frac{S_j}{U_{av}^2} \tag{3-46}$$

式中　$X_{L·*}$——电力线路电抗标幺值;

$\quad\quad X_L$——电力线路电抗值,单位为 Ω。

电力架空线路每千米的电阻、电抗可从表 3-7 中查取。

第三节　用有名值计算短路电流有效值

一、三相短路电流有效值的计算

三相短路电流有效值按式(3-47)计算,即

$$I_K^{(3)} = \frac{U_{ph}}{\sum Z} = \frac{U_L}{\sqrt{3}\sum Z} = \frac{U_L}{\sqrt{3}\sqrt{(R_S + R_L + R_T)^2 + (X_S + X_L + X_T)^2}} \quad (3\text{-}47)$$

式中　$I_K^{(3)}$——三相短路电流有效值,单位为 kA;

$\quad\quad U_{ph}$——相电压,单位为 kV;

$\quad\quad U_L$——线电压,单位为 kV;

$\quad\quad \sum Z$——短路系统等效阻抗,单位为 Ω;

$\quad\quad R_S$——系统电阻,单位为 Ω;

$\quad\quad R_L$——导线、电缆、母线电阻,单位为 Ω;

$\quad\quad R_T$——变压器电阻,单位为 Ω;

$\quad\quad X_S$——系统电抗,单位为 Ω;

$\quad\quad X_L$——导线、电缆、母线电抗,单位为 Ω;

$\quad\quad X_T$——变压器电抗,单位为 Ω。

当电阻 $\sum R$ 值小于电抗 $\sum X$ 时,可忽略电阻,三相短路电流有效值可按式(3-48)计算,即

$$I_K^{(3)} = \frac{U_L}{\sqrt{3}\sum X} = \frac{U_L}{\sqrt{3}(X_S + X_L + X_T)} \quad (3\text{-}48)$$

式中符号含义同式(3-47)。

三相短路电流稳态值为

$$I_\infty^{(3)} = I_K^{(3)} \quad (3\text{-}49)$$

式中　$I_\infty^{(3)}$——三相短路电流稳态值,单位为 kA;

$\quad\quad I_K^{(3)}$——三相短路电流有效值,单位为 kA。

二、两相短路电流有效值的计算

两相短路电流与三相短路电流的计算基本相同,一般可先按三相短路电流的计算方法计算,然后按下式计算两相短路电流。

$$I_K^{(2)} = \frac{\sqrt{3}}{2}I_K^{(3)} = 0.866 I_K^{(3)} \quad (3\text{-}50)$$

式中　$I_K^{(2)}$——两相短路电流,单位为 kA;

$\quad\quad I_K^{(3)}$——三相短路电流,单位为 kA。

两相短路电流的计算，一般用于检验相间短路保护装置在短路的情况下能否精确灵敏启动切断电源。

三、单相短路电流有效值的计算

单相短路电流按式（3-51）计算，即

$$I_K^{(1)} = \frac{3U_{ph}}{\sum Z} = \frac{3U_{ph}}{\sqrt{(\sum R_0 + \sum R_1 + \sum R_2)^2 + (\sum X_0 + \sum X_1 + \sum X_2)^2}} \quad (3\text{-}51)$$

式中　　$I_K^{(1)}$——单相短路电流，单位为 kA；

U_{ph}——相电压，单位为 kV；

$\sum Z$——短路系统等效阻抗，单位为 Ω；

$\sum R_0$、$\sum R_1$、$\sum R_2$——分别为零序、正序、负序等效电阻，单位为 Ω；

$\sum X_0$、$\sum X_1$、$\sum X_2$——分别为零序、正序、负序等效电抗，单位为 Ω。

四、短路容量的计算

三相短路容量（MVA）计算式为

$$S_K = \sqrt{3} U_{av} I_K^{(3)} \quad (3\text{-}52)$$

式中　U_{av}——短路点 K 处的平均电压，单位为 kV；

$I_K^{(3)}$——三相短路电流有效值，单位为 kA。

【例3-9】　10/0.4kV 配电系统如图 3-4 所示。电源系统短路容量 $S_K = 250\text{MVA}$，10kV

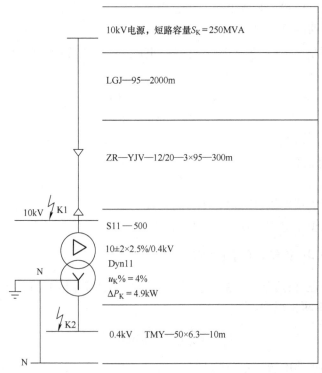

图3-4　10/0.4kV 配电系统

架空线路为 LGJ—95 型钢芯铝绞线，长度 $L = 2\text{km}$，配电所进线电缆为 YJV—12/20 – 3 × 95 型三芯交联铜芯电缆，长度 $L = 0.3\text{km}$，配电变压器为 S11—500 – 10/0.4 型，额定容量为 $S_N = 500\text{kVA}$，额定电压为 $U_1/U_2 = 10.5\text{kV}/0.4\text{kV}$，阻抗电压百分比 $u_K\% = 4\%$，负载损耗 $\Delta P_K = 4.9\text{kW}$。0.4kV 母线为 TMY—50 × 6.3 型铜质母线，长度 $L = 3\text{m}$。计算变压器 10kV 侧出口 K1 处，及 0.4kV 母排 K2 处的短路电流周期分量有效值。

解：

① K1 处短电流计算

10kV 电源系统电抗按式（3-1）计算：

$$X_S = \frac{U_{N1}^2}{S_K} = \frac{10.5^2}{250}\Omega = 0.441\Omega$$

查表 2-5 得 LGJ—95 型钢芯铝绞线单位长度电抗为 $X_0 = 0.4\Omega/\text{km}$，则架空线路的电抗按式（3-22）计算：

$$X_{L1} = X_0 L_1 = 0.4 \times 2\Omega = 0.8\Omega$$

查表 2-5 得电力电缆单位长度电抗为 $X_0 = 0.08\Omega/\text{km}$，则电缆电抗按式（3-25）计算：

$$X_{L2} = X_0 L_2 = 0.08 \times 0.3\Omega = 0.024\Omega$$

K1 处短路电抗等效值为

$$\sum X = X_S + X_{L1} + X_{L2} = (0.441 + 0.8 + 0.024)\Omega$$
$$= 1.265\Omega$$

三相短路电流有效值按式（3-48）计算：

$$I_{K1}^{(3)} = \frac{U_{N1}}{\sqrt{3}\sum X} = \frac{10.5}{\sqrt{3} \times 1.265}\text{kA} = 4.8\text{kA}$$

三相短路电流稳态值为

$$I_{K \cdot \infty}^{(3)} = I_{K1}^{(3)} = 4.8\text{kA}$$

两相短路电流有效值按式（3-50）计算：

$$I_{K1}^{(2)} = \frac{\sqrt{3}}{2}I_{K1}^{(3)} = 0.866 \times 4.8\text{kA} = 4.2\text{kA}$$

三相短路容量按式（3-52）计算：

$$S_K^{(3)} = \sqrt{3}U_{N1}I_{K1}^{(3)} = \sqrt{3} \times 10.5 \times 4.8\text{MVA} = 87\text{MVA}$$

② K2 处短路电流计算

变压器阻抗按式（3-7）计算：

$$Z_T = \frac{u_K\% U_{N2}^2}{100S_N} \times 10^6$$
$$= \frac{4 \times 0.4^2}{100 \times 500} \times 10^6 \text{m}\Omega$$
$$= 12.8\text{m}\Omega$$

变压器电阻按式（3-5）计算：

$$R_T = \frac{\Delta P_K U_{N2}^2}{S_K^2} \times 10^6 = \frac{4.9 \times 0.4^2}{500^2} \times 10^6 \text{m}\Omega$$
$$= 3.136\text{m}\Omega$$

变压器电抗按式（3-8）计算：

$$X_T = \sqrt{Z_T^2 - R_T^2}$$
$$= \sqrt{12.8^2 - 3.136^2} \mathrm{m\Omega}$$
$$= \sqrt{154} \mathrm{m\Omega}$$
$$= 12.41 \mathrm{m\Omega}$$

母线单位长度电阻、电抗查表 3-8 得 $R_0 = 0.077 \mathrm{m\Omega/m}$，$X_0 = 0.197 \mathrm{m\Omega/m}$。则按式（3-27）、式（3-28）计算母线电阻、电抗为

$$R_M = R_0 L = 0.077 \times 3 = 0.231 \mathrm{m\Omega}$$
$$X_M = X_0 L = 0.197 \times 3 = 0.591 \mathrm{m\Omega}$$

K2 处短路系统电阻、电抗等效值为

$$\sum R = R_T + R_M = (3.136 + 0.231) \mathrm{m\Omega} = 3.367 \mathrm{m\Omega}$$
$$\sum X = X_T + X_M = (12.41 + 0.591) \mathrm{m\Omega} = 13 \mathrm{m\Omega}$$

短路系统等效阻抗为

$$\sum Z = \sqrt{(\sum R)^2 + (\sum X)^2} = \sqrt{3.367^2 + 13^2} \mathrm{m\Omega}$$
$$= 13.43 \mathrm{m\Omega}$$

三相短路电流有效值按式（3-47）计算：

$$I_{K2}^{(3)} = \frac{U_{N2}}{\sqrt{3} \sum Z} = \frac{400}{\sqrt{3} \times 13.43} \mathrm{kA} = 17.22 \mathrm{kA}$$

三相短路电流稳态值为

$$I_{K2\infty}^{(3)} = I_{K2}^{(3)} = 17.22 \mathrm{kA}$$

三相短路容量为

$$S_K = \sqrt{3} U_{N2} I_{K2}^{(3)} = \sqrt{3} \times 0.4 \times 17.22 \mathrm{MVA} = 12 \mathrm{MVA}$$

配电系统短路电流计算值见表 3-13。

表 3-13　配电系统短路电流计算值

短路点	短路点位置	短路点平均电压 kV	短路电流周期分量		短路容量
			有效值	稳态值	
			I_K	I_∞	S
			kA	kA	MVA
K1	高压侧母线	10.5	4.8	4.8	87
K2	低压侧母线	0.4	17.22	17.22	12

第四节　用标幺值计算短路电流有效值

一、三相短路电流有效值的计算

三相短路电流有效值可按式（3-53）计算，即

$$I_K^{(3)} = \frac{I_j}{\sum Z_*} \approx \frac{I_j}{\sum X_*} \tag{3-53}$$

式中　$I_K^{(3)}$——三相短路电流有效值，单位为 kA；

I_j——基准电流，单位为 kA；

$\sum Z_*$——短路系统阻抗标幺值；

$\sum X_*$——短路系统电抗等效值。

二、两相短路电流有效值的计算

两相短路电流有效值可按式（3-54）计算，即

$$I_K^{(2)} = \frac{\sqrt{3}}{2}I_K^{(3)} = 0.866I_K^{(3)} \tag{3-54}$$

式中　$I_K^{(2)}$——两相短路电流有效值，单位为 kA；

$I_K^{(3)}$——三相短路电流有效值，单位为 kA。

三、单相短路电流有效值的计算

单相短路电流有效值可按式（3-55）计算，即

$$I_K^{(1)} = 3I_0 = \frac{3I_j}{\sum Z_*} = \frac{3I_j}{\sqrt{(\sum R_{1\cdot*} + \sum R_{2\cdot*} + \sum R_{0\cdot*})^2 + (\sum X_{1\cdot*} + \sum X_{2\cdot*} + \sum X_{0\cdot*})^2}} \tag{3-55}$$

式中　$I_K^{(1)}$——单相短路电流有效值，单位为 kA；

I_0——单相短路零序电流有效值，单位为 kA；

I_j——基准电流，单位为 kA；

$\sum Z_*$——短路回路阻抗标幺值；

$\sum R_{1\cdot*}$——短路回路顺序电阻标幺值；

$\sum R_{2\cdot*}$——短路回路负序电阻标幺值；

$\sum R_{0\cdot*}$——短路回路零序电阻标幺值；

$\sum X_{1\cdot*}$——短路回路顺序电抗标幺值；

$\sum X_{2\cdot*}$——短路回路负序电抗标幺值；

$\sum X_{0\cdot*}$——短路回路零序电抗标幺值。

四、短路容量的计算

短路容量可按式（3-56）计算，即

$$\left.\begin{array}{l} I_{K\cdot*} = \dfrac{I_K}{I_j} \\ S_K = I_{K\cdot*}S_j \end{array}\right\} \tag{3-56}$$

式中　S_K——短路容量，单位为 MVA；

S_j——基准容量，单位为 MVA。

【例3-10】 某县市新建110/35/10kV变电所一座，第一期工程安装主变压器一台，最终建设规模为两台主变压器。主变压器型号为SFSZ9—50000/110，额定容量为 $S_N = 50000kVA$，额定电压为 $110 \pm 8 \times 1.25\%/38.5 \pm 2 \times 2.5\%/10.5kV$，联结组标号YNyn0d11，空载损耗 $\Delta P_0 = 43.3kW$，负载损耗 $\Delta P_K = 225.0kW$，阻抗电压百分比 $u_{K1-2}\% = 10.5\%$、$u_{K1-3}\% = 17.5\%$、$u_{K2-3}\% = 6.5\%$。110kV电源线路20km，采用LGJ—185型导线，查得该变电所进线电源110kV母线侧短路容量 $S_K = 3800MVA$。试用标幺值计算变电所主变压器三侧短路电流周期分量有效值。

解：

① 选择基准值。

取基准容量 $S_j = 100MVA$，基准电压 $U_{j1} = 115kV$、$U_{j2} = 37kV$、$U_{j3} = 10.5kV$，则基准电流为 $I_{j1} = 0.50kA$、$I_{j2} = 1.56kA$、$I_{j3} = 5.50kA$。

② 系统电抗标幺值的计算。

按式（3-39）计算电源系统电抗标幺值，即

$$X_{S \cdot *} = \frac{S_j}{S_K} = \frac{100}{3800} = 0.0263$$

③ 110kV电源线路电抗的计算。

110kV电源线路长20km，采用LGJ—185型导线，查表3-7得该导线110kV架空线路每千米电抗标幺值为 $X_{0 \cdot *} = 0.00299$，则电源线路电抗标幺值为

$$X_{L \cdot *} = X_{0 \cdot *} L = 0.00299 \times 20 = 0.0598$$

④ 变压器电抗标幺值计算。

按式（3-19）计算变压器三侧阻抗电压百分比，即

$$u_{K1}\% = \frac{1}{2}(u_{K1-2}\% + u_{K1-3}\% - u_{K2-3}\%)$$

$$= \frac{1}{2}(10.5\% + 17.5\% - 6.5\%)$$

$$= 10.75\%$$

$$u_{K2}\% = \frac{1}{2}(u_{K1-2}\% + u_{K2-3}\% - u_{K1-3}\%)$$

$$= \frac{1}{2}(10.5\% + 6.5\% - 17.5\%)$$

$$= -0.25\%$$

$$u_{K3}\% = \frac{1}{2}(u_{K1-3}\% + u_{K2-3}\% - u_{K1-2}\%)$$

$$= \frac{1}{2}(17.5\% + 6.5\% - 10.5\%)$$

$$= 6.75\%$$

按式（3-44）计算变压器电抗标幺值，即

$$X_{T1 \cdot *} = \frac{u_{K1}\% S_j}{100 S_N} = \frac{10.75 \times 100}{100 \times 50} = 0.2144$$

$$X_{T2 \cdot *} = \frac{u_{K2}\% S_j}{100 S_N} = \frac{-0.25 \times 100}{100 \times 50} = -0.005$$

$$X_{T3 \cdot *} = \frac{u_{K3}\% S_j}{100 S_N} = \frac{6.75 \times 100}{100 \times 50} = 0.135$$

作短路系统电抗标幺值等效电路如图 3-5 所示。

⑤ 短路电流计算。

K1 点短路电流计算　计算 K1 点短路电路总电抗标幺值，即

$$\sum X_* = X_{\mathrm{S}.*} + X_{\mathrm{L}.*} = 0.0263 + 0.0598 = 0.0861$$

按式（3-53）计算 K1 点处短路电流有效值，即

$$I_{\mathrm{K1}}^{(3)} = \frac{I_{\mathrm{j1}}}{\sum X_*} = \frac{0.5}{0.0861}\mathrm{kA} = 5.80\mathrm{kA}$$

K2 点短路电流计算　计算 K2 点短路电路总电抗标幺值，即

$$\sum X_* = X_{\mathrm{S}.*} + X_{\mathrm{L}.*} + X_{\mathrm{T1}.*} + X_{\mathrm{T2}.*}$$

$$= 0.0263 + 0.0598 + \frac{0.2144}{2} - \frac{0.005}{2}$$

$$= 0.1908$$

按式（3-53）计算 K2 点处短路电流有效值，即

$$I_{\mathrm{K2}}^{(3)} = \frac{I_{\mathrm{j2}}}{\sum X_*} = \frac{1.56}{0.1908}\mathrm{kA} = 8.17\mathrm{kA}$$

K3 点短路电流计算　计算 K3 点短路电路总电抗标幺值，即

$$\sum X_* = X_{\mathrm{S}.*} + X_{\mathrm{L}.*} + X_{\mathrm{T1}.*} + X_{\mathrm{T3}.*}$$

$$= 0.0263 + 0.0598 + \frac{0.2144}{2} + \frac{0.135}{2}$$

$$= 0.2608$$

按式（3-53）计算 K3 点处短路电流有效值，即

$$I_{\mathrm{K3}}^{(3)} = \frac{I_{\mathrm{j3}}}{\sum X_*} = \frac{5.50}{0.2608}\mathrm{kA} = 21.08\mathrm{kA}$$

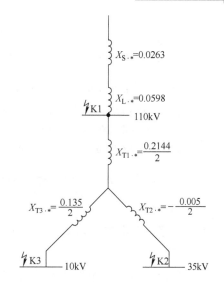

图 3-5　短路系统电抗标幺值等效电路图

第五节　短路全电流冲击值和有效值的计算

一、三相短路冲击电流的计算

当电网发生三相短路时，从短路电流变化可知，短路全电流冲击值包括周期分量和非周期分量。这两个短路电流合成的最大瞬时值，即短路全电流冲击值出现在短路发生后经过半周期 0.01s 的瞬间，其值可按式（3-57）计算，即

$$i_{\mathrm{imp}} = \sqrt{2}K_{\mathrm{imp}}I_{\mathrm{K}}^{(3)} \tag{3-57}$$

$$K_{\mathrm{imp}} = 1 + \mathrm{e}^{-\frac{t}{T_{\mathrm{a}}}} \tag{3-58}$$

$$T_a = \frac{L}{R} = \frac{X}{\omega R} = \frac{X}{314R} \tag{3-59}$$

式中　K_{imp}——冲击系数；

$e^{-\frac{t}{T_a}}$——短路电流非周期分量在瞬间 t 时的衰减系数；

T_a——短路系统短路电流非周期分量衰减的时间常数，单位为 s；

X——短路系统等效电抗，单位为 Ω；

R——短路系统等效电阻，单位为 Ω。

短路电流冲击系数，取决于短路回路时间常数 $T_a = \frac{X}{314R}$ 的大小，决定短路电流非周期分量衰减的快慢。

如果电路只有电抗，则 $T_a = \infty$，$K_{imp} = 2$，如果电路只有电阻，则 $T_a = 0$，$K_{imp} = 1$，可取 $2 \geqslant K_{imp} \geqslant 1$。

在工程设计中，当短路电路的总电阻较小，总电抗较大，总电阻较小，即 $\sum R \leqslant \frac{1}{3} \sum X$ 时，$T_a \approx 0.05s$，按式（3-60）计算短路电流冲击系数，即

$$K_{imp} = 1 + e^{-\frac{t}{T_a}} = 1 + e^{-\frac{0.01}{0.05}} = 1.8 \tag{3-60}$$

三相短路冲击电流按式（3-61）计算，即

$$\begin{aligned} i_{imp} &= K_{imp}\sqrt{2}I_K^{(3)} \\ &= 1.8 \times \sqrt{2}I_K^{(3)} \\ &= 2.55I_K^{(3)} \end{aligned} \tag{3-61}$$

在电阻较大的电路中，即 $\sum R > \frac{1}{3} \sum X$ 时，发生短路时短路电流非周期分量衰减较快，一般可取

$$K_{imp} = 1.3，\quad i_{imp} = \sqrt{2}K_{imp}I_K^{(3)} = 1.84I_K^{(3)} \tag{3-62}$$

K_{imp} 与 $\frac{\sum X}{\sum R}$ 的数值关系如图 3-6 所示，当短路电路的 $\frac{\sum X}{\sum R}$ 值求出以后，可直接从图 3-6 中的曲线上求出 K_{imp} 值。

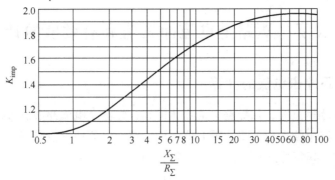

图 3-6　冲击系数 K_{imp} 与比值 $\frac{X_\Sigma}{R_\Sigma}$ 的关系曲线

二、三相短路全电流最大有效值的计算

当电网发生三相短路时，短路全电流 i_{imp} 包含周期分量和非周期分量。短路全电流最大有效值 I_{imp} 可用式（3-63）计算

$$I_{\text{imp}} = K'_{\text{imp}} I_{\text{K}}^{(3)} = \sqrt{1 + 2(K_{\text{imp}} - 1)^2} I_{\text{K}}^{(3)} \tag{3-63}$$

其中，
$$K'_{\text{imp}} = \sqrt{1 + 2(K_{\text{imp}} - 1)^2} \tag{3-64}$$

式中 K'_{b}——短路全电流第一周期内的最大有效值冲击计算冲击系数。

短路电路中当 $\sum R \leqslant \frac{1}{3} \sum X$ 时，短路电流冲击系数 $K_{\text{imp}} = 1.8$，则三相短路全电流最大有效值可按式（3-65）计算，即

$$I_{\text{imp}} = \sqrt{1 + 2(K_{\text{b}} - 1)^2} I_{\text{K}}^{(3)} = \sqrt{1 + 2(1.8 - 1)^2} I_{\text{K}}^{(3)} = 1.51 I_{\text{K}}^{(3)} \tag{3-65}$$

短路电路中当 $\sum R > \frac{1}{3} \sum X$ 时，电网发生三相短路时短路电流非周期分量衰减较快，取 $K_{\text{imp}} = 1.3$，则三相短路全电流最大有效值可按式（3-66）进行计算，即

$$I_{\text{imp}} = 1.09 I_{\text{K}}^{(3)} \tag{3-66}$$

【例3-11】 某变电所电压为 220/110/35kV，第一期工程安装主变压器一台，最终规模为两台。采用三相自耦变压器，选用 OSFPS9—120000/220 型，电压为 $220_{-1}^{+3} \times 2.5\%/121/38.5\text{kV}$，容量比为 120000/120000/60000，联结组标号 YN，a0，yn0，d11，阻抗电压百分比 $u_{\text{K1}-2}\% = 8.57\%$、$u_{\text{K1}-3}\% = 32.72\%$、$u_{\text{K2}-3}\% = 22.03\%$，负载损耗 $\Delta P_{\text{K1}-2} = 280\text{kW}$、$\Delta P_{\text{K1}-3} = 257.84\text{kW}$、$\Delta P_{\text{K2}-3} = 264.96\text{kW}$。变电所 220kV 短路容量 $S_{\text{K}} = 7168\text{MVA}$。试计算该变电所主变三侧短路电流。

解：

① 选择基准值。

基准容量 $S_{\text{j}} = 100\text{MVA}$，基准电压 $U_{\text{j1}} = 230\text{kV}$、$U_{\text{j2}} = 115\text{kV}$、$U_{\text{j3}} = 37\text{kV}$，基准电流 $I_{\text{j1}} = 0.25\text{kA}$、$I_{\text{j2}} = 0.50\text{kA}$、$I_{\text{j3}} = 1.56\text{kA}$。

② 系统电抗标幺值的计算。

按式（3-39）计算电源系统电抗标幺值，即

$$X_{\text{S}.*} = \frac{S_{\text{j}}}{S_{\text{K}}} = \frac{100}{7168} = 0.01395$$

③ 变压器阻抗的计算。

电阻的计算，该变压器低压侧容量为 60MVA，为额定容量 120MVA 的 50%，则按式（3-17）将变压器负载损耗 $\Delta P_{\text{K2}-3}$、$\Delta P_{\text{K1}-3}$ 换算到额定容量时的负载损耗，即

$$\Delta P_{\text{K2}-3} = \Delta P'_{\text{K2}-3} \left(\frac{S_{\text{N}}}{S_{\text{N3}}}\right)^2 = 264.96 \times \left(\frac{120}{60}\right)^2 \text{kW} = 1059.84\text{kW}$$

$$\Delta P_{\text{K1}-3} = \Delta P'_{\text{K1}-3} \left(\frac{S_{\text{N}}}{S_{\text{N3}}}\right)^2 = 257.84 \times \left(\frac{120}{60}\right)^2 \text{kW} = 1031.36\text{kW}$$

按式（3-15）计算变压器三绕组负载损耗为

$$\Delta P_{K1} = \frac{1}{2}(\Delta P_{K1-2} + \Delta P_{K1-3} - \Delta P_{K2-3})$$

$$= \frac{1}{2} \times (280 + 1031.36 - 1059.84)\text{kW}$$

$$= 125.76\text{kW}$$

$$\Delta P_{K2} = \frac{1}{2}(\Delta P_{K1-2} + \Delta P_{K2-3} - \Delta P_{K1-3})$$

$$= \frac{1}{2} \times (280 + 1059.84 - 1031.36)\text{kW}$$

$$= 154.24\text{kW}$$

$$\Delta P_{K3} = \frac{1}{2}(\Delta P_{K1-3} + \Delta P_{K2-3} - \Delta P_{K1-2})$$

$$= \frac{1}{2} \times (1031.36 + 1059.84 - 280)\text{kW}$$

$$= 905.60\text{kW}$$

按式（3-16）计算变压器三绕组的电阻值，即

$$R_{T1} = \frac{\Delta P_{K1} U_N^2}{S_N^2} \times 10^3 = \frac{125.76 \times 220^2}{120000^2} \times 10^3 \Omega = 0.42\Omega$$

$$R_{T2} = \frac{\Delta P_{K2} U_N^2}{S_N^2} \times 10^3 = \frac{154.24 \times 220^2}{120000^2} \times 10^3 \Omega = 0.51\Omega$$

$$R_{T3} = \frac{\Delta P_{K3} U_N^2}{S_N^2} \times 10^3 = \frac{905.6 \times 220^2}{120000^2} \times 10^3 \Omega = 3.04\Omega$$

按式（3-40）计算变压器电阻标幺值，即

$$R_{T1 \cdot *} = \Delta P_{K1} \frac{S_j}{S_N^2} \times 10^{-3} = 125.76 \times \frac{100}{120^2} \times 10^{-3} = 0.8733 \times 10^{-3}$$

$$R_{T2 \cdot *} = \Delta P_{K2} \frac{S_j}{S_N^2} \times 10^{-3} = 154.24 \times \frac{100}{120^2} \times 10^{-3} = 1.07 \times 10^{-3}$$

$$R_{T3 \cdot *} = \Delta P_{K3} \frac{S_j}{S_N^2} \times 10^{-3} = 905.6 \times \frac{100}{120^2} \times 10^{-3} = 6.2888 \times 10^{-3}$$

电抗的计算，按式（3-19）计算变压器三侧绕组阻抗电压百分比，即

$$u_{K1}\% = \frac{1}{2}(u_{K1-2}\% + u_{K1-3}\% - u_{K2-3}\%)$$

$$= \frac{1}{2} \times (8.57\% + 32.72\% - 22.03\%)$$

$$= 9.63\%$$

$$u_{K2}\% = \frac{1}{2}(u_{K1-2}\% + u_{K2-3}\% - u_{K1-3}\%)$$

$$= \frac{1}{2} \times (8.57\% + 22.03\% - 32.72\%)$$

$$= -1.06\%$$

$$u_{K3}\% = \frac{1}{2}(u_{K2-3}\% + u_{K1-3}\% - u_{K1-2}\%)$$

$$= \frac{1}{2} \times (22.03\% + 32.72\% - 8.57\%)$$

$$= 23.09\%$$

按式（3-20）计算变压器三侧绕组电抗，即

$$X_{T1} = \frac{u_{K1}\% U_N^2}{100S_N} \times 10^3 = \frac{9.63 \times 220^2}{100 \times 120000} \times 10^3 \Omega = 38.8410\Omega$$

$$X_{T2} = \frac{u_{K2}\% U_N^2}{100S_N} \times 10^3 = \frac{-1.06 \times 220^2}{100 \times 120000} \times 10^3 \Omega = -0.4275\Omega$$

$$X_{T3} = \frac{u_{K3}\% U_N^2}{100S_N} \times 10^3 = \frac{23.09 \times 220^2}{100 \times 120000} \times 10^3 \Omega = 93.1296\Omega$$

按式（3-44）计算变压器三侧绕组电抗标幺值，即

$$X_{T1 \cdot *} = \frac{u_{K1}\% S_j}{100S_N} = \frac{9.63 \times 100}{100 \times 120} = 0.08025$$

$$X_{T2 \cdot *} = \frac{u_{K2}\% S_j}{100S_N} = \frac{-1.06 \times 100}{100 \times 120} = -0.008833$$

$$X_{T3 \cdot *} = \frac{u_{K3}\% S_j}{100S_N} = \frac{23.09 \times 100}{100 \times 120} = 0.19241$$

作变电所短路系统阻抗等效电路如图 3-7 所示，作短路系统电抗标幺值等效电路如图 3-8 所示。

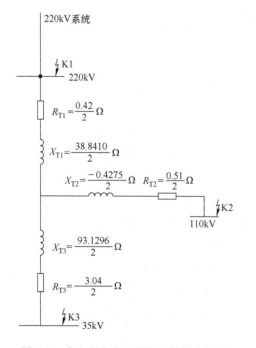

图 3-7　变电所主变压器阻抗等效电路图

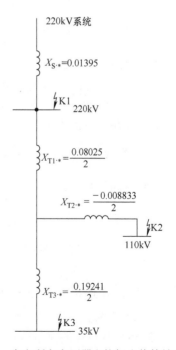

图 3-8　变电所主变压器电抗标幺值等效电路图

④ 短路电流的计算。

K1 点短路电流计算，按式（3-53）计算 K1 点三相短路电流周期分量有效值，即

$$I_{K1}^{(3)} = \frac{I_{j1}}{X_{S \cdot *}} = \frac{0.25}{0.01395} kA = 17.92 kA$$

取短路电流冲击系数 $K_{imp} = 1.8$，按式（3-61）计算 K1 点处三相短路冲击电流最大值，即

$$i_{imp} = \sqrt{2} K_{imp} I_{K1}^{(3)} = \sqrt{2} \times 1.8 \times 17.92 kA = 2.55 \times 17.92 kA = 45.69 kA$$

按式（3-65）计算短路全电流最大有效值，即

$$I_{imp} = K'_{imp} I_{K1}^{(3)} = \sqrt{1 + 2(K_{imp} - 1)^2} I_{K1}^{(3)}$$
$$= \sqrt{1 + 2 \times (1.8 - 1)^2} \times 17.92 kA$$
$$= 1.51 \times 17.92 kA$$
$$= 27.06 kA$$

K1 点三相短路容量为

$$S_K = \sqrt{3} U_{av} I_{K1}^{(3)} = \sqrt{3} \times 230 \times 17.92 MVA = 7130 MVA$$

K2 点短路电流计算，计算 K2 点处短路电抗标幺值，即

$$\sum X_{K2 \cdot *} = X_{S \cdot *} + X_{T1 \cdot *} + X_{T2 \cdot *}$$
$$= 0.01395 + \frac{0.08025}{2} + \left(\frac{-0.008833}{2} \right)$$
$$= 0.04965$$

按式（3-53）计算三相短路电流周期分量有效值，即

$$I_{K2}^{(3)} = \frac{I_{j2}}{\sum X_{K2 \cdot *}} = \frac{0.50}{0.04965} kA = 10.07 kA$$

K2 点短路电路总电阻为

$$\sum R = \frac{R_{T1}}{2} + \frac{R_{T2}}{2} = \frac{0.42}{2} \Omega + \frac{0.51}{2} \Omega = 0.465 \Omega$$

K2 点短路电路总电抗为

$$\sum X = \frac{X_{T1}}{2} + \frac{X_{T2}}{2} = \frac{38.841}{2} \Omega + \left(\frac{-0.4275}{2} \right) \Omega = 19.20675 \Omega$$

K2 点短路时间常数为

$$T_a = \frac{X}{\omega R} = \frac{19.20675}{314 \times 0.465} s = 0.1315 s$$

按式（3-58）计算 K2 点短路冲击系数

$$K_{imp} = 1 + e^{-\frac{t}{T_a}} = 1 + e^{-\frac{0.01}{0.1315}} = 1 + 0.93 = 1.93$$

按式（3-61）计算 K2 点处三相短路冲击电流最大值，即

$$i_{imp} = \sqrt{2} K_{imp} I_{K2}^{(3)} = \sqrt{2} \times 1.93 \times 10.07 kA = 2.7213 \times 10.07 kA = 27.40 kA$$

按式（3-65）计算短路全电流最大有效值，即

$$I_{\text{imp}} = K'_{\text{imp}} I_{\text{K2}}^{(3)} = \sqrt{1 + 2(K_{\text{imp}} - 1)^2} I_{\text{K2}}^{(3)}$$

$$= \sqrt{1 + 2 \times (1.93 - 1)^2} \times 10.07 \text{kA}$$

$$= 1.64 \times 10.07 \text{kA}$$

$$= 16.52 \text{kA}$$

K2 点三相短路容量为

$$S_{\text{K2}} = \sqrt{3} U_{\text{av}} I_{\text{K2}}^{(3)} = \sqrt{3} \times 115 \times 10.07 \text{MVA} = 2005 \text{MVA}$$

K3 点短路电流计算，计算 K3 点处短路电抗标幺值，即

$$\sum X_{\text{K3} \cdot *} = X_{\text{S} \cdot *} + X_{\text{T1} \cdot *} + X_{\text{T2} \cdot *}$$

$$= 0.01395 + \frac{0.08025}{2} + \frac{0.19241}{2}$$

$$= 0.15028$$

按式（3-53）计算三相短路电流周期分量有效值，即

$$I_{\text{K3}}^{(3)} = \frac{I_{\text{j3}}}{\sum X_{\text{K3} \cdot *}} = \frac{1.56}{0.15028} \text{kA} = 10.38 \text{kA}$$

K3 点短路电路总电阻为

$$\sum R = \frac{R_{\text{T1}}}{2} + \frac{R_{\text{T3}}}{2} = \left(\frac{0.42}{2} + \frac{3.04}{2} \right) \Omega = 1.73 \Omega$$

K3 点短路电路总电抗为

$$\sum X = \frac{X_{\text{T1}}}{2} + \frac{X_{\text{T3}}}{2} = \left(\frac{38.841}{2} + \frac{93.1296}{2} \right) \Omega = 65.98 \Omega$$

计算时间常数按式（3-59）计算，即

$$T_{\text{a}} = \frac{X}{\omega R} = \frac{65.98}{314 \times 1.73} \text{s} = 0.1214 \text{s}$$

按式（3-58）计算 K3 点处短路电流冲击系数，即

$$K_{\text{imp}} = 1 + e^{-\frac{t}{T_{\text{a}}}} = 1 + e^{-\frac{0.01}{0.1214}} = 1 + 0.93 = 1.93$$

按式（3-61）计算 K3 点处三相短路冲击电流最大值，即

$$i_{\text{imp}} = \sqrt{2} K_{\text{imp}} I_{\text{K3}}^{(3)} = \sqrt{2} \times 1.93 \times 10.38 \text{kA} = 28.25 \text{kA}$$

按式（3-63）计算 K3 点处短路全电流最大有效值，即

$$I_{\text{imp}} = K'_{\text{imp}} I_{\text{K3}}^{(3)} = \sqrt{1 + 2(K_{\text{imp}} - 1)^2} I_{\text{K3}}^{(3)}$$

$$= \sqrt{1 + 2 \times (1.93 - 1)^2} \times 10.38 \text{kA}$$

$$= 1.64 \times 10.38 \text{kA}$$

$$= 17.02 \text{kA}$$

K3 点处三相短路容量为

$$S_{\text{K3}} = \sqrt{3} U_{\text{av}} I_{\text{K3}}^{(3)} = \sqrt{3} \times 37 \times 10.38 \text{MVA} = 664 \text{MVA}$$

变电所主变压器三侧短路电流计算值见表 3-14。

表3-14 变电所短路电流计算结果

短路点编号	短路点额定电压 U_N/kV	平均工作电压 U_{av}/kV	短路电流周期分量有效值		短路点冲击电流		短路容量 S_K/MVA
			I_K/kA	I_∞/kA	有效值 I_{imp}/kA	最大值 i_{imp}/kA	
K1	220	230	17.92	17.92	27.06	45.69	7130
K2	110	115	10.07	10.07	16.52	27.40	2005
K3	35	37	10.38	10.38	17.02	28.25	664

第六节 低压短路电流的计算

一、短路电流有效值的计算

在选择低压电气设备时，必须计算0.4kV低压电网三相短路电流。三相短路电流一般都大于两相短路电流和单相短路电流。通常采用电阻、电抗、阻抗的有名值计算短路电流。

归算到短路点所在电压等级的电源到短路点的综合阻抗计算式为

$$\sum Z = \sqrt{\sum R^2 + \sum X^2} \tag{3-67}$$

式中 $\sum Z$——综合阻抗值，单位为 mΩ；

$\sum R$——综合电阻值，单位为 mΩ；

$\sum X$——综合电抗值，单位为 mΩ。

短路电流有效值计算式为

$$I_K = \frac{U_{av}}{\sqrt{3}\sum Z} \tag{3-68}$$

式中 I_K——短路电流有效值，单位为 kA；

U_{av}——平均电压，单位为 kV，取 0.4kV；

$\sum Z$——短路点处阻抗值，单位为 mΩ。

二、短路冲击电流的计算

在选择低压电气设备时，必须校验电气设备和载流导体的电动力稳定性。短路冲击电流计算式为

$$i_{imp} = \sqrt{2}K_{imp}I_K \tag{3-69}$$

式中 i_{imp}——短路冲击电流，单位为 kA；

I_K——三相短路电流有效值，单位为 kA。

短路冲击系数计算式为

$$K_{imp} = 1 + e^{-\frac{0.01}{T_a}} \tag{3-70}$$

式中 K_{imp}——短路冲击系数；

T_a——时间常数，单位为 s。

时间常数计算式为

$$T_a = \frac{\sum X}{314 \sum R} \qquad (3-71)$$

式中　　T_a——时间常数，单位为 s；

$\sum X$——短路点电抗值，单位为 mΩ；

$\sum R$——短路点电阻值，单位为 mΩ。

配电变压器容量在 1000kVA 及以下，其二次侧及低压电路发生三相短路时，三相短路电流冲击值计算式为

$$i_{imp} = 1.84 I_K \qquad (3-72)$$

三、短路电流最大有效值的计算

为了校验低压电气设备的开断能力和机械强度，必须计算短路电流最大有效值。短路电流最大有效值计算式为

$$I_{imp} = K'_{imp} I_K \qquad (3-73)$$

式中　　I_{imp}——短路电流最大有效值，单位为 kA；

I_K——三相短路电流有效值，单位为 kA；

K'_{imp}——短路电流最大有效值冲击系数。

短路电流最大有效值冲击系数计算式为

$$K'_{imp} = \sqrt{1 + 2(K_{imp} - 1)^2} \qquad (3-74)$$

式中　　K'_{imp}——短路电流最大有效值冲击系数；

K_{imp}——短路冲击系数。

配电变压器容量在 1000kVA 及以下，其二次侧及低压电路发生三相短路时，三相短路电流最大有效值计算式为

$$I_{imp} = 1.09 I_K \qquad (3-75)$$

四、短路容量的计算

短路容量主要用来校验断路器的开断能力，短路容量计算式为

$$S_K = \sqrt{3} U_N I_K \qquad (3-76)$$

式中　　S_K——短路容量，单位为 MVA；

U_N——额定电压，单位为 kV，一般取平均电压 $U_N = U_{av} = 0.4$kV；

I_K——短路电流有效值，单位为 kA。

第七节　电气设备的校验

一、短路动稳定校验

电气设备的短路动稳定应满足以下条件：

$$i_{max} \geq i_{imp} \tag{3-77}$$

$$I_{max} \geq I_{imp} \tag{3-78}$$

式中　i_{max}——电气设备允许通过的极限峰值电流，单位为 kA；

　　　i_{imp}——三相短路冲击电流的计算值，单位为 kA；

　　　I_{max}——电器设备允许通过的极限电流有效值，单位为 kA；

　　　I_{imp}——三相短路电流最大有效计算值，单位为 kA。

二、短路热稳定校验

电气设备的短路热稳定应满足以下条件：

$$I_t^2 t \geq I_\infty^2 t_{ic} \tag{3-79}$$

式中　I_t——电气设备热稳定试验电流，单位为 kA；

　　　t——电气设备热稳定试验时间，单位为 s；

　　　I_∞——短路电流稳定值，取三相短路电流有效值，单位为 kA；

　　　t_{ic}——短路发热假想时间，单位为 s，一般取短路保护动作时间与断路器动作时间之和，真空断路器取 0.1~0.15s。

三、短路容量校验

选用的电气设备允许的短路容量应大于设备回路的短路容量，即

$$S_{max} > S_K \tag{3-80}$$

式中　S_{max}——设备允许的短路容量，单位为 MVA；

　　　S_K——电气设备回路计算的短路容量，单位为 MVA。

第八节　0.4kV 系统短路电流计算实例

某配电所安装一台 S11—315/10 型配电变压器，额定电压 $U_{N1} = 10kV$，$U_{N2} = 0.4kV$，额定容量 $S_N = 315kVA$，阻抗电压百分比 $u_K\% = 4\%$，负载损耗 $\Delta P_K = 3.47kW$，配电变压器低压侧桩头到低压配电柜母排处，采用 TMY—50×5 型铜母线，截面面积 $S = 50 \times 5 mm^2$，长度 $L = 3m$，配电系统原理如图 3-9 所示，试计算低压侧母排处短路电流。

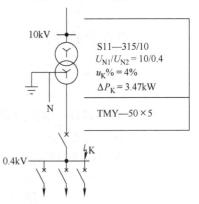

图 3-9　配电系统原理

解：

① 配电变压器的阻抗

查表 3-2 得 S11—315/10 型配电变压器的电阻 $R_T = 5.6m\Omega$，电抗 $X_T = 19.53m\Omega$。

② 母线的阻抗

查表 3-8 得 TMY—50×5 型铜母线单位长度电阻 $R_{0M} = 0.091m\Omega/m$，母线的电阻按式（3-27）计算，得

$$R_M = R_{0M}L = 0.091 \times 3m\Omega = 0.273m\Omega$$

查表 3-8 取 $D = 250mm$，母线单位长度电抗 $X_{0M} = 0.199m\Omega/m$，母线的电抗按

式（3-28）计算，得
$$X_M = X_{0M}L = 0.199 \times 3\text{m}\Omega = 0.597\text{m}\Omega$$

配电系统阻抗等效电路如图3-10所示。

③ 等效阻抗

等效电阻为
$$\sum R = R_T + R_M = (5.6 + 0.273)\text{m}\Omega = 5.873\text{m}\Omega$$

等效电抗为
$$\sum X = X_T + X_M = (19.53 + 0.597)\text{m}\Omega = 20.127\text{m}\Omega$$

等效阻抗为
$$\sum Z = \sqrt{\sum R^2 + \sum X^2} = \sqrt{5.873^2 + 20.127^2}\,\text{m}\Omega = 20.966\text{m}\Omega$$

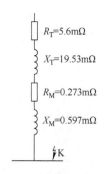

图 3-10　配电系统阻抗等效电路

④ 三相短路电流有效值的计算

三相短路电流有效值按式（3-47）计算，得
$$I_K^{(3)} = \frac{U_L}{\sqrt{3}\sum Z} = \frac{400}{\sqrt{3} \times 20.966 \times 10^{-3}}\text{kA} = 11.03\text{kA}$$

⑤ 冲击电流的计算

时间常数按式（3-59）计算，得
$$T_a = \frac{\sum X}{314\sum R} = \frac{20.127}{314 \times 5.873}\text{s} = 0.0109\text{s}$$

冲击系数按式（3-58）计算，得
$$K_{imp} = 1 + e^{-\frac{0.01}{T_a}} = 1 + e^{-\frac{0.01}{0.0109}} = 1 + 0.4 = 1.4$$

冲击电流按式（3-61）计算，得
$$i_{imp} = \sqrt{2}K_{imp}I_K^{(3)} = \sqrt{2} \times 1.4 \times 11.03\text{kA} = 21.83\text{kA}$$

⑥ 短路电流最大有效值的计算

冲击系数按式（3-64）计算，得
$$K'_{imp} = \sqrt{1 + 2(K_{imp} - 1)^2} = \sqrt{1 + 2 \times (1.4 - 1)^2} = 1.15$$

短路电流最大有效值按式（3-63）计算，得
$$I_{imp} = K'_{imp}I_K^{(3)} = 1.15 \times 11.03\text{kA} = 12.68\text{kA}$$

⑦ 三相短路容量的计算

三相短路容量按式（3-52）计算，得
$$S_K = \sqrt{3}U_{av}I_K^{(3)} = \sqrt{3} \times 0.4 \times 11.03\text{MVA} = 7.64\text{MVA}$$

配电变压器0.4kV低压侧三相短路电流的计算值见表3-15。

表3-15　配电变压器0.4kV低压侧三相短路电流的计算值

短路点	有效值 I_K/kA	冲击值 i_{imp}/kA	最大有效值 I_{imp}/kA	短路容量 S_K/MVA
0.4kV 母排处	11.03	21.83	12.68	7.64

按照以上的方法计算，常用的配电变压器0.4kV低压侧短路电流的计算值见表3-16。供读者参考。

表3-16　常用的配电变压器0.4kV低压侧短路电流的计算值

序号	配电变压器型号	阻抗电压百分比 u_K（%）	TMY型母线尺寸 $n \times a \times b - L$/ mm × mm − mm	短路电流有效值 I_K/kA	短路电流冲击值 i_{imp}/kA	短路电流最大有效值 I_{imp}/kA	短路容量 S_K/MVA
1	S11—315/10	4	50 × 5 – 3000	11.03	21.83	12.68	7.64
2	S11—400/10	4	50 × 5 – 3000	13.89	28.01	16.25	9.63
3	S11—500/10	4	60 × 8 – 3000	17.29	35.35	20.58	11.98
4	S11—630/10	4.5	80 × 6 – 3000	19.33	41.16	23.78	13.40
5	S11—800/10	4.5	100 × 8 – 3000	24.39	52.62	30.49	16.90
6	S11—1000/10	4.5	100 × 10 – 3000	30.13	63.72	37.10	20.88
7	S11—1250/10	4.5	120 × 10 – 3000	37.26	80.38	46.58	25.82
8	S11—1600/10	4.5	2 × 100 × 10 – 3000	48.78	106.61	61.46	33.80
9	S11—2000/10	5	3 × 100 × 10 – 3000	55.65	124.76	72.35	38.57
10	S11—2500/10	5	3 × 120 × 10 – 3000	69.06	155.80	91.08	47.86
11	SBH11—M – 315/10	4	50 × 5 – 3000	11.02	21.44	12.56	7.64
12	SBH11—M – 400/10	4	50 × 5 – 3000	13.89	27.61	15.97	9.63
13	SBH11—M – 500/10	4	60 × 8 – 3000	17.28	34.84	20.22	11.98
14	SBH11—M – 630/10	4.5	80 × 6 – 3000	19.33	40.61	23.58	13.40
15	SBH11—M – 800/10	4.5	100 × 8 – 3000	24.38	51.91	36.81	16.90
16	SBH11—M – 1000/10	4.5	100 × 10 – 3000	30.12	64.55	37.35	20.87
17	SBH11—M – 1250/10	4.5	120 × 10 – 3000	37.24	79.29	45.81	25.81
18	SBH11—M – 1600/10	4.5	2 × 100 × 10 – 3000	48.78	105.23	60.98	33.80
19	SBH11—M – 2000/10	5	3 × 100 × 10 – 3000	55.58	123.04	71.14	38.17
20	SBH11—M – 2500/10	5	3 × 120 × 10 – 3000	60.90	139.97	81.61	42.20
21	SCB10—630/10	6	80 × 6 – 3000	14.67	33.92	19.80	10.17
22	SCB10—800/10	6	100 × 8 – 3000	18.53	43.37	25.39	12.84
23	SCB10—1000/10	6	100 × 10 – 3000	22.96	54.39	31.91	15.91
24	SCB10—1250/10	6	120 × 10 – 3000	28.46	67.82	39.84	19.72
25	SCB10—1600/10	6	2 × 100 × 10 – 3000	37.05	89.33	52.61	25.68
26	SCB10—2000/10	6	3 × 100 × 10 – 3000	46.67	113.18	66.27	32.34
27	SCB10—2500/10	6	3 × 120 × 10 – 3000	57.99	141.46	82.93	40.19
28	SCB10—1600/10	8	2 × 100 × 10 – 3000	28.07	69.66	40.98	19.45
29	SCB10—2000/10	8	3 × 100 × 10 – 3000	35.25	87.97	52.17	24.43
30	SCB10—2500/10	8	3 × 120 × 10 – 3000	43.90	108.94	64.53	30.42

第九节　10kV 系统短路电流计算实例

　　某工厂配电所 10kV 电源供电，35kV 电源变电所 10kV 母线短路容量 $S_K = 250\text{MVA}$，10kV 架空线路采用 LGJ—95 型钢芯铝绞线，导线截面积 $S = 95\text{mm}^2$，长度 $L_1 = 2000\text{m}$。采用 ZR—YJV—8.7/12 型三芯铜芯交联聚乙烯绝缘阻燃电缆，电缆截面积 $S = 95\text{mm}^2$，长度 $L_2 = 100\text{m}$。安装两台 SBH11—M 型配电变压器，额定电压 $U_{N1}/U_{N2} = 10\text{kV}/0.4\text{kV}$，额定容量 $S_N = 800\text{kVA}$，阻抗电压百分比 $u_K\% = 4.5\%$，负载损耗 $\Delta P_K = 7.5\text{kW}$，试计算该工厂配电变压器高、低压侧短路电流。配电系统电气接线原理如图 3-11 所示。

　　解：

　　1. 配电系统元件的阻抗计算

　　1）系统的电抗：10kV 电力系统的电抗按式（3-1）计

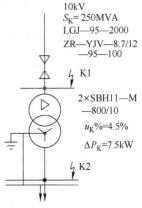

10kV
$S_K = 250\text{MVA}$
LGJ—95—2000
ZR—YJV—8.7/12
—95—100

K1

2×SBH11—M
—800/10
$u_K\% = 4.5\%$
$\Delta P_K = 7.5\text{kW}$

K2

图 3-11　配电系统电气
接线原理

算，得

$$X_S = \frac{U_{N1}^2}{S_K} = \frac{10.5^2}{250}\Omega = 0.441\Omega$$

2）架空线路的电阻：查表 2-3 得 LGJ –95 型钢芯铝绞线单位长度电阻 $R_{0L.1} = 0.361\Omega/km$，线路的电阻按式（3-21）计算，得

$$R_{L1} = R_{0L.1}L_1 = 0.361 \times 2\Omega = 0.722\Omega$$

3）架空线路的电抗：查表 2-5 得 10kV 架空电力线路单位长度电抗 $X_{0L.1} = 0.4\Omega/km$，线路的电抗按式（3-22）计算，得

$$X_{L1} = X_{0L.1}L_1 = 0.4 \times 2\Omega = 0.8\Omega$$

4）电缆线路的电阻：查表 2-6 得铜芯电力电缆截面积 $S = 95mm^2$ 的单位长度电阻 $R_{0L.2} = 0.240\Omega/km$，电缆的电阻按式（3-24）计算，得

$$R_{L2} = R_{0L.2}L_2 = 0.240 \times 0.1\Omega = 0.024\Omega$$

5）电缆线路的电抗：查表 2-5 得 10kV 电力电缆单位长度电抗 $X_{0L.2} = 0.08\Omega/km$，电缆的电抗按式（3-25）计算，得

$$X_{L2} = X_{0L.2}L_2 = 0.08 \times 0.1\Omega = 0.008\Omega$$

6）配电变压器的阻抗：按两台配电变压器并联运行，则配电变压器的阻抗按式（3-7）计算，得

$$\frac{Z_T}{2} = \frac{u_K\% U_{N1}^2}{2S_N} \times 10^3 = \frac{4.5\% \times 10.5^2}{2 \times 800} \times 10^3\Omega = 3.1008\Omega$$

7）配电变压器的电阻：按两台配电变压器并联运行，则配电变压器的电阻按式（3-5）计算，得

$$\frac{R_T}{2} = \frac{\Delta P_K U_{N1}^2}{2S_N^2} \times 10^3 = \frac{7.5 \times 10.5^2}{2 \times 800^2} \times 10^3\Omega = 0.646\Omega$$

8）配电变压器的电抗：配电变压器的电抗按式（3-8）计算，得

$$\frac{X_T}{2} = \frac{1}{2}\sqrt{Z_T^2 - R_T^2} = \frac{1}{2}\sqrt{6.2016^2 - 1.2920^2}\Omega = 3.0328\Omega$$

配电系统阻抗等效电路如图 3-12 所示。

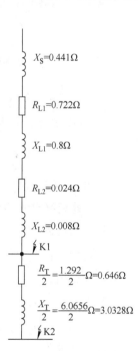

$X_S = 0.441\Omega$

$R_{L1} = 0.722\Omega$

$X_{L1} = 0.8\Omega$

$R_{L2} = 0.024\Omega$

$X_{L2} = 0.008\Omega$

K1

$\frac{R_T}{2} = \frac{1.292}{2}\Omega = 0.646\Omega$

$\frac{X_T}{2} = \frac{6.0656}{2}\Omega = 3.0328\Omega$

K2

图 3-12 配电系统阻抗
等效电路

2. 配电系统元件标幺值的计算

1）系统的标幺值：采用标幺值方法计算短路电流时，取基准容量 $S_j = 100MVA$，基准电压 $U_j = 10.5kV$，$U_j = 0.4kV$，基准电流 $I_j = 5.5kA$，$I_j = 144.509kA$。

系统的电抗标幺值按式（3-39）计算，得

$$X_{S.*} = \frac{S_j}{S_K} = \frac{100}{250} = 0.4$$

2）架空线路的电阻标幺值：架空线路的电阻标幺值按式（3-45）计算，得

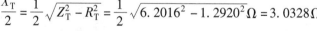

$$R_{L1.*} = R_{L1}\frac{S_j}{U_{av}^2} = 0.722 \times \frac{100}{10.5^2} = 0.6549$$

3）架空线路的电抗标幺值：架空线路的电抗标幺值按式（3-46）计算，得

$$X_{\text{L1} \cdot *} = X_{\text{L1}} \frac{S_{\text{j}}}{U_{\text{av}}^2} = 0.8 \times \frac{100}{10.5^2} = 0.7256$$

4）电力电缆的电阻标幺值：电力电缆的电阻标幺值按式（3-45）计算，得

$$R_{\text{L2} \cdot *} = R_{\text{L2}} \frac{S_{\text{j}}}{U_{\text{av}}^2} = 0.024 \times \frac{100}{10.5^2} = 0.02177$$

5）电力电缆的电抗标幺值：电力电缆的电抗标幺值按式（3-46）计算，得

$$X_{\text{L2} \cdot *} = X_{\text{L2}} \frac{S_{\text{j}}}{U_{\text{av}}^2} = 0.008 \times \frac{100}{10.5^2} = 0.007256$$

6）配电变压器的阻抗标幺值：

① 配电变压器的阻抗标幺值按式（3-42）计算，得

$$\frac{Z_{\text{T} \cdot *}}{2} = \frac{1}{2} \times \frac{u_{\text{K}}\% S_{\text{j}}}{S_{\text{N}}} = \frac{1}{2} \times \frac{4.5 \times 100}{100 \times 0.8} = 2.8125$$

② 配电变压器的电阻标幺值按式（3-40）计算，得

$$\frac{R_{\text{T} \cdot *}}{2} = \frac{1}{2} \times \frac{\Delta P_{\text{K}} S_{\text{j}}}{S_{\text{N}}^2} \times 10^{-3} = \frac{1}{2} \times \frac{7.5 \times 100}{0.8^2} \times 10^{-3} = 0.5859$$

③ 配电变压器的电抗标幺值按式（3-41）计算，得

$$\frac{X_{\text{T} \cdot *}}{2} = \frac{1}{2} \sqrt{Z_{\text{T} \cdot *}^2 - R_{\text{T} \cdot *}^2} = \frac{1}{2} \times \sqrt{5.625^2 - 1.1719^2} = 2.7508$$

④ 配电系统阻抗标幺值等效电路如图 3-13 所示。

3. K1 处短路电流的计算

电阻标幺值为

$$\sum R_{\text{K1} \cdot *} = R_{\text{L1} \cdot *} + R_{\text{L2} \cdot *} = 0.6549 + 0.02177 = 0.6767$$

电抗标幺值为

$$\begin{aligned} \sum X_{\text{K1} \cdot *} &= X_{\text{S} \cdot *} + X_{\text{L1} \cdot *} + X_{\text{L2} \cdot *} \\ &= 0.4 + 0.7256 + 0.007256 = 1.1329 \end{aligned}$$

阻抗标幺值为

$$\begin{aligned} \sum Z_{\text{K1} \cdot *} &= \sqrt{\sum R_{\text{K1} \cdot *}^2 + \sum X_{\text{K1} \cdot *}^2} \\ &= \sqrt{0.6767^2 + 1.1329^2} = 1.3196 \end{aligned}$$

K1 处三相短路电流有效值按式（3-53）计算，得

$$I_{\text{K1}} = \frac{I_{\text{j}}}{\sum Z_{\text{K1} \cdot *}} = \frac{5.5}{1.3196}\text{kA} = 4.17\text{kA}$$

K1 处电抗等效值为

$$\sum R_{\text{K1}} = R_{\text{L1}} + R_{\text{L2}} = (0.722 + 0.024)\Omega = 0.746\Omega$$

K1 处电抗等效值为

$$\sum X_{\text{K1}} = X_{\text{S}} + X_{\text{L1}} + X_{\text{L2}} = (0.441 + 0.8 + 0.008)\Omega = 1.249\Omega$$

时间常数按式（3-59）计算，得

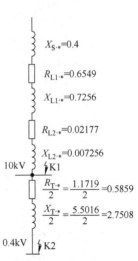

图 3-13　配电系统阻抗
标幺值等效电路

$$T_a = \frac{\sum X_{K1}}{314 \sum R_{K1}} = \frac{1.249}{314 \times 0.746}s = 0.0053s$$

短路冲击系数分别按式（3-58）、式（3-64）计算，得

$$K_{imp} = 1 + e^{-\frac{0.01}{T_a}} = 1 + e^{-\frac{0.01}{0.0053}} = 1 + 0.15 = 1.15$$

$$K'_{imp} = \sqrt{1 + 2(K_{imp} - 1)^2} = \sqrt{1 + 2 \times (1.15 - 1)^2} = 1.022$$

K1 处短路电流冲击值按式（3-61）计算，得

$$i_{imp} = \sqrt{2}K_{imp}I_{K1} = \sqrt{2} \times 1.15 \times 4.17kA = 6.8kA$$

K1 处短路电流最大有效值按式（3-63）计算，得

$$I_{imp} = K'_{imp}I_{K1}^{(3)} = 1.022 \times 4.17kA = 4.26kA$$

短路电流标幺值按式（3-56）计算，得

$$I_{K1 \cdot *} = \frac{I_{K1}}{I_j} = \frac{4.17}{5.5} = 0.76$$

K1 处短路容量按式（3-56）计算，得

$$S_{K1} = I_{K1 \cdot *} S_j = 0.76 \times 100MVA = 76MVA$$

4. K2 处短路电流的计算

电阻标幺值为

$$\sum R_{K2 \cdot *} = R_{L1 \cdot *} + R_{L2 \cdot *} + R_{T \cdot *}/2 = 0.6549 + 0.02177 + 0.5859$$
$$= 1.2626$$

电抗标幺值为

$$\sum X_{K2 \cdot *} = X_{S \cdot *} + X_{L1 \cdot *} + X_{L2 \cdot *} + X_{T \cdot *}/2 = 0.4 + 0.7256 + 0.007256 + 2.7508$$
$$= 3.8837$$

阻抗标幺值为

$$\sum Z_{K2 \cdot *} = \sqrt{\sum R_{K2 \cdot *}^2 + \sum X_{K2 \cdot *}^2} = \sqrt{1.2626^2 + 3.8837^2}$$
$$= 4.0838$$

K2 处三相短路电流有效值按式（3-53）计算，得

$$I_{K2} = \frac{I_j}{\sum Z_{K2 \cdot *}} = \frac{144.509}{4.0838}kA = 35.39kA$$

K2 处电阻等效值为

$$\sum R_{K2} = R_{L1} + R_{L2} + R_T/2 = (0.722 + 0.024 + 0.646)\Omega = 1.392\Omega$$

K2 处电抗等效值为

$$\sum X_{K2} = X_S + X_{L1} + X_{L2} + X_T/2 = (0.441 + 0.8 + 0.008 + 3.0328)\Omega$$
$$= 4.2818\Omega$$

时间常数按式（3-59）计算，得

$$T_a = \frac{\sum X_{K2}}{314 \sum R_{K2}} = \frac{4.2818}{314 \times 1.392}s = 0.0098s$$

冲击系数分别按式（3-58）、式（3-64）计算，得

$$K_{\mathrm{imp}} = 1 + e^{-\frac{0.01}{T_a}} = 1 + e^{-\frac{0.01}{0.0098}} = 1 + 0.36 = 1.36$$

$$K'_{\mathrm{imp}} = \sqrt{1 + 2(K_{\mathrm{imp}} - 1)^2} = \sqrt{1 + 2 \times (1.36 - 1)^2} = 1.12$$

K2 处短路电流冲击值按式（3-61）计算，得

$$i_{\mathrm{imp}} = \sqrt{2}K_{\mathrm{imp}}I_{K2} = \sqrt{2} \times 1.36 \times 35.39\mathrm{kA} = 67.86\mathrm{kA}$$

K2 处短路电流最大有效值按式（3-63）计算，得

$$I_{\mathrm{imp}} = K'_{\mathrm{imp}}I_{K2} = 1.12 \times 35.39\mathrm{kA} = 39.64\mathrm{kA}$$

K2 处短路电流标幺值按式（3-56）计算，得

$$I_{K2 \cdot *} = \frac{I_{K2}}{I_j} = \frac{35.39}{144.5} = 0.2449$$

K2 处短路容量按式（3-56）计算，得

$$S_{K2} = I_{K2 \cdot *}S_j = 0.2449 \times 100\mathrm{MVA} = 24\mathrm{MVA}$$

该工厂配电系统三相短路电流的计算值见表 3-17。

表 3-17　配电系统三相短路电流的计算值

短路处	有效值 I_K/kA	冲击值 i_{imp}/kA	最大值 I_{imp}/kA	短路容量 S_K/MVA
K1	4.17	6.8	4.26	76
K2	35.39	67.86	39.64	24

第十节　35kV 系统短路电流计算实例

某城镇经济开发区新建 35/10kV 配电所，安装 S11—8000/35 型变压器一台，容量 $S_N = 8000\mathrm{kVA}$，电压 $35 \pm 2 \times 0.5\%/10.5\mathrm{kV}$，接线组别 Ynd11，空载损耗 $P_0 = 7.0\mathrm{kW}$，负载损耗 $\Delta P_K = 39.62\mathrm{kW}$，阻抗电压百分比 $u_K\% = 7.5\%$。35kV 架空电源进线长度 $L_1 = 3\mathrm{km}$，选用 LGJ—95 型钢芯铝绞线，$R_{0L \cdot 1} = 0.361\Omega/\mathrm{km}$，$X_{0L \cdot 1} = 0.4\Omega/\mathrm{km}$；10kV 架空出线长度 $L_2 = 5\mathrm{km}$，选用 LGJ—70 型钢芯铝绞线，$R_{0L \cdot 2} = 0.489\Omega/\mathrm{km}$，$X_{0L \cdot 2} = 0.4\Omega/\mathrm{km}$。110kV 变电站 35kV 母线短路容量 $S_K = 1000\mathrm{MVA}$。试计算该 35kV 配电系统高低压侧短路电流。

解：

1. 配电系统元件的阻抗计算

1）系统的电抗：35kV 电力系统的电抗按式（3-1）计算，得

$$X_S = \frac{U_{N1}^2}{S_K} = \frac{37^2}{1000}\Omega = 1.369\Omega$$

2）架空线路的电阻：35kV 架空线路的电阻按式（3-21）计算，得

$$R_{L1} = R_{0L \cdot 1}L_1 = 0.361 \times 3\Omega = 1.083\Omega$$

10kV 架空线路电阻按式（3-21）计算，得

$$R_{L2} = R_{0L \cdot 2}L_2 = 0.489 \times 5\Omega = 2.445\Omega$$

3）架空线路的电抗：35kV 架空线路的电抗按式（3-22）计算，得

$$X_{L1} = X_{0L \cdot 1}L_1 = 0.4 \times 3\Omega = 1.2\Omega$$

10kV 架空线路电抗按式（3-22）计算，得

$$X_{L2} = X_{0L \cdot 2} L_2 = 0.4 \times 5\Omega = 2.0\Omega$$

4）配电变压器的阻抗：配电变压器的阻抗按式（3-7）计算，得

$$Z_T = \frac{u_K\% U_{N1}^2}{S_N} \times 10^3 = \frac{7.5 \times 37^2}{100 \times 8000} \times 10^3\Omega = 12.8344\Omega$$

5）配电变压器的电阻：配电变压器的电阻按式（3-5）计算，得

$$R_T = \Delta P_K \frac{U_{N1}^2}{S_N^2} \times 10^3 = 39.62 \times \frac{37^2}{8000^2} \times 10^3\Omega = 0.8475\Omega$$

6）配电变压器的电抗：配电变压器的电抗按式（3-8）计算，得

$$X_T = \sqrt{Z_T^2 - R_T^2} = \sqrt{12.8344^2 - 0.8475^2}\Omega$$

$$= \sqrt{164.7218 - 0.7183}\Omega$$

$$= \sqrt{164}\Omega$$

$$= 12.81\Omega$$

配电系统阻抗等效电路如图 3-14 所示。

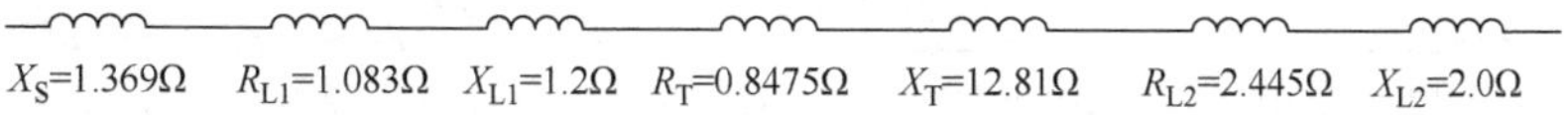

X_S=1.369Ω R_{L1}=1.083Ω X_{L1}=1.2Ω R_T=0.8475Ω X_T=12.81Ω R_{L2}=2.445Ω X_{L2}=2.0Ω

图 3-14   配电系统阻抗等效电路

2. 配电系统元件标幺值的计算

1）系统的标幺值：采用标幺值方法计算短路电流时，取基准容量 $S_j = 100MVA$，基准电压 $U_j = 37kV$，$U_j = 10.5kV$，基准电流 $I_j = 1.56kA$，$I_j = 5.50kA$。

系统的电抗标幺值按式（3-39）计算，得

$$X_{S \cdot *} = \frac{S_j}{S_K} = \frac{100}{1000} = 0.1$$

2）架空线路的电阻标幺值：35kV 架空线路的电阻标幺值按式（3-45）计算，得

$$R_{L1 \cdot *} = R_{L1} \frac{S_j}{U_{av}^2} = 1.083 \times \frac{100}{37^2} = 0.0791$$

10kV 架空线路的电阻标幺值按式（3-45）计算，得

$$R_{L2 \cdot *} = R_{L2} \frac{S_j}{U_{av}^2} = 2.445 \times \frac{100}{10.5^2} = 2.2176$$

3）架空线路的电抗标幺值：35kV 架空线路的电抗标幺值按式（3-46）计算，得

$$X_{L1 \cdot *} = X_{L1} \frac{S_j}{U_{av}^2} = 1.2 \times \frac{100}{37^2} = 0.0877$$

10kV 架空线路电抗标幺值按式（3-46）计算，得

$$X_{L2 \cdot *} = X_{L2} \frac{S_j}{U_{av}^2} = 2 \times \frac{100}{10.5^2} = 1.8141$$

4）配电变压器阻抗标幺值：

① 配电变压器阻抗标幺值按式（3-42）计算，得

$$Z_{T \cdot *} = \frac{u_K\% S_j}{S_N} = \frac{7.5 \times 100}{100 \times 8} = 0.9375$$

② 配电变压器电阻标幺值按式（3-40）计算，得

$$R_{T \cdot *} = \Delta P_K \frac{S_j}{S_N^2} \times 10^{-3}$$

$$= 39.62 \times \frac{100}{8^2} \times 10^{-3}$$

$$= 0.0619$$

③ 配电变压器的电抗标幺值按式（3-41）计算，得

$$X_{T \cdot *} = \sqrt{Z_{T \cdot *}^2 - R_{T \cdot *}^2}$$

$$= \sqrt{0.9375^2 - 0.0619^2}$$

$$= \sqrt{0.8789 - 0.00383}$$

$$= \sqrt{0.875}$$

$$= 0.9354$$

④ 配电系统阻抗标幺值等效电路如图 3-15 所示。

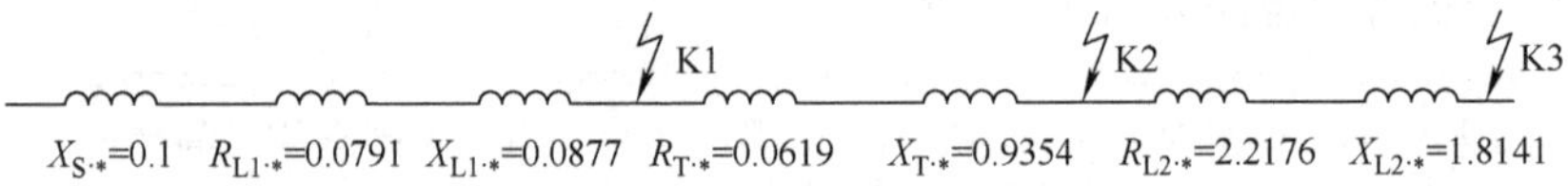

$X_{S \cdot *}$=0.1 $R_{L1 \cdot *}$=0.0791 $X_{L1 \cdot *}$=0.0877 $R_{T \cdot *}$=0.0619 $X_{T \cdot *}$=0.9354 $R_{L2 \cdot *}$=2.2176 $X_{L2 \cdot *}$=1.8141

图 3-15　配电系统阻抗标幺值等效电路

3. K1 处短路电流的计算

电阻标幺值为

$$\sum R_{K1 \cdot *} = R_{L1 \cdot *} = 0.0791$$

电抗标幺值为

$$\sum X_{K1 \cdot *} = X_{S \cdot *} + X_{L1 \cdot *} = 0.1 + 0.0877 = 0.1877$$

阻抗标幺值为

$$\sum Z_{K1 \cdot *} = \sqrt{R_{K1 \cdot *}^2 + X_{K1 \cdot *}^2} = \sqrt{0.0791^2 + 0.1877^2}$$

$$= \sqrt{0.006257 + 0.03523}$$

$$= \sqrt{0.04149} = 0.2037$$

K1 处三相短路电流有效值按式（3-53）计算，得

$$I_{K1}^{(3)} = \frac{I_j}{\sum Z_{K1 \cdot *}} = \frac{1.56}{0.2037} \text{kA} = 7.7 \text{kA}$$

K1 处三相短路电流稳态值为

$$I_{K1 \cdot \infty}^{(3)} = I_{K1}^{(3)} = 7.7 \text{kA}$$

K1 处两相短路电流有效值按式（3-54）计算，得

$$I_{K1}^{(2)} = \frac{\sqrt{3}}{2} I_{K1}^{(3)} = \frac{\sqrt{3}}{2} \times 7.7 \text{kA} = 6.7 \text{kA}$$

K1 处电阻等效值为

$$\sum R_{K1} = R_{L1} = 1.083 \Omega$$

K1 处电抗等效值为

$$\sum X_{K1} = X_S + X_{L1} = (1.369 + 1.2)\Omega = 2.569\Omega$$

时间常数按式（3-59）计算，得

$$T_a = \frac{\sum X_{K1}}{314 \sum R_{K1}} = \frac{2.569}{314 \times 1.083} = 0.0076$$

短路冲击系数分别按式（3-58）、式（3-64）计算，得

$$K_{imp} = 1 + e^{-\frac{0.01}{T_a}} = 1 + e^{-\frac{0.01}{0.0076}}$$
$$= 1 + 0.2683 = 1.2683$$
$$K'_{imp} = \sqrt{1 + 2(K_{imp} - 1)^2}$$
$$= \sqrt{1 + 2(1.2683 - 1)^2}$$
$$= 1.0696$$

K1 处短路电流冲击值按式（3-61）计算，得

$$i_{imp} = \sqrt{2} K_{imp} I_{K1}^{(3)}$$
$$= \sqrt{2} \times 1.2683 \times 7.7\text{kA}$$
$$= 13.8\text{kA}$$

K1 处短路电流最大有效值按式（3-63）计算，得

$$I_{imp} = K'_{imp} I_{K1}^{(3)} = 1.0696 \times 7.7\text{kA} = 8.2\text{kA}$$

短路电流标幺值按式（3-56）计算，得

$$I_{K1 \cdot *} = \frac{I_{K1}^{(3)}}{I_j} = \frac{7.7}{1.56} = 4.94$$

K1 处短路容量按式（3-56）计算，得

$$S_{K1} = I_{K1 \cdot *} S_j = 4.94 \times 100\text{MVA} = 494\text{MVA}$$

4. K2 处短路电流的计算

电阻标幺值为

$$\sum R_{K2 \cdot *} = R_{L1 \cdot *} + R_{T \cdot *} = 0.0791 + 0.0619$$
$$= 0.141$$

电抗标幺值为

$$\sum X_{K2 \cdot *} = X_{S \cdot *} + X_{L1 \cdot *} + X_{T \cdot *}$$
$$= 0.1 + 0.0877 + 0.9354$$
$$= 1.1231$$

阻抗标幺值为

$$\sum Z_{K2 \cdot *} = \sqrt{\sum R_{K2 \cdot *}^2 + \sum X_{K2 \cdot *}^2}$$
$$= \sqrt{0.141^2 + 1.1231^2}$$
$$= \sqrt{0.01988 + 1.2614}$$
$$= \sqrt{1.2813}$$
$$= 1.132$$

K2 处三相短路电流有效值按式（3-53）计算，得

$$I_{K2}^{(3)} = \frac{I_j}{\sum Z_{K2 \cdot *}} = \frac{5.5}{1.132}kA = 4.9kA$$

K2 处三相短路电流稳态值为

$$I_{K2 \cdot \infty}^{(3)} = I_{K2}^{(3)} = 4.9kA$$

K2 处两相短路电流有效值按式（3-54）计算，得

$$I_{K2}^{(2)} = \frac{\sqrt{3}}{2}I_{K2}^{(3)} = \frac{\sqrt{3}}{2} \times 4.9kA = 4.2kA$$

K2 处电阻等效值为

$$\sum R_{K2} = R_{L1} + R_T = (1.083 + 0.8475)\Omega = 1.9305\Omega$$

K2 处电抗等效值为

$$\sum X_{K2} = X_S + X_{L1} + X_T$$
$$= (1.369 + 1.2 + 12.81)\Omega$$
$$= 15.379\Omega$$

时间常数按式（3-59）计算，得

$$T_a = \frac{\sum X_{K2}}{314\sum R_{K2}} = \frac{15.379}{314 \times 1.9305} = 0.025$$

短路冲击系数分别按式（3-58）和式（3-64）计算，得

$$K_{imp} = 1 + e^{-\frac{0.01}{T_a}} = 1 + e^{-\frac{0.01}{0.025}}$$
$$= 1 + 0.67 = 1.67$$
$$K'_{imp} = \sqrt{1 + 2(K_{imp} - 1)^2}$$
$$= \sqrt{1 + 2(1.67 - 1)^2}$$
$$= 1.38$$

K2 处短路冲击电流值分别按式（3-61）、式（3-63）计算，得

$$i_{imp} = \sqrt{2}K_{imp}I_{K2}^{(3)}$$
$$= \sqrt{2} \times 1.67 \times 4.9kA = 11.5kA$$
$$I_{imp} = K'_{imp}I_{K2}^{(3)} = 1.38 \times 4.9kA = 6.8kA$$

短路电流标幺值按式（3-56）计算，得

$$I_{K2 \cdot *} = \frac{I_{K2}^{(3)}}{I_j} = \frac{4.9}{5.5} = 0.89$$

K2 处短路容量按式（3-56）计算，得

$$S_{K2} = I_{K2 \cdot *}S_j = 0.89 \times 100MVA = 89MVA$$

5. K3 处短路电流的计算

电阻标幺值为

$$\sum R_{K3 \cdot *} = R_{L1 \cdot *} + R_{T \cdot *} + R_{L2 \cdot *}$$
$$= 0.0791 + 0.0619 + 2.2176$$
$$= 2.3586$$

电抗标幺值为

$$\sum X_{K3 \cdot *} = X_{S \cdot *} + X_{L1 \cdot *} + X_{T \cdot *} + X_{L2 \cdot *}$$
$$= 0.1 + 0.0877 + 0.9354 + 1.8141$$
$$= 2.9372$$

阻抗标幺值为

$$\sum Z_{K3 \cdot *} = \sqrt{\sum R_{K3 \cdot *}^2 + \sum X_{K3 \cdot *}^2}$$
$$= \sqrt{2.3586^2 + 2.9372^2}$$
$$= \sqrt{5.563 + 8.627}$$
$$= \sqrt{14.19}$$
$$= 3.767$$

K3 处三相短路电流有效值按式（3-53）计算，得

$$I_{K3}^{(3)} = \frac{I_j}{\sum Z_{K3 \cdot *}} = \frac{5.5}{3.767} kA = 1.5 kA$$

K3 处三相短路电流稳态值为

$$I_{K3 \cdot \infty}^{(3)} = I_{K3}^{(3)} kA = 1.5 kA$$

K3 处两相短路电流有效值按式（3-54）计算，得

$$I_{K3}^{(2)} = \frac{\sqrt{3}}{2} I_{K3}^{(3)} = \frac{\sqrt{3}}{2} \times 1.5 kA = 1.3 kA$$

K3 处电阻等效值为

$$\sum R_{K3} = R_{L1} + R_T + R_{L2}$$
$$= (1.083 + 0.8475 + 2.445) \Omega$$
$$= 4.3755 \Omega$$

K3 处电抗等效值为

$$\sum X_{K3} = X_S + X_{L1} + X_T + X_{L2}$$
$$= (1.369 + 1.2 + 12.8 + 2.0) \Omega$$
$$= 17.379 \Omega$$

时间常数按式（3-59）计算，得

$$T_a = \frac{\sum X_{K3}}{314 \sum R_{K3 \cdot *}} = \frac{17.379}{314 \times 4.3755} = 0.013$$

短路冲击系数分别按式（3-58）和式（3-64）计算，得

$$K_{imp} = 1 + e^{-\frac{0.01}{T_a}}$$
$$= 1 + e^{-\frac{0.01}{0.013}}$$
$$= 1 + 0.5$$
$$= 1.5$$

$$K'_{imp} = \sqrt{1 + 2(K_{imp} - 1)^2}$$
$$= \sqrt{1 + 2(1.5 - 1)^2}$$
$$= 1.225$$

K3 处短路电流冲击值按式（3-61）计算，得

$$i_{imp} = \sqrt{2}K_{imp}I_{K3}^{(3)}$$
$$= \sqrt{2} \times 1.5 \times 1.5kA = 3.2kA$$

K3 处短路电流最大有效值按式（3-63）计算，得

$$I_{imp} = K'_{imp}I_{K3}^{(3)} = 1.225 \times 1.5kA = 1.8kA$$

短路电流标幺值按式（3-56）计算，得

$$I_{K3 \cdot *} = \frac{I_{K3}^{(3)}}{I_j} = \frac{1.5}{5.5} = 0.27$$

K3 处短路容量按式（3-56）计算，得

$$S_{K3} = I_{K3 \cdot *}S_j = 0.27 \times 100MVA = 27MVA$$

该配电系统短路电流的计算值见表 3-18。

表 3-18　35kV 配电系统短路电流计算值

短路处	有效值			冲击值 i_{imp}	最大值 I_{imp}/kA	短路容量 S_K/MVA
	$I_K^{(3)}$/kA	$I_{K \cdot \infty}^{(3)}$/kA	$I_K^{(2)}$/kA			
K1	7.7	7.7	6.7	13.8	8.2	494
K2	4.9	4.9	4.2	11.5	6.8	89
K3	1.5	1.5	1.3	3.2	1.8	27

第十一节　110kV 系统短路电流计算实例

某集镇新建 110/35/10kV 变电所一座，安装两台主变压器，型号为 SFSZ9—31500/110，单台变压器额定容量 $S_N = 31500kVA$，额定电压为 $110 \pm 8 \times 1.25\%/38.5 \pm 2 \times 2.5\%/10.5kV$，联结组标号为 YN，yn0，d11，空载损耗为 $\Delta P_0 = 30.6kW$，负载损耗为 $\Delta P_K = 157.5kW$，阻抗电压百分比 $u_{K1-2}\% = 10.5\%$、$u_{K1-3}\% = 17.5\%$、$u_{K2-3}\% = 6.5\%$。110kV 电源线路长为 $L = 10km$，采用 LGJ—185 型钢芯铝绞线，查得该变电所进线电源 110kV 母线侧短路容量为 $S_{KS} = 3800MVA$，计算该变电所主变压器三侧短路电流值。

解：

① 选择基准值。

取基准容量 $S_j = 100MVA$，基准电压 $U_{j1} = 115kV$、$U_{j2} = 37kV$、$U_{j3} = 10.5kV$，则基准电流为 $I_{j1} = 0.5kA$、$I_{j2} = 1.56kA$、$I_{j3} = 5.5kA$。

② 系统电抗标幺值的计算。

按式（3-39）计算电源系统电抗标幺值，即

$$X_{S \cdot *} = \frac{S_j}{S_K} = \frac{100}{3800} = 0.0263$$

③ 110kV 电源线路电抗的计算。

110kV 电源线路长 $L = 10km$，采用 LGJ—185 型钢芯铝绞线，查表 3-7 得该线路每千米电抗标幺值为 $X_{0L \cdot *} = 0.00299$，则电源线路电抗标幺值为

$$X_{L \cdot *} = X_{0L \cdot *}L = 0.00299 \times 10 = 0.0299$$

④ 变压器电抗标幺值的计算。

按式（3-19）计算变压器三侧阻抗电压百分比，即

$$u_{K1}\% = \frac{1}{2}(u_{K1-2}\% + u_{K1-3}\% - u_{K2-3}\%)$$

$$= \frac{1}{2}(10.5\% + 17.5\% - 6.5\%)$$

$$= 10.75\%$$

$$u_{K2}\% = \frac{1}{2}(u_{K1-2}\% + u_{K2-3}\% - u_{K1-3}\%)$$

$$= \frac{1}{2}(10.5\% + 6.5\% - 17.5\%)$$

$$= -0.25\%$$

$$u_{K3}\% = \frac{1}{2}(u_{K1-3}\% + u_{K2-3}\% - u_{K1-2}\%)$$

$$= \frac{1}{2}(17.5\% + 6.5\% - 10.5\%)$$

$$= 6.75\%$$

按式（3-44）计算变压器电抗标幺值，即

$$X_{T1 \cdot *} = \frac{u_{K1}\% S_j}{S_N} = \frac{10.75 \times 100}{100 \times 31.5} = 0.341$$

$$X_{T2 \cdot *} = \frac{u_{K2}\% S_j}{S_N} = \frac{-0.25 \times 100}{100 \times 31.5} = -0.008$$

$$X_{T3 \cdot *} = \frac{u_{K3}\% S_j}{S_N} = \frac{6.75 \times 100}{100 \times 31.5} = 0.214$$

作短路系统电抗标幺值等效电路如图 3-16 所示。

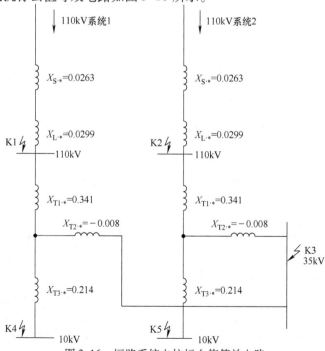

图 3-16　短路系统电抗标幺值等效电路

⑤ 短路电流的计算。

K1、K2 处短路电流的计算。

首先计算 K1、K2 处，短路电路总电抗标幺值，即

$$\sum X_{K1 \cdot *} = \sum X_{K2 \cdot *} = X_{S \cdot *} + X_{L \cdot *}$$
$$= 0.0263 + 0.0299 = 0.0562$$

K1、K2 处短路电流周期分量有效值按式（3-53）计算，即

$$I_{K1}^{(3)} = I_{K2}^{(3)} = \frac{I_{j1}}{\sum X_{K1 \cdot *}} = \frac{0.5}{0.0562} kA = 8.9 kA$$

三相短路电流周期分量稳态值为

$$I_{K1 \cdot \infty}^{(3)} = I_{K2 \cdot \infty}^{(3)} = I_{K1}^{(3)} = 8.9 kA$$

短路冲击电流最大值按式（3-61）计算，即

$$i_{K1 \cdot imp} = i_{K2 \cdot imp} = 2.55 I_{K1}^{(3)} = 2.55 \times 8.9 kA = 22.7 kA$$

短路冲击电流有效值按式（3-65）计算，即

$$I_{K1 \cdot imp} = I_{K2 \cdot imp} = 1.51 I_{K1}^{(3)} = 1.51 \times 8.9 kA = 13.4 kA$$

三相短路容量按式（3-52）计算，即

$$S_{K1} = S_{K2} = \sqrt{3} U_{av} I_{K1}^{(3)} = \sqrt{3} \times 115 \times 8.9 MVA = 1772 MVA$$

K3 处短路电流的计算。

K3 处短路电抗总的标幺值为

$$\sum Z_{K3 \cdot *} = \frac{1}{2}(X_{S \cdot *} + X_{L \cdot *} + X_{T1 \cdot *} + X_{T2 \cdot *})$$

$$= \frac{1}{2}(0.0263 + 0.0299 + 0.341 - 0.008)$$

$$= \frac{1}{2} \times 0.3892$$

$$= 0.1946$$

则三相短路电流各值为

$$I_{K3}^{(3)} = \frac{I_{j2}}{\sum Z_{K3 \cdot *}} = \frac{1.56}{0.1946} kA = 8 kA$$

$$I_{K3 \cdot \infty}^{(3)} = I_{K3}^{(3)} = 8 kA$$

$$i_{K3 \cdot imp} = 2.55 I_{K3}^{(3)} = 2.55 \times 8 kA = 20 kA$$

$$I_{K3 \cdot imp} = 1.51 I_{K3}^{(3)} = 1.51 \times 8 kA = 12 kA$$

$$S_{K3}^{(3)} = \sqrt{3} U_{av} I_{K3}^{(3)} = \sqrt{3} \times 37 \times 8 MVA = 512 MVA$$

K4、K5 点处短路电流的计算。

首先计算 K4、K5 点处短路的总电抗标幺值，即

$$\sum X_{K4 \cdot *} = \sum X_{K5 \cdot *} = \frac{(X_{S \cdot *} + X_{L \cdot *} + X_{T1 \cdot *} + X_{T2 \cdot *} + X_{T2 \cdot *}) \times (X_{S \cdot *} + X_{L \cdot *} + X_{T1 \cdot *})}{(X_{S \cdot *} + X_{L \cdot *} + X_{T1 \cdot *} + X_{T2 \cdot *} + X_{T2 \cdot *}) + (X_{S \cdot *} + X_{L \cdot *} + X_{T1 \cdot *}) + X_{T3 \cdot *}}$$

$$= \frac{(0.0263 + 0.0299 + 0.341 - 0.008 - 0.008) \times (0.0263 + 0.0299 + 0.341)}{0.0263 + 0.0299 + 0.341 - 0.008 - 0.008 + 0.0263 + 0.0299 + 0.341 + 0.214}$$

$$= \frac{0.3812 \times 0.3972}{0.7784} + 0.214$$

$$= 0.1945 + 0.214$$

$$= 0.4085$$

三相短路电流各值为

$$I_{K4}^{(3)} = I_{K5}^{(3)} = \frac{I_{j3}}{\sum X_{K4 \cdot *}} = \frac{5.5}{0.4085}kA = 13.5kA$$

$$I_{K4 \cdot \infty}^{(3)} = I_{K5 \cdot \infty}^{(3)} = I_{K4}^{(3)} = 13.5kA$$

$$i_{K4 \cdot imp}^{(3)} = i_{K5 \cdot imp}^{(3)} = 2.55 I_{K4}^{(3)} = 2.55 \times 13.5kA = 34.43kA$$

$$I_{K4 \cdot imp}^{(3)} = I_{K5 \cdot imp}^{(3)} = 1.51 I_{K4}^{(3)} = 1.51 \times 13.5kA = 20.39kA$$

$$S_{K4}^{(3)} = S_{K5}^{(3)} = \sqrt{3} \times 10.5 \times 13.5MVA = 245.23MVA$$

110kV 31.5MVA 变压器三相短路电流计算值见表 3-19。

表 3-19　110kV 31.5MVA 变压器三相短路电流计算值

短路点编号	短路点额定电压 U_N/kV	短路点平均电压 U_{av}/kV	短路电流周期分量		短路冲击电流		短路容量 S_K/MVA
			有效值 $I_K^{(3)}$/kA	稳态值 I_∞/kA	最大值 i_K/kA	有效值 I_b/kA	
K1、K2	110	115	8.9	8.9	22.7	13.4	1772
K3	35	37	8	8	20	12	512
K4、K5	10	10.5	13.5	13.5	34.43	20.39	245

第十二节　220kV 系统短路电流计算实例

某市 220kV 变电站安装 OSFS10—180MVA/220 型主变压器一台，额定容量为 180000/180000/90000kVA，电压等级为 $220^{+3}_{-1} \times 2.5\%/121/38.5kV$，阻抗电压百分比 $u_{K1-2} = 8.95\%$、$u_{K1-3}\% = 33.47\%$、$u_{K2-3}\% = 22.28\%$。选用 PST - 1200 型数字式变压器保护装置，对变压器相关参数及短路电流进行计算。

一、主变压器各侧参数计算

1）主变压器高压侧额定电压为：$U_{N1} = 220kV$

2）主变压器高压 220kV 侧额定电流按式（4-1）计算，得

$$I_{N1} = \frac{S_N}{\sqrt{3} U_{N1}} = \frac{180000}{\sqrt{3} \times 220}A = 472.4A$$

3）选择的电流互感器额定电流应大于主变压器各侧的额定电流，二次侧额定电流为 5A，则 220kV 侧电流互感器变比按式（4-6）计算，得

$$n_{TA} = \frac{I_N}{I_n} = \frac{1200}{5} = 240$$

4）电流互感器 TA 二次接线方式，一般选用丫形接线。

5）电流互感器二次额定电流按式（4-7）计算，得

$$I_n = \frac{I_{N1}}{n_{TA}} = \frac{472.4}{240}A = 1.97A$$

6）电流互感器二次额定计算电流按式（4-8）计算，得

$$I_e = n_{jx}I_n = \sqrt{3} \times 1.97A = 3.4A$$

按上述方法计算，主变压器各侧参数见表3-20。

表 3-20　主变压器各侧参数

名称	各侧参数		
额定电压 U_N/kV	220	121	38.5
额定容量 S_N/kVA	180000	180000	90000
一次额定电流 I_N/A	472.4	858.9	1350
选用电流互感器变比 n_{TA}	240	240	400
电流互感器二次接线方式	Y	Y	Y
电流互感器二次额定电流 I_n/A	1.97	3.58	3.38
电流互感器二次计算额定电流 I_e/A	3.4	5.2	3.38

变压器变比：

$$K_1 = \frac{U_{N1}}{U_{N2}} = \frac{I_{N2}}{I_{N1}} = \frac{220}{121} = \frac{858.9}{472.4} = 1.82$$

$$K_2 = \frac{U_{N1}}{U_{N3}} = \frac{I_{N3}}{I_{N1}} = \frac{220}{38.5} = \frac{2700}{472.4} = 5.7$$

二、基准值的计算

设基准容量 $S_j = 100MVA$，基准电压 $U_j = 1.05U_N kV$，基准电流为

$$I_j = \frac{S_j}{\sqrt{3}U_j} \times 10^3$$

基准电流计算值见表3-21。

表 3-21　电压、电流基准值

额定电压 U_N /kV	基准电压 U_j /kV	基准电流 I_j /A
220	230	251
110	115	502
35	37	1560

三、主变压器电抗标幺值计算

将主变压器阻抗电压百分比 $U_{K1-2}\% = 8.95\%$、$U_{K1-3}\% = 33.47\%$、$U_{K2-3}\% = 22.28\%$，分别代入式（3-19），得

$$U_{K1}\% = \frac{1}{2}(U_{K1-2}\% + U_{K1-3}\% - U_{K2-3}\%)$$

$$= \frac{1}{2} \times (8.95\% + 33.47\% - 22.28\%) = 10.07\%$$

$$U_{K2}\% = \frac{1}{2}(U_{K1-2}\% + U_{K2-3}\% - U_{K1-3}\%)$$

$$= \frac{1}{2} \times (8.95\% + 22.28\% - 33.47\%) = -1.12\%$$

$$U_{K3}\% = \frac{1}{2} \times (U_{K1-3}\% + U_{K2-3}\% - U_{K1-2}\%)$$

$$= \frac{1}{2} \times (33.47\% + 22.28\% - 8.95\%) = 23.4\%$$

将 $U_{K1} = 10.07\%$、$U_{K2} = -1.12\%$、$U_{K3} = 23.4\%$、基准容量 $S_b = 100MVA$、主变压器额定容量 $S_N = 180MVA$ 代入式（3-44），得主变压器三侧电抗标幺值

$$X_{T1 \cdot *} = U_{K1}\% \times \frac{S_j}{S_N} = \frac{10.07}{100} \times \frac{100}{180} = 0.0559$$

$$X_{T2 \cdot *} = U_{K2}\% \times \frac{S_j}{S_N} = \frac{-1.12}{100} \times \frac{100}{180} = -0.0062$$

$$X_{T3 \cdot *} = U_{K3}\% \times \frac{S_j}{S_N} = \frac{23.4}{100} \times \frac{100}{180} = 0.13$$

主变压器电抗标幺值等值电路如图 3-17 所示。

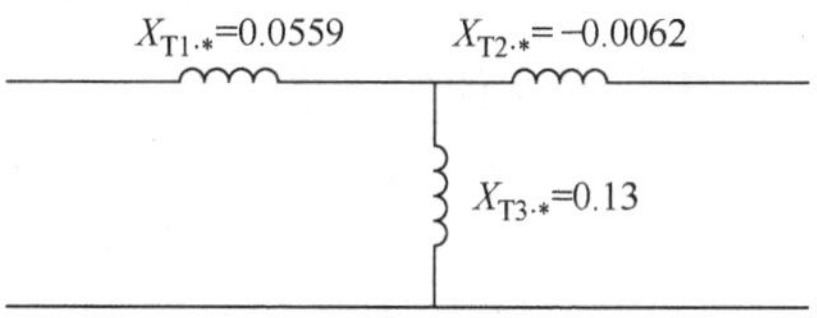

图 3-17 主变压器电抗标幺值等值电路

四、主变压器零序电抗的测量与计算

1. 零序电抗的测量

在测量零序电抗时，以额定频率的正弦波形的单相电压作电源，电压施加在星形绕组连接在一起的线路端子与中性点端子间进行测量，主变压器零序电抗测量值见表 3-22。

表 3-22 主变压器零序电抗测量值

分接头	HV 绕组 接线方式	MV 绕组 接线方式	LV 绕组 接线方式	零序电抗 X_0 /Ω
4	ABC—O	开路	开路	119.29
		短路	开路	22.76
1	开路 短路	$A_m B_m C_m$—O	开路 开路	30.46 5.82

2. 零序电抗的计算

零序电抗有名值的计算如下：

$$X_{13} = X_{T1} + X_{T31} = 119.29\Omega$$

$$X_{23} = X_{T2} + X_{T31} = 30.46\Omega$$

归算到 220kV 侧，则：

$$X_{23} = X_{23} \left(\frac{U_{N1}}{U_{N2}} \right)^2$$

$$= 30.46 \times \left(\frac{220}{121} \right)^2 \Omega = 100.69\Omega$$

$$X_{123} = X_{T1} + \frac{X_2 X_{31}}{X_2 + X_{31}} = 22.76\Omega$$

或

$$X_{213} = X_{T2} + \frac{X_1 X_3}{X_1 + X_3} = 5.82\Omega$$

归算到 220kV 侧，则：

$$X_{213} = X_{213} \left(\frac{U_{N1}}{U_{N2}} \right)^2 = 5.82 \times \left(\frac{220}{121} \right)^2 = 19.24\Omega$$

$$X_{31} = \sqrt{X_{23}(X_{13} - X_{123})}$$

$$= \sqrt{100.69 \times (119.29 - 22.76)}\,\Omega$$

$$= 98.59\Omega$$

$$X_{32} = \sqrt{X_{23}(X_{13} - X_{213})}$$

$$= \sqrt{100.69 \times (119.29 - 19.24)}\,\Omega$$

$$= 100.37\Omega$$

零序电抗平均值的计算，即

$$X_{T3 \cdot 0} = \frac{1}{2} \times (X_{T31} + X_{T32})$$

$$= \frac{1}{2} \times (98.59 + 100.37)\Omega$$

$$= 99.48\Omega$$

$$X_{T1 \cdot 0} = X_{T13} - X_{T3} = (119.29 - 99.48)\Omega = 19.81\Omega$$

$$X_{T2 \cdot 0} = X_{T23} - X_{T3} = (100.69 - 99.48)\Omega = 1.21\Omega$$

零序电抗有名值等效电路如图 3-18 所示。

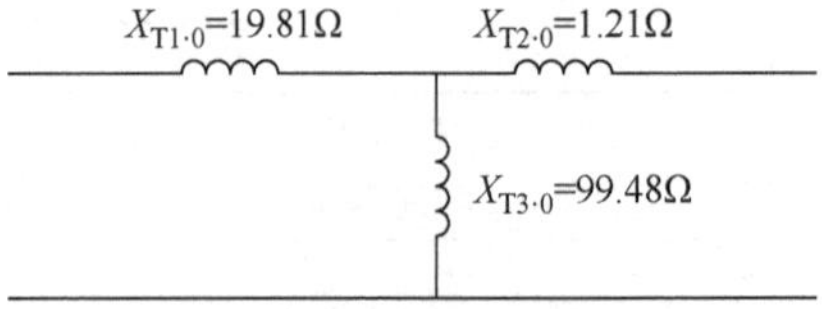

3. 零序电抗标幺值的计算

1) 归算到主变压器额定容量 $S_N = 180\mathrm{MVA}$ 时的零序电抗标幺值。

图 3-18　零序电抗有名值等效电路

$$Z_T = \frac{U_{N1}^2}{S_N} = \frac{220^2}{180}\Omega = 268.9\Omega$$

$$X'_{T1 \cdot 0 \cdot *} = \frac{X_{T1 \cdot 0}}{Z_T} = \frac{19.81}{268.9} = 0.0737$$

$$X'_{T2 \cdot 0 \cdot *} = \frac{X_{T2 \cdot 0}}{Z_T} = \frac{1.21}{268.9} = 0.0045$$

$$X'_{T3 \cdot 0 \cdot *} = \frac{X_{T3 \cdot 0}}{Z_T} = \frac{99.48}{268.9} = 0.37$$

归算到主变压器额定容量 $S_N = 180\text{MVA}$ 时零序电抗标幺值等效电路如图 3-19 所示。

2）归算到基准容量 $S_b = 100\text{MVA}$ 时的零序电抗标幺值。

$$X_{T1\cdot0\cdot*} = X'_{T1\cdot0\cdot*}\frac{S_j}{S_N} = 0.0737 \times \frac{100}{180} = 0.0409$$

$$X_{T2\cdot0\cdot*} = X'_{T2\cdot0\cdot*}\frac{S_j}{S_N} = 0.0045 \times \frac{100}{180} = 0.0025$$

$$X_{T3\cdot0\cdot*} = X'_{T3\cdot0\cdot*}\frac{S_j}{S_N} = 0.37 \times \frac{100}{180} = 0.2055$$

归算到基准容量 $S_b = 100\text{MVA}$ 时零序电抗标幺值等效电路如图 3-20 所示。

图 3-19　归算到主变额是容量时零序　　　　　图 3-20　归算到基准容量时
电抗标幺值等效电路　　　　　　　　　零序电抗等效电路

五、短路电流的计算

1. 110kV 母线侧短路电流计算

1）系统最大运行方式。

电网系统最大运行方式时，某省调度提供该变电站 220kV 母线电抗标幺值 $X_{S\cdot*\cdot max} = 0.0117$，110kV 侧短路系统标幺值等效电路如图 3-21 所示。

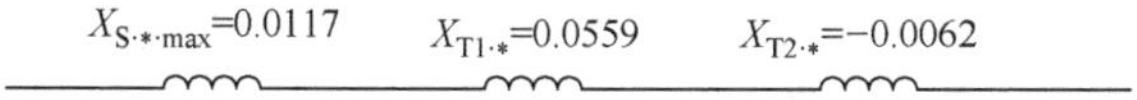

$$X_{S\cdot*\cdot max}=0.0117 \qquad X_{T1\cdot*}=0.0559 \qquad X_{T2\cdot*}=-0.0062$$

图 3-21　110kV 侧短路系统标幺值等效电路

短路系统标幺值等值计算为

$$\sum X_* = X_{S\cdot*\cdot max} + X_{T1\cdot*} + X_{T2\cdot*}$$
$$= 0.0117 + 0.0559 - 0.0062$$
$$= 0.0614$$

三相短路电流有效值按式（3-53）计算，得

$$I_k^{(3)} = \frac{I_j}{\sum X_*} = \frac{502}{0.0614}\text{A} = 8176\text{A}$$

两相短路电流有效值按式（3-54）计算，得

$$I_k^{(2)} = \frac{\sqrt{3}}{2}I_k^{(3)} = \frac{\sqrt{3}}{2} \times 8176\text{A} = 7080\text{A}$$

2）系统最小运行方式。

电网系统最小运行方式时，某省调度提供该变电站 220kV 母线电抗标幺值 $X_{S\cdot*\cdot min} = 0.024$，110kV 侧短路系统标幺值等效电路如图 3-22 所示。

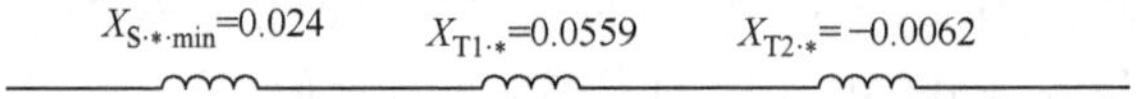

$$X_{S \cdot * \cdot min} = 0.024 \qquad X_{T1 \cdot *} = 0.0559 \qquad X_{T2 \cdot *} = -0.0062$$

图 3-22　110kV 侧短路系统标幺值等效电路

110kV 侧短路系统标幺值计算为

$$\sum X_* = X_{S \cdot * \cdot min} + X_{T1 \cdot *} + X_{T2 \cdot *}$$
$$= 0.024 + 0.0559 - 0.0062 = 0.0737$$

三相短路电流按式（3-53）计算：

$$I_k^{(3)} = \frac{I_j}{\sum X_*} = \frac{502}{0.0737}A = 6811A$$

两相短路电流按式（3-54）计算：

$$I_k^{(2)} = \frac{\sqrt{3}}{2} I_k^{(3)} = \frac{\sqrt{3}}{2} \times 6811.4A = 5899A$$

2. 35kV 母线侧短路电流计算

1）系统最大运行方式。

短路系统标幺值等值计算为

$$\sum X_* = X_{S \cdot * \cdot max} + X_{T1 \cdot *} + X_{T3 \cdot *}$$
$$= 0.0117 + 0.0559 + 0.13$$
$$= 0.1976$$

三相短路电流按式（3-53）计算，查表 3-21 得 $I_j = 1560A$，则：

$$I_k^{(3)} = \frac{I_j}{\sum X_*} = \frac{1560}{0.1976}A = 7895A$$

两相短路电流按式（3-54）计算：

$$I_k^{(2)} = \frac{\sqrt{3}}{2} I_k^{(3)} = \frac{\sqrt{3}}{2} \times 7895A = 6837A$$

2）系统最小运行方式。

短路系统标幺值等值计算为

$$\sum X_* = X_{S \cdot * \cdot min} + X_{T1 \cdot *} + X_{T3 \cdot *}$$
$$= 0.024 + 0.0559 + 0.13$$
$$= 0.2099$$

三相短路电流按式（3-53）计算：

$$I_k^{(3)} = \frac{I_j}{\sum X_*} = \frac{1560}{0.2099}A = 7432A$$

两相短路电流按式（3-54）计算：

$$I_k^{(2)} = \frac{\sqrt{3}}{2} I_k^{(3)} = \frac{\sqrt{3}}{2} \times 7432A = 6436A$$

短路电流计算值见表 3-23。

表 3-23　短路电流计算值

短路点	最大运行方式		最小运行方式	
	$I_k^{(3)}$（A）	$I_{k \cdot max}^{(2)}$（A）	$I_k^{(3)}$（A）	$I_{k \cdot min}^{(2)}$（A）
110kV 母线侧	8176	7080	6811	5899
35kV 母线侧	7895	6837	7432	6436

3. 110kV 母线侧单相接地短路电流的计算

1）短路系统计算标幺值。

某省调度提供变电所 220kV 母线零序电抗标幺值，最大运行方式时 $X_{S \cdot * \cdot max} = 0.016$，最小运行方式时 $X_{S \cdot * \cdot min} = 0.0297$。110kV 短路系统计算标幺值如图 3-23 所示。

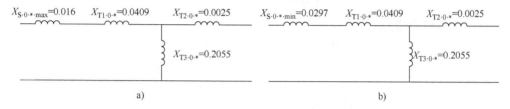

图 3-23　110kV 短路系统零序电抗标幺值
a）最大运行方式　b）最小运行方式

2）系统最大运行方式时，110kV 母线单相接地电流计算。

零序电抗等值计算为

$$\sum X_{0 \cdot *} = X_{T2 \cdot 0 \cdot *} + \frac{(X_{S \cdot 0 \cdot * \cdot max} + X_{T1 \cdot 0 \cdot *})X_{T3 \cdot 0 \cdot *}}{(X_{S \cdot 0 \cdot * \cdot max} + X_{T1 \cdot 0 \cdot *}) + X_{T3 \cdot 0 \cdot *}}$$

$$= 0.0025 + \frac{(0.016 + 0.0409) \times 0.2055}{0.016 + 0.0409 + 0.2055}$$

$$= 0.0025 + 0.0446$$

$$= 0.0471$$

顺序电抗标幺值 $X_{1 \cdot *}$ 与负序电抗标幺值 $X_{2 \cdot *}$ 相等，即

$$\sum X_{1 \cdot *} = \sum X_{2 \cdot *} = X_{S \cdot * \cdot max} + X_{T1 \cdot *} + X_{T2 \cdot *}$$

$$= 0.0117 + 0.0559 - 0.0062$$

$$= 0.0614$$

零序电流按式（3-55）计算，得

$$3I_0 = \frac{3I_j}{\sum X_*} = \frac{3I_j}{\sum X_{1 \cdot *} + \sum X_{2 \cdot *} + \sum X_{0 \cdot *}}$$

$$= \frac{3 \times 502}{2 \times 0.0614 + 0.0471}A$$

$$= 8864A$$

3）系统最小运行方式时，110kV 母线单相接地电流计算短路系统零序电抗标幺值计算为

$$\sum X_{0 \cdot *} = X_{T2 \cdot 0 \cdot *} + \frac{(X_{S \cdot 0 \cdot * \cdot min} + X_{T1 \cdot 0 \cdot *}) X_{T3 \cdot 0 \cdot *}}{X_{S \cdot 0 \cdot * \cdot min} + X_{T1 \cdot 0 \cdot *} + X_{T3 \cdot 0 \cdot *}}$$

$$= 0.0025 + \frac{(0.0297 + 0.0409) \times 0.2055}{0.0297 + 0.0409 + 0.2055}$$

$$= 0.0025 + 0.0525$$

$$= 0.055$$

顺序电抗 $\sum X_{1 \cdot *}$ 标幺值与负序电抗 $\sum X_{2 \cdot *}$ 标幺值相等，即

$$\sum X_{1 \cdot *} = \sum X_{2 \cdot *} = X_{S \cdot * \cdot min} + X_{T1 \cdot *} + X_{T2 \cdot *}$$

$$= 0.024 + 0.0559 - 0.0062$$

$$= 0.0737$$

110kV 侧零序电流为

$$3I_0 = \frac{3I_j}{\sum X_*} = \frac{3I_j}{\sum X_{1 \cdot *} + \sum X_{2 \cdot *} + \sum X_{0 \cdot *}}$$

$$= \frac{3 \times 502}{2 \times 0.0737 + 0.055} A$$

$$= 7441A$$

220kV 主变压器 110kV 侧单相接地时短路电流计算值见表 3-24。

表 3-24 110kV 侧单相接地时短路电流

短路点	系统最大运行方式时短路电流 $3I_0/A$	系统最小运行方式时短路电流 $3I_0/A$
110kV 母线侧	8864	7441

变压器选择计算

第一节　变压器的基本计算

1. 变压器额定容量计算

变压器的额定容量按式（4-1）计算，即

$$S_N = \sqrt{3}U_{N1}I_{N1} = \sqrt{3}U_{N2}I_{N2} \tag{4-1}$$

式中　S_N——变压器额定容量，单位为 kVA；

U_{N1}、U_{N2}——分别为变压器高、低压侧额定电压，单位为 kV；

I_{N1}、I_{N2}——分别为变压器高、低压侧额定电流，单位为 A。

2. 变压器的功率计算

变压器的功率按式（4-2）计算，即

$$\left.\begin{array}{l} S = P + jQ = S\cos\varphi + jS\sin\varphi \\ S^2 = P^2 + Q^2 \end{array}\right\} \tag{4-2}$$

式中　S——变压器输出的容量，单位为 kVA；

P——变压器输出的有功功率，单位为 kW；

Q——变压器输出的无功功率，单位为 kvar；

$\cos\varphi$——变压器输出功率的功率因数；

$\sin\varphi$——功率因数的正弦值；

j——$j = \sqrt{-1}$。

3. 变压器额定电压计算

变压器额定电压按式（4-3）计算，即

$$\left.\begin{array}{l} U_{N1} = \dfrac{S_N}{\sqrt{3}I_{N1}} \\[3mm] U_{N2} = \dfrac{S_N}{\sqrt{3}I_{N2}} \end{array}\right\} \tag{4-3}$$

4. 变压器额定电流计算

变压器额定电流按式（4-4）计算，即

$$\left.\begin{array}{l} I_{N1} = \dfrac{S_N}{\sqrt{3}U_{N1}} \\[3mm] I_{N2} = \dfrac{S_N}{\sqrt{3}U_{N2}} \end{array}\right\} \tag{4-4}$$

5. 变压器电压比计算

变压器电压比按式（4-5）计算，即

$$K_T = \frac{U_{N1}}{U_{N2}} \tag{4-5}$$

式中　K_T——变压器电压比；

U_{N1}、U_{N2}——分别为变压器高、低压侧额定电压，单位为 kV。

6. 变压器电流比计算

变压器电流比按式（4-6）计算，即

$$K_{TA} = \frac{I_{N2}}{I_{N1}} \tag{4-6}$$

式中　K_{TA}——变压器电流比；

I_{N1}、I_{N2}——分别为变压器高、低压侧额定电流，单位为 A。

7. 电流互感器变比计算

电流互感器变比按式（4-7）计算，即

$$K_{TA} = \frac{I_{N1}}{I_{N2}} \tag{4-7}$$

式中　K_{TA}——电流互感器电流比；

I_{N1}——电流互感器一次侧额定电流，单位为 A；

I_{N2}——电流互感器二次侧额定电流，一般取 1A 或 5A。

8. 电流互感器二次侧计算电流

电流互感器为星形（Y）接线时，电流互感器二次侧计算电流为

$$I'_n = K_{jX}I_n = \sqrt{3}I_n \tag{4-8}$$

式中　I'_n——电流互感器二次侧计算电流，单位为 A；

I_n——电流互感器二次电流，单位为 A；

K_{jX}——电流互感器接线系数，星形接线取 $K_{jX} = \sqrt{3}$。

【**例 4-1**】　某台配电变压器的额定容量为 $S_N = 500\text{kVA}$，额定电压为 $U_{N1}/U_{N2} = 10\text{kV}/0.4\text{kV}$，功率因数 $\cos\varphi = 0.8$。计算该配电变压器在额定负荷运行时，输出的有功功率、无功功率，变压器高低压侧额定电流，及变压器变比。

解：

变压器输出的功率按式（4-2）计算，得

$$\begin{aligned}
S &= P + jQ = S\cos\varphi + jS\sin\varphi \\
&= (500 \times 0.8 + j500 \times 0.6)\text{kVA} \\
&= (400 + j300)\text{kVA}
\end{aligned}$$

即输出的有功功率为 $P = 400\text{kW}$，输出的无功功率为 $Q = 300\text{kvar}$。

变压器高、低压侧额定电流按式（4-4）计算，得

$$I_{N1} = \frac{S_N}{\sqrt{3}U_{N1}} = \frac{500}{\sqrt{3} \times 10}\text{A} = 28.9\text{A}$$

$$I_{N2} = \frac{S_N}{\sqrt{3}U_{N2}} = \frac{500}{\sqrt{3} \times 0.4}\text{A} = 722\text{A}$$

变压器电压比按式（4-5）计算，得

$$K_T = \frac{U_{N1}}{U_{N2}} = \frac{10}{0.4} = 25$$

变压器电流比按式（4-6）计算，得

$$n_{TA} = \frac{I_{N2}}{I_{N1}} = \frac{722}{28.9} = 25$$

第二节　主变压器容量和台数的选择计算

一、概述

一个县市地区、一个城市郊区、一个大型企业，在建设新变电所时，首先应考虑当地社会经济的现状及发展趋势。根据当地电网结构的现状、最高供电负荷和售电量的现状及增长趋势，确定新建变电所的规模，合理选择变电所的变压器容量和台数。

变电所主变压器容量和台数是影响电网结构、可靠性和经济性的一个重要因素。变电所主变压器容量和台数不同，电网中变电所总数、变电所的主接线形式和电力系统的接线方式也就不同，必然对电网的经济性和可靠性产生不同的影响。所以在变电所扩容或新建时，必须合理选择主变压器容量和台数。

二、主变压器容量的选择

1. 按电网发展规划选择主要变压器容量

主变压器容量一般按变电所建成后 5～10 年的发展规划负荷选择，并适当考虑到远期 10～20 年的负荷发展。对于城市郊区变电所，选择的主变压器容量应与城市发展规划相结合。一般应采用负荷平衡法选择变电所主变压器的容量。

2. 按电压等级选择主变压器容量

变电所主变压器容量选择的一般原则为电压等级高，变电所密度低，主变压器的容量就要选择大些。电压等级低、变电所密度高，一般变压器的容量可选择小些。

3. 根据变电所所带负荷的性质和电网结构来选择主变压器的容量

对于有重要负荷的变电所，应考虑当一台主变压器停运时，其余变压器容量在计及过负荷能力时，在允许时间内应保证用户的一级和二级负荷；对于一般性变电所，当一台主变压器停运时，其余变压器容量应能保证全部负荷的 70%～80%。

4. 同级电压的单台变压器容量的级别

同级电压的单台变压器容量的级别不宜太多，应从全网出发，推行主变压器容量的系列化、标准化。

在一个地区的电网中，同一级电压的主变压器单台容量不宜超过三种。一般在同一变电所中同一级电压的主变压器宜采用相同容量规格。否则将会给变电所的运行管理和检修带来麻烦。

35kV 变电所单台主变压器容量一般选用 3.15MVA、4.00MVA、6.30MVA 及 8.00MVA。

110kV 变电所单台主变压器容量一般选用 31.5MVA、40MVA 及 50MVA 三种。

220kV 变电所单台主变压器容量一般选用 120MVA、180MVA、240MVA 三种规格。

5. 按容载比确定主变压器的容量

在选择变电所单台主变压器容量及变电所主变压器总容量时，应考虑变电容载比，即电网变电所主变压器容量（kVA），在满足供电可靠性基础上与对应的网供最大负荷（kW）之比值，容载比是宏观控制变电总容量的指标，也是合理选择变电所主变压器容量的主要依据之一，可见容载比是反映电网变电所供电能力的重要技术经济指标之一。如果容载比选择得过大，变电所建设早期投资增大，容载比选择得过小，变电所适应性较差，影响正常供电。

变电所容载比的大小与负荷分散系数、平均功率因数、变压器运行率及变压器的储备系

数有关。国家《城市电力网规划设计导则》中规定电网变电容载比 R_S 一般为

220kV 电网：1.6～1.9kVA/kW

35～110kV 电网：1.8～2.1kVA/kW

6. 按负荷密度选择变电所主变压器的容量

供用电负荷密度高的经济开发区，一般应建设大中型变电所，电压等级为 110kV、220kV。变电所主变压器容量一般较大。

近年来，由于城市建设的迅速发展和经济的繁荣，电力负荷大幅度地增长，有的城市负荷密度已达 30～50MW/km²，个别城市经济开发区，负荷密度已经高达几十万 kW/km²。例如：20 世纪 80 年代末期，我国上海市黄浦区 2.2km² 的商业区负荷密度为 15MW/km²，日本新宿 0.57km² 的商业中心的负荷密度为 402MW/km²。在 20 世纪 90 年代中期，法国巴黎 100km² 市区平均负荷密度为 28kW/km²，上海市黄浦区南京路两侧负荷密度为 50MW/km²，新虹桥开发区负荷密度为 100MW/km² 等。农村用电负荷密度一般较小，35kV 变电所一般选用 2×3150kVA 或 2×6300kVA 主变压器即可满足供电。110kV 变电所一般选用 2×31500kVA 主变压器即可满足供电。

$$P = P_d S_j \tag{4-9}$$

$$S = \frac{P}{\cos\varphi} \tag{4-10}$$

式中　S——主变容量，单位为 kVA；

　　　P_d——负荷密度，单位为 kW/km²；

　　　S_j——经济开发应用电面积，单位为 km²；

　　　$\cos\varphi$——功率因数。

【例 4-2】　某县城新建工业开发区 $S_j = 6\text{km}^2$，负荷密度为 $P_d = 5000\text{kW/km}^2$，功率因数 0.9，试选择主变压器容量。

解:

按式（4-2）计算

$$P = P_d S_j = 5000 \times 6\text{kW} = 30000\text{kW}$$

$$S = \frac{P}{\cos\varphi} = \frac{30000}{0.95}\text{kVA} = 31578\text{kVA}$$

则选择 SFZ9—110/10kV 31500kVA 主变压器一台。

7. 按变压器的负荷率选择主变压器容量

低负荷率运行的变压器，年运行费用高于高负荷率运行的变压器，若选用小容量变压器，提高变压器负荷率，降低建设投资及运行成本。

如果地区经济发展较快，相应用电负荷也增长较快，这时应选用容量较大些的主变压器；否则在较短的年限内，需将小容量的变压器更换为大容量的变压器，既影响了用电，又极不经济。

三、主变压器台数的选择

1. 变电所供电可靠性的选择

变电所主变压器台数的选择，应根据地区供电条件、负荷性质、供电负荷大小、运行方式、供电可靠性等条件进行综合性分析比较后确定。

变电所当一台变压器退运时，其余变压器必须保证向下一级配电网供电，即满足 $N-1$

的电网安全供电的准则,满足变电所供电的可靠性。

35~220kV 变电所一般应配置两台或以上变压器,当一台变压器退运时,其负荷自动转移至正常运行的变压器,此时变压器的负荷不应超过其短时允许的过载容量,以及通过电网操作将变压器的过载部分转移至冲压电网。符合这种要求的变压器运行率可用式(4-11)计算,即

$$T = \frac{KP(N-1)}{NP} \times 100\% \tag{4-11}$$

式中　T——变压器运行率;

　　　K——变压器短时的允许过载率;

　　　N——变压器台数;

　　　P——单台变压器额定容量。

当取变压器过载率 $K=1.3$,过载时间为 2h,则按式(4-11)计算变压器的运行率为

当 $N=2$ 时,$T=65\%$;

　　$N=3$ 时,$T=87\%$(近似值);

　　$N=4$ 时,$T=100\%$(近似值)。

变电所中变压器愈多,其利用率愈高,供电可靠性也愈高。变电所主变压器台数不宜少于 2 台,最多不宜多于 4 台,一般情况下 3 台主变压器就能满足供电要求。

2. 35kV 变电所主变压器台数的选择

农村 35kV 变电所,一般安装 $1 \times 3.15MVA$、$1 \times 6.30MVA$、$2 \times 3.15MVA$、$2 \times 6.30MVA$ 主变压器,35kV 用户专用变电所,主变压器的容量及台数应根据实际用电负荷来确定,最终以 3 台为宜。

3. 110kV 变电所主变压器台数的选择

110kV 变电所,一般安装 $1 \times 31.5MVA$、$1 \times 40.0MVA$、$1 \times 50.0MVA$、$2 \times 31.5MVA$、$2 \times 40.0MVA$、$2 \times 50.0MVA$、$3 \times 31.5MVA$、$3 \times 40.0MVA$、$3 \times 50.0MVA$ 主变压器,建设规模本期建设可安装 1 台,发展时安装 2 台,最终安装 3 台。

4. 220kV 变电所主变压器台数的选择

220kV 变电所建设规模,一般城郊地区安装 $1 \times 120MVA$、$2 \times 120MVA$、$3 \times 120MVA$,220kV 出线 6 回,110kV 出线 8 回,35kV 出线 10 回。负荷较密集城郊地区安装 $1 \times 180MVA$、$2 \times 180MVA$、$3 \times 180MVA$,220kV 出线 6 回,110kV 出线 8 回,35kV 出线 10 回。负荷密集城郊地区安装 $2 \times 180MVA$、$3 \times 180MVA$,220kV 出线 6 回,110kV 出线 8 回,10kV 出线 24 回。根据供电负荷发展情况,可以分期进行建设,但本期建设时应留有最终建设规模。

【例 4-3】　某县市城镇郊区市政、工业、居民生活及农业等综合用电负荷为 35000kW,试选择变电所主变压器的容量及台数。

解:

根据该地区用电负荷特点,拟建设 110/10kV 变电所一座,选用 SZ9—31500/110 型主变压器两台。主变压器总容量为 63000kVA。变电所的容载比为

$$R_S = \frac{S}{P} = \frac{63000}{35000} = 1.8,满足要求$$

按式(4-11)计算变压器运行率,即

$$T = \frac{KP(N-1)}{NP} \times 100\% = \frac{1.3 \times 31500 \times (2-1)}{2 \times 31500} \times 100\% = 65\%$$

可见该变电所当 1 台主变压器停运时,能满足主要用电负荷的供电。

常用的 110kV、220kV 主变压器型号及主要技术参数见表 4-1、表 4-2。

表 4-1 110kV SFSZ9 型三相三绕组有载调压变压器技术参数

型号	额定容量/kVA	额定电压/kV 高压	额定电压/kV 中压	额定电压/kV 低压	联结组标号	空载损耗/kW	负载损耗/kW	空载电流(%)	阻抗电压百分比(%) u_{K1-2}	u_{K1-3}	u_{K2-3}	每个绕组电抗百分值(%) X_1	X_2	X_3	基准容量 $S_j=100MVA$ 时,每个绕组电抗标幺值 X_{1*}	X_{2*}	X_{3*}
110kV SFSZ9—6300/110	6300	110	38.5	10.5		9.1	47.7	0.70	10.5	17.5	6.5	10.75	-0.25	6.75	1.7063	-0.0397	1.0714
110kV SFSZ9—8000/110	8000	110	38.5	10.5		11.0	56.7	0.66	10.5	17.5	6.5	10.75	-0.25	6.75	1.3437	-0.0313	0.8437
110kV SFSZ9—10000/110	10000	110	38.5	10.5		13.0	66.6	0.63	10.5	17.5	6.5	10.75	-0.25	6.75	1.0750	-0.0250	0.6750
110kV SFSZ9—12500/110	12500	110	38.5	10.5		14.9	78.3	0.60	10.5	17.5	6.5	10.75	-0.25	6.75	0.8600	-0.0200	0.5400
110kV SFSZ9—16000/110	16000	110	38.5	10.5	YN,yn0,d11	18.4	95.4	0.56	10.5	17.5	6.5	10.75	-0.25	6.75	0.6719	-0.0156	0.4219
110kV SFSZ9—20000/110	20000	110	38.5	10.5		21.8	112.5	0.53	10.5	17.5	6.5	10.75	-0.25	6.75	0.5375	-0.0125	0.3375
110kV SFSZ9—25000/110	25000	110	38.5	10.5		25.7	133.2	0.42	10.5	17.5	6.5	10.75	-0.25	6.75	0.4300	-0.0100	0.2700
110kV SFSZ9—31500/110	31500	110	38.5	10.5		30.6	157.5	0.39	10.5	17.5	6.5	10.75	-0.25	6.75	0.3413	-0.0079	0.2143
110kV SFSZ9—40000/110	40000	110	38.5	10.5		36.6	189.0	0.36	10.5	17.5	6.5	10.75	-0.25	6.75	0.2688	-0.0063	0.1687
110kV SFSZ9—50000/110	50000	110	38.5	10.5		43.3	225.0	0.34	10.5	17.5	6.5	10.75	-0.25	6.75	0.2150	-0.0050	0.1350
110kV SFSZ9—63000/110	63000	110	38.5	10.5		51.5	270.0	0.32	10.5	17.5	6.5	10.75	-0.25	6.75	0.1706	-0.0039	0.1071

表 4-2 220kV 自耦变压器技术参数

型号	额定容量/MVA	额定电压/kV 高压	额定电压/kV 中压	额定电压/kV 低压	联结组标号	空载损耗/kW	负载损耗/kW ΔP_{K1-2}	ΔP_{K1-3}	ΔP_{K2-3}	阻抗电压百分比(%) u_{K1-2}	u_{K1-3}	u_{K2-3}	基准容量 $S_j=100MVA$ 时,每个绕组电抗标幺值 X_{1*}	X_{2*}	X_{3*}
OSFS9—120000/220	120/120/60	220	121	38.5	YNa0	46.97	280	257.84	264.97	8.57	32.72	22.03	0.08025	-0.00883	0.19242
OSFPS10—180000/220	180/180/90	220	118	37.5	YNa0	42.3	323.6	253.1	292.6	9.06	34.62	23.56	0.05588	-0.00555	0.13644
OSSZ—180000/220	180/180/90	220	115	10.5	YNaod11	45.4	384.2	333.4	354.6	12.95	62.52	46.7	0.07992	-0.00797	0.26742
OSFSZ11—240000/220	240/240/120	220	115	10.5	YNaod11	76.61	463.7	338.6	352.45	11.07	42.59	30.52	0.04821	-0.00208	0.12925

第三节　主变压器电压调整计算举例

一、变电所概况

某县市新建 220kV 城市变电所，第一期工程安装 OSFS10—180000/220 型自耦变压器一台，额定容量比为 180/180/90，额定电压为 $220 \pm_1^3 \times 2.5\%/118/37.5/15\text{kV}$。负载损耗 $\Delta P_{K1-2} = 326.6\text{kW}$，测量时为额定容量 180MVA；$\Delta P_{K1-3} = 253.1\text{kW}$，测量时容量为 90MVA；$\Delta P_{K2-3} = 292.6\text{kW}$，测量时容量为 90MVA。变压器短路阻抗电压百分比 $u_{K1-2}\% = 9.06\%$、$u_{K1-3}\% = 34.62\%$、$u_{K2-3}\% = 23.56\%$。

变电所 220kV 电源进线选用 LGJQ—400 型导线，线路长度为 27km。

变电所高峰负荷为 $S = (100 + j50)\text{MVA}$，电源电压分别为 214.5kV、220kV、225.5kV。变电所低峰负荷为高峰负荷的 60%，即 $S = (60 + j30)\text{MVA}$，电源电压分别为 231kV、236.5kV。

根据该变电所的主变技术参数，供电线路长度及导线型号，供电电压及负荷选择该主变压器的电压分级档次。

二、线路阻抗的计算

根据选用 LGJQ—400 型导线，查表 3-7 得该导线单位长度电阻 $R_0 = 0.08\Omega/\text{km}$，电抗 $X_0 = 0.417\Omega/\text{km}$。则可得，线路电阻、电抗为

$$R_L = R_0 L = 0.08 \times 27\Omega = 2.16\Omega$$
$$X_L = X_0 L = 0.417 \times 27\Omega = 11.259\Omega$$

三、变压器阻抗的计算

1. 电阻的计算

按式（3-17）将变压器 $\Delta P'_{K1-3}$、$\Delta P'_{K2-3}$ 归算到变压器的额定容量，即

$$\Delta P_{K1-3} = \Delta P'_{K1-3}\left(\frac{S_N}{S_{N3}}\right)^2 = 253.1 \times \left(\frac{180000}{90000}\right)^2 \text{kW}$$
$$= 1012.4\text{kW}$$

$$\Delta P_{K2-3} = \Delta P'_{K2-3}\left(\frac{S_N}{S_{N3}}\right)^2 = 292.6 \times \left(\frac{180000}{90000}\right)^2 \text{kW}$$
$$= 1170.4\text{kW}$$

按式（3-15）、分别计算变压器负载损耗 ΔP_{K1}、ΔP_{K2}、ΔP_{K3}，即

$$\Delta P_{K1} = \frac{\Delta P_{K1-2} + \Delta P_{K1-3} - \Delta P_{K2-3}}{2} = \frac{326.6 + 1012.4 - 1170.4}{2}\text{kW} = \frac{168.6}{2}\text{kW} = 84.3\text{kW}$$

$$\Delta P_{K2} = \frac{\Delta P_{K1-2} + \Delta P_{K2-3} - \Delta P_{K1-3}}{2} = \frac{326.6 + 1170.4 - 1012.4}{2}\text{kW} = \frac{484.6}{2}\text{kW} = 242.3\text{kW}$$

$$\Delta P_{K3} = \frac{\Delta P_{K1-3} + \Delta P_{K2-3} - \Delta P_{K1-2}}{2} = \frac{1012.4 + 1170.4 - 326.6}{2}\text{kW} = \frac{1856.2}{2}\text{kW} = 928.1\text{kW}$$

按式（3-16）分别计算变压器三侧绕组电阻，即

$$R_{\text{T1}} = \frac{\Delta P_{\text{K1}} U_{\text{N1}}^2}{S_{\text{N}}^2} \times 10^3 = \frac{84.3 \times 220^2}{180000^2} \times 10^3 \Omega = 0.1259\Omega$$

$$R_{\text{T2}} = \frac{\Delta P_{\text{K2}} U_{\text{N1}}^2}{S_{\text{N}}^2} \times 10^3 = \frac{242.3 \times 220^2}{180000^2} \times 10^3 \Omega = 0.3619\Omega$$

$$R_{\text{T3}} = \frac{\Delta P_{\text{K3}} U_{\text{N1}}^2}{S_{\text{N}}^2} \times 10^3 = \frac{928.1 \times 220^2}{180000^2} \times 10^3 \Omega = 1.3864\Omega$$

2. 电抗的计算

按式（3-19）计算变压器三侧绕组阻抗电压百分比，即

$$u_{\text{K1}}\% = \frac{u_{\text{K1-2}}\% + u_{\text{K1-3}}\% - u_{\text{K2-3}}\%}{2} = \frac{9.06\% + 34.62\% - 23.56\%}{2} = 10.06\%$$

$$u_{\text{K2}}\% = \frac{u_{\text{K1-2}}\% + u_{\text{K2-3}}\% - u_{\text{K1-3}}\%}{2} = \frac{9.06\% + 23.56\% - 34.62\%}{2} = -1\%$$

$$u_{\text{K3}}\% = \frac{u_{\text{K1-3}}\% + u_{\text{K2-3}}\% - u_{\text{K1-2}}\%}{2} = \frac{34.62\% + 23.56\% - 9.06\%}{2} = 24.56\%$$

按式（3-20）计算变压器三侧绕组电抗，即

$$X_{\text{T1}} = \frac{u_{\text{K1}}\% \, U_{\text{N1}}^2}{S_{\text{N}}} \times 10 = \frac{10.06 \times 220^2}{180000} \times 10\Omega = 27.0502\Omega$$

$$X_{\text{T2}} = \frac{u_{\text{K2}}\% \, U_{\text{N1}}^2}{S_{\text{N}}} \times 10 = \frac{-1 \times 220^2}{180000} \times 10\Omega = -2.6888\Omega$$

$$X_{\text{T3}} = \frac{u_{\text{K3}}\% \, U_{\text{N1}}^2}{S_{\text{N}}} \times 10 = \frac{24.56 \times 220^2}{180000} \times 10\Omega = 66.0391\Omega$$

作 220kV 电源进线及主变压器电阻、电抗等效电路如图 4-1 所示。

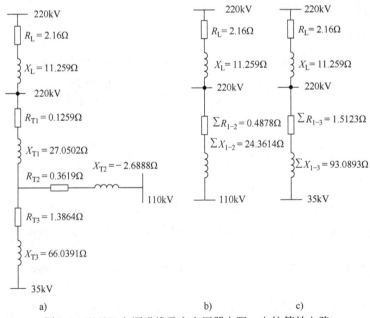

图 4-1　220kV 电源进线及主变压器电阻、电抗等效电路

a）线路、变压器等效电阻、电抗　b）线路、变压器一、二次等效电阻、电抗

c）线路、变压器一、三次等效电阻、电抗

四、线路电压降的计算

供电高峰负荷为 $S = (100 + j50)\text{MVA}$，投入无功补偿 18Mvar，则电源供电高峰负荷为 $S = 100 + j(50 - 18)\text{MVA} = (100 + j32)\text{MVA}$。高峰供电负荷时供电电压分别为 214.5kV、220kV、225.5kV。

供电低峰负荷为 $S = (60 + j30)\text{MVA}$

电源电压为 214.5kV 时，供电负荷为 $S = (100 + j32)\text{MVA}$ 时，计算供电线路电压降，即

$$\Delta U_L = \frac{PR_L + QX_L}{U_1} = \frac{100 \times 2.16 + 32 \times 11.259}{214.5}\text{kV} = 2.6866\text{kV}$$

电源电压为 220kV 时，线路电压降为

$$\Delta U_L = \frac{PR_L + QX_L}{U_1} = \frac{100 \times 2.16 + 32 \times 11.259}{220}\text{kV} = 2.6194\text{kV}$$

电源电压为 225.5kV 时，线路电压降为

$$\Delta U_L = \frac{PR_L + QX_L}{U_1} = \frac{100 \times 2.16 + 32 \times 11.259}{225.5}\text{kV} = 2.5556\text{kV}$$

电源电压为 231.0kV，供电负荷为 $S = (60 + j30)\text{MVA}$ 时，线路电压降为

$$\Delta U_L = \frac{PR_L + QX_L}{U_1} = \frac{60 \times 2.16 + 30 \times 11.259}{231.0}\text{kV} = 2.0232\text{kV}$$

电源电压为 236.5kV，供电负荷为 $S = (60 + j30)\text{MVA}$ 时，线路电压降为

$$\Delta U = \frac{PR_L + QX_L}{U_1} = \frac{60 \times 2.16 + 30 \times 11.259}{236.5}\text{kV} = 1.9761\text{kV}$$

计算变压所 220kV 母线电压，即

$$U_1'' = U_1' - \Delta U_L = 214.5\text{kV} - 2.6866\text{kV} = 211.8134\text{kV}$$
$$U_1'' = U_1' - \Delta U_L = 220.0\text{kV} - 2.6194\text{kV} = 217.3806\text{kV}$$
$$U_1'' = U_1' - \Delta U_L = 225.5\text{kV} - 2.5556\text{kV} = 222.9444\text{kV}$$
$$U_1'' = U_1' - \Delta U_L = 231.0\text{kV} - 2.0232\text{kV} = 228.9768\text{kV}$$
$$U_1'' = U_1' - \Delta U_L = 236.5\text{kV} - 1.9761\text{kV} = 234.5239\text{kV}$$

主变压器分级调压开关 1 档取 +7.5%，2 档取 +5%，3 档取 +2.5%，4 档额定电压 ±0%，5 档取 −2.5%，则主变压器一次侧 220kV 母线电压为

$$U_1 = U_1''(1 + 7\%) = 211.8134\text{kV} \times (1 + 7\%) = 227.6994\text{kV}$$
$$U_1 = U_1''(1 + 5\%) = 217.3806\text{kV} \times (1 + 5\%) = 228.2496\text{kV}$$
$$U_1 = U_1''(1 + 2.5\%) = 222.9444\text{kV} \times (1 + 2.5\%) = 228.5180\text{kV}$$
$$U_1 = U_1''(1 + 0\%) = 228.9768\text{kV} \times (1 + 0) = 228.9768\text{kV}$$
$$U_1 = U_1''(1 - 2.5\%) = 234.5239\text{kV} \times (1 - 2.5\%) = 228.6608\text{kV}$$

五、变压器 110kV 侧电压计算

1. 电压降计算

主变压器 220kV 母线运行电压分别为 227.6994kV、228.2496kV、228.5180kV、228.9768kV、

228.6608kV 时，计算变压高峰负荷 $S = (100 + j32) \text{MVA}$，无功补偿负荷 18Mvar，低峰负荷为 $S = (60 + j30) \text{MVA}$ 时，主变压器一、二次电压降，即

$$\Delta U_{T1-2} = \frac{P \sum R_{1-2} + Q \sum X_{1-2}}{U} = \frac{100 \times 0.4878 + 32 \times 24.3614}{227.6994}\text{kV} = 3.6378\text{kV}$$

$$\Delta U_{T1-2} = \frac{P \sum R_{1-2} + Q \sum X_{1-2}}{U} = \frac{100 \times 0.4878 + 32 \times 24.3614}{228.2496}\text{kV} = 3.6291\text{kV}$$

$$\Delta U_{T1-2} = \frac{P \sum R_{1-2} + Q \sum X_{1-2}}{U} = \frac{100 \times 0.4878 + 32 \times 24.3614}{228.5180}\text{kV} = 3.6248\text{kV}$$

$$\Delta U_{T1-2} = \frac{P \sum R_{1-2} + Q \sum X_{1-2}}{U} = \frac{60 \times 0.4878 + 30 \times 24.3614}{228.9768}\text{kV} = 3.3195\text{kV}$$

$$\Delta U_{T1-2} = \frac{P \sum R_{1-2} + Q \sum X_{1-2}}{U} = \frac{60 \times 0.4878 + 30 \times 24.3614}{228.6608}\text{kV} = 3.3241\text{kV}$$

2. 计算主变压器 110kV 侧电压

$$U_2 = (U_1 - \Delta U_{T1-2})\frac{U_{N2}}{U_{N1}} = (227.6994 - 3.6378)\text{kV} \times \frac{118}{220} = 120.1784\text{kV}$$

该值比主变压器二次额定电压 118kV 高 1.8%。

$$U_2 = (U_1 - \Delta U_{T1-2})\frac{U_{N2}}{U_{N1}} = (228.2496 - 3.6291)\text{kV} \times \frac{118}{220} = 120.4782\text{kV}$$

该值比主变压器二次额定电压 118kV 高 2.1%。

$$U_2 = (U_1 - \Delta U_{T1-2})\frac{U_{N2}}{U_{N1}} = (228.5180 - 3.6248)\text{kV} \times \frac{118}{220} = 120.6245\text{kV}$$

该值比主变压器二次额定电压 118kV 高 2.2%。

$$U_2 = (U_1 - \Delta U_{T1-2})\frac{U_{N2}}{U_{N1}} = (228.9768 - 3.3195)\text{kV} \times \frac{118}{220} = 121.0343\text{kV}$$

该值比主变压器二次额定电压 118kV 高 2.5%。

$$U_2 = (U_1 - \Delta U_{T1-2})\frac{U_{N2}}{U_{N1}} = (228.6608 - 3.3241)\text{kV} \times \frac{118}{220} = 120.8624\text{kV}$$

该值比主变压器二次额定电压 118kV 高 2.4%。

该变电所 110kV 母线电压偏差满足相应系统额定电压 118kV 的 -3% ~ 7% 的要求。

六、变压器 35kV 侧电压计算

1. 电压降计算

主变压器 220kV 母线运行电压分别为 227.6994kV、228.2496kV、228.5180kV、228.9768kV、228.6608kV，高峰负荷为 $S = (100 + j32) \text{MVA}$，无功补偿为 18Mvar，低峰负荷为 $S = (60 + j30) \text{MVA}$ 时，计算主变压器一、三次电压降，即

$$\Delta U_{T1-3} = \frac{P \sum R_{1-3} \times Q \sum X_{1-3}}{U} = \frac{100 \times 1.5123 + 32 \times 93.089}{227.6994}\text{kV}$$

$$= \frac{151.23 + 2978.848}{227.6994}\text{kV} = \frac{3130.078}{227.6994}\text{kV} = 13.7465\text{kV}$$

$$\Delta U_{T1-3} = \frac{P \sum R_{1-3} + Q \sum X_{1-3}}{U} = \frac{100 \times 1.5123 + 32 \times 93.089}{228.2496} kV = 13.7134 kV$$

$$\Delta U_{T1-3} = \frac{P \sum R_{1-3} + Q \sum X_{1-3}}{U} = \frac{100 \times 1.5123 + 32 \times 93.089}{228.5180} kV = 13.6972 kV$$

$$\Delta U_{T1-3} = \frac{P \sum R_{1-3} + Q \sum X_{1-3}}{U} = \frac{60 \times 1.5123 + 30 \times 93.089}{228.9768} kV = 12.5925 kV$$

$$\Delta U_{T1-3} = \frac{P \sum R_{1-3} + Q \sum X_{1-3}}{U} = \frac{60 \times 1.5123 + 30 \times 93.089}{228.6608} kV = 12.6099 kV$$

2. 计算主变压器 35kV 侧电压

$$U_3 = (U_1 - \Delta U_{T1-3}) \frac{U_{N3}}{U_{N1}} = (227.6994 - 13.7465) kV \times \frac{37.5}{220} = 36.4692 kV$$

该值比主变压器 35kV 侧额定电压 37.5kV 低 2.7%。

$$U_3 = (U_1 - \Delta U_{T1-3}) \frac{U_{N3}}{U_{N1}} = (228.2496 - 13.7134) kV \times \frac{118}{220} = 36.5686 kV$$

该值比主变压器 35kV 侧额定电压 37.5kV 低 2.4%。

$$U_3 = (U_1 - \Delta U_{T1-3}) \frac{U_{N3}}{U_{N1}} = (228.5180 - 13.6972) kV \times \frac{118}{220} = 36.6171 kV$$

该值比主变压器 35kV 侧额定电压 37.5kV 低 2.3%。

$$U_3 = (U_1 - \Delta U_{T1-3}) \frac{U_{N3}}{U_{N1}} = (228.9768 - 12.5925) kV \times \frac{37.5}{220} = 36.88 kV$$

该值比主变压器 35kV 侧额定电压 37.5kV 低 1.6%。

$$U_3 = (U_1 - \Delta U_{T1-3}) \frac{U_{N3}}{U_{N1}} = (228.6608 - 12.6099) kV \times \frac{37.5}{220} = 36.82 kV$$

该值比主变压器 35kV 侧额定电压 37.5kV 低 2.1%。

该变电所 35kV 母线电压偏差范围满足相系统额定电压 37.5kV 的 -3% ~ 7% 的要求。

第四节 配电变压器容量的选择计算

一、农村综合用电配电变压器容量的计算

1. 用电负荷的计算

用电负荷计算式为

$$P_d = K_P K_d P_N + K_P K_d P_{av} N \tag{4-12}$$

式中 P_d——需用负荷,单位为 kW;

  K_P——同时系数,南方电力排灌站取 1,北方井灌区取 0.85,村民生活用电取 0.9;

  K_d——需用系数,南方电力排灌站取 1,北方井灌区取 0.85,村民生活用电取 0.5;

  P_N——电动机的铭牌额定功率,单位为 kW;

  P_{av}——村民每户平均用电负荷,一般取 2 ~ 4kW,单位为 kW/户;

  N——村民总户数。

2. 配电变压器容量的计算

配电变压器容量计算式为

$$S = \frac{K_P K_d P_N}{\cos\varphi_1 \eta} + \frac{K_P K_d P_{av} N}{\cos\varphi_2} \tag{4-13}$$

式中　S——配电变压器的计算容量，单位为 kVA；

　$\cos\varphi_1$——平均功率因数，取 0.80，或从电动机技术参数中查取；

　η——电动机平均效率，取 0.85，或从电动机技术参数中查取；

　$\cos\varphi_2$——每户的平均功率因数，一般取 0.85。

3. 配电变压器预测容量的计算

随着农村经济的迅速发展，农民生活用电水平的不断提高，在选择配电变压器容量时，应考虑到 5 年发展计划，用电负荷按每年 20% 的速度增长，则配电变压器预测容量计算式为

$$S_N = S(1 + x\%)^T \tag{4-14}$$

式中　S_N——预测年配电变压器容量，单位为 kVA；

　S——当年配电变压器容量，单位为 kVA；

　$x\%$——计划年内平均增长速度；

　T——计划年限，一般取 5 年。

4. 容载比校验

根据用电负荷，选择配电变压器的额定容量。配电变压器容量过大，空载损耗大，运行不经济；容量过小，则满足不了用电需要。配电变压器容载比计算式为

$$R_S = \frac{S_N}{P_d} \leqslant 3 \tag{4-15}$$

式中　R_S——容载比，一般应小于 3；

　S_N——配电变压器的额定容量，单位为 kVA；

　P_d——当年需用负荷，单位为 kW。

【例 4-4】　苏南某农村居民 50 户，电力排灌站一座，电动机功率 $P_N = 30\text{kW}$；功率因数 $\cos\varphi_1 = 0.87$，效率 $\eta = 0.92$，每户平均用电负荷 2kW，试计算该村配电变压器容量。

解：

该村用电负荷按式 (4-12) 计算，得

$$P_d = K_P K_d P_N + K_P K_d P_{av} N = (1 \times 1 \times 30 + 0.9 \times 0.5 \times 2 \times 50)\text{kW}$$

$$= 75\text{kW}$$

配电变压器容量按式 (4-13) 计算，得

$$S = \frac{K_P K_d P_N}{\cos\varphi_1 \eta} + \frac{K_P K_d P_{av} N}{\cos\varphi_2} = \left(\frac{1 \times 1 \times 30}{0.87 \times 0.92} + \frac{0.9 \times 0.5 \times 2 \times 50}{0.85}\right)\text{kVA}$$

$$= 82.48\text{kVA}$$

该村用电负荷按每年 20% 的速度增加，则 5 年后的用电负荷按式 (4-14) 计算，得

$$S_N = S(1 + x\%)^T = 82.48 \times (1 + 20\%)^5 \text{kVA} = 205.24\text{kVA}$$

选择 SBH11—M—200/10 型配电变压器 1 台，额定容量为 $S_N = 200\text{kVA}$。

容载比按式（4-15）校验，得

$$R_S = \frac{S_N}{P_d} = \frac{200}{75} = 2.67 < 3$$

故配电变压器满足经济运行的要求。

二、工厂配电变压器容量的计算

1. 需用系数

用电设备需用系数计算式为

$$K_d = \frac{P_d}{P_N} \tag{4-16}$$

式中　K_d——需用系数；

P_d——需用负荷，单位为 kW；

P_N——用电设备的额定功率，单位为 kW。

部分用电设备组的需用系数及功率因数值见表4-3；部分工厂的全厂需用系数、功率因数及年最大有功负荷利用小时参考值见表4-4。

表4-3　用电设备组的需用系数及功率因数值

序号	用电设备组名称	需用系数 K_d	$\cos\varphi$	序号	用电设备组名称	需用系数 K_d	$\cos\varphi$
1	小批生产的金属冷加工机床电动机	0.16 ~ 0.2	0.5	11	实验室用的小型电热设备（电阻炉、干燥箱等）	0.7	1.0
2	大批生产的金属冷加工机床电动机	0.18 ~ 0.25	0.5	12	工频感应电炉（未带无功补偿装置）	0.8	0.35
3	小批生产的金属热加工机床电动机	0.25 ~ 0.3	0.6	13	高频感应电炉（未带无功补偿装置）	0.8	0.6
4	大批生产的金属热加工机床电动机	0.3 ~ 0.35	0.65	14	电弧熔炉	0.9	0.87
				15	点焊机、缝焊机	0.35	0.6
5	通风机、水泵、空压机及电动发电机组电动机	0.7 ~ 0.8	0.8	16	对焊机、铆钉加热机	0.35	0.7
				17	自动弧焊变压器	0.5	0.4
6	非联锁的连续运输机械及铸造车间整砂机械	0.5 ~ 0.6	0.75	18	单头手动弧焊变压器	0.35	0.35
				19	多头手动弧焊变压器	0.4	0.35
7	联锁的连续运输机械及铸造车间整砂机械	0.65 ~ 0.7	0.75	20	单头弧焊电动发电机组	0.35	0.6
				21	多头弧焊电动发电机组	0.7	0.75
8	锅炉房和机加工、机修、装配等类车间的起重机（$\varepsilon = 25\%$）	0.1 ~ 0.15	0.5	22	生产厂房及办公室、阅览室、实验室照明	0.8 ~ 1	1.0
9	铸造车间的起重机（$\varepsilon = 25\%$）	0.15 ~ 0.25	0.5	23	变配电所、仓库照明	0.5 ~ 0.7	1.0
10	自动连线装料的电阻炉设备	0.75 ~ 0.8	0.95	24	宿舍（生活区）照明	0.6 ~ 0.8	1.0
				25	室外照明、事故照明	1	1.0

表 4-4 部分工厂的全厂需用系数、功率因数及年最大有功负荷利用小时参考值

序号	工厂类别	需要系数	功率因数	年最大有功负荷利用小时数
1	汽轮机制造厂	0.38	0.88	5000
2	锅炉制造厂	0.27	0.73	4500
3	柴油机制造厂	0.32	0.74	4500
4	重型机械制造厂	0.35	0.79	3700
5	重型机床制造厂	0.32	0.71	3700
6	机床制造厂	0.2	0.65	3200
7	石油机械制造厂	0.45	0.78	3500
8	量具刃具制造厂	0.26	0.60	3800
9	工具制造厂	0.34	0.65	3800
10	电机制造厂	0.33	0.65	3000
11	电器开关制造厂	0.35	0.75	3400
12	电线电缆制造厂	0.35	0.73	3500
13	仪器仪表制造厂	0.37	0.81	3500
14	滚珠轴承制造厂	0.28	0.70	5800

2. 用电负荷的计算

工厂三相用电负荷计算式为

$$P_d = K_P K_d \sum P_N \tag{4-17}$$

式中　P_d——工厂需用负荷，单位为 kW；

　　　K_P——同时系数，可查表 4-5；

　　　K_d——需用系数，可查表 4-3、表 4-4；

　$\sum P_N$——三相用电设备铭牌功率之和，单位为 kW。

3. 配电变压器容量的计算

配电变压器容量计算式为

$$S_N = \frac{P_d}{\cos\varphi\eta} = \frac{K_P K_d \sum P_N}{\cos\varphi\eta} \tag{4-18}$$

式中　S_N——配电变压器容量，单位为 kVA；

　　　P_d——需用负荷，单位为 kW；

　　$\cos\varphi$——平均功率因数，一般取 0.85；

　　　η——效率，一般取 0.8 以上。

表 4-5 同时系数 K_P 的取值范围

序号	用电设备接线部位	K_P
1	车间干线或进户总线	0.85 ~ 0.95
2	低压母线（计算负荷直接相加）	0.8 ~ 0.9
3	场所车间干线（计算负荷直接相加）	0.9 ~ 0.95

【例4-5】 某机械厂用电设备见表4-6，试计算该厂用电负荷，并选择配电变压器容量。

表4-6 某机械厂装机设备容量

序号	用电车间	设备容量 P_N/kW	同时系数 K_P	需用系数 K_d	功率因数 $\cos\varphi$	效率 η
1	一车间	480	0.93	0.80	0.85	0.82
2	二车间	520	0.90	0.81	0.89	0.84
3	三车间	550	0.91	0.83	0.88	0.91
4	四车间	580	0.95	0.82	0.85	0.84

解：

各车间配电变压器容量按式（4-18）计算，得

一车间：$S_{N1} = \dfrac{K_P K_d P_N}{\eta\cos\varphi} = \dfrac{0.93 \times 0.8 \times 480}{0.82 \times 0.85}kVA = 512kVA$

二车间：$S_{N2} = \dfrac{K_P K_d P_N}{\eta\cos\varphi} = \dfrac{0.90 \times 0.81 \times 520}{0.84 \times 0.89}kVA = 507kVA$

三车间：$S_{N3} = \dfrac{K_P K_d P_N}{\eta\cos\varphi} = \dfrac{0.91 \times 0.83 \times 550}{0.91 \times 0.88}kVA = 519kVA$

四车间：$S_{N4} = \dfrac{K_P K_d P_N}{\eta\cos\varphi} = \dfrac{0.95 \times 0.82 \times 580}{0.84 \times 0.85}kVA = 633kVA$

该工厂所需配电变压器总容量为

$$S_N = S_{N1} + S_{N2} + S_{N3} + S_{N4} = (512 + 507 + 519 + 633)kVA = 2171kVA$$

选择 SBH16—M—1250/10 型配电变压器 2 台，单台容量为 1250kVA，总容量为 2500kVA，故满足用电要求。

三、居民小区配电变压器容量的计算

1. 用电负荷的计算

居民住宅区的用电负荷计算式为

$$P_j = P_{av}N \tag{4-19}$$

式中　P_j——计算负荷，单位为 kW；

　　　P_{av}——每户平均用电负荷，单位为 kW；

　　　N——居民小区总户数。

居住区用电容量按以下原则确定：建筑面积 120m² 及以下的，基本配置容量每户 8kW；建筑面积 120m² 以上、150m² 及以下的住宅，基本配置容量每户 12kW；建筑面积 150m² 以上的住宅，基本配置容量每户 16kW。高级住宅，基本配置容量根据实际需要确定。

2. 配电变压器容量的计算

居民小区配电变压器容量计算式为

$$S = KP_j \tag{4-20}$$

式中　S——配电变压器容量，单位为 kVA；

　　　K——配置系数；

　　　P_j——计算负荷，单位为 kW。

配电变压器安装容量应按不小于 0.5 的配置系数进行配置。

公共服务设施应按实际设备容量计算。设备容量不明确时，按负荷密度估算：办公区 $60 \sim 100 \mathrm{W/m^2}$；商业（会所）区 $100 \sim 150 \mathrm{W/m^2}$。

居住区配电变压器的容量宜采用 $315 \sim 500 \mathrm{kVA}$，油浸式变压器的容量不应超过 $630 \mathrm{kVA}$，干式变压器的容量不应超过 $1000 \mathrm{kVA}$。

【例 4-6】 某城镇居民区有 6 幢住宅楼，共 120 户居民，选择配电变压器容量。

解：

按每户用电负荷为 $8 \mathrm{kW}$，则总的用电负荷为 $8 \times 120 \mathrm{kW} = 960 \mathrm{kW}$。

小区配电变压器容量按式（4-20）计算，得

$$S = KP_j = 0.5 \times 960 \mathrm{kVA} = 480 \mathrm{kVA}$$

查表 4-9，选择 SBH11—M—500/10 型变压器 1 台，额定容量为 $500 \mathrm{kVA}$，额定电压为 $10 \mathrm{kV}/0.4 \mathrm{kV}$。

四、配电变压器电能损耗的计算

配电变压器采用高供低计时，应计算配电变压器的电能损耗。

1. 有功铁损电能的计算

配电变压器有功铁损电能计算式为

$$\Delta W_{PFe} = \Delta P_o t \tag{4-21}$$

式中　ΔW_{PFe}——有功铁损电能，单位为 $\mathrm{kW \cdot h}$；

　　　ΔP_o——空载损耗功率，单位为 kW；

　　　t——空载损耗计算时间，720h/月。

2. 无功铁损电能的计算

配电变压器无功铁损电能计算式为

$$\Delta W_{QFe} = \sqrt{\left(\frac{I_o\%}{100} \times S_N\right)^2 - \Delta P_o^2}\, t \tag{4-22}$$

式中　ΔW_{QFe}——无功铁损电能，单位为 $\mathrm{kW \cdot h}$；

　　　$I_o\%$——配电变压器空载电流百分比；

　　　S_N——配电变压器的额定容量，单位为 kVA；

　　　ΔP_o——配电变压器的空载损耗，单位为 kW；

　　　t——无功铁损电量计算时间，720h/月。

3. 有功铜损电能的计算

配电变压器有功铜损电能计算式为

$$\Delta W_{PCu} = K_P W_P \tag{4-23}$$

式中　ΔW_{PCu}——有功铜损电能，单位为 $\mathrm{kW \cdot h}$；

　　　K_P——有功铜损电能系数；

　　　W_P——有功抄表电能，单位为 $\mathrm{kW \cdot h}$。

配电变压器有功铜损电能系数见表 4-7。

表 4-7　配电变压器有功铜损电能系数

配电变压器额定容量/kVA	系数 K_P
4000 及以上	0.005
315 及以上	0.01
315 及以下	0.015

4. 无功铜损电能的计算

配电变压器无功铜损系数计算式为

$$K_{QCu} = \frac{\sqrt{(u_K\% S_N)^2 - \Delta P_K^2}}{\Delta P_K} \tag{4-24}$$

式中　K_{QCu}——无功铜损系数；

$\quad u_K\%$——阻抗电压百分比；

$\quad\quad S_N$——配电变压器的额定容量，单位为 kVA；

$\quad\quad \Delta P_K$——配电变压器的负载损耗，单位为 kW。

配电变压器无功铜损电能计算式为

$$\Delta W_{QCu} = \Delta W_{PCu} K_{QCu} \tag{4-25}$$

式中　ΔW_{QCu}——无功铜损电能，单位为 kW·h；

$\quad \Delta W_{PCu}$——有功铜损电能，单位为 kW·h；

$\quad\quad K_{QCu}$——无功铜损电能系数。

五、配电变压器日负荷率的计算

配电变压器一昼夜 24h 内的平均负荷与最大负荷的比值，称为日负荷率，运行中应提高负荷率，负荷率计算式为

$$K_P = \frac{P_{av}}{P_{max}} = \frac{I_{av}}{I_{max}} \tag{4-26}$$

式中　K_P——日负荷率；

P_{av}、P_{max}——分别为日平均负荷、最大负荷，单位为 kW；

I_{av}、I_{max}——分别为日平均电流、最大电流，单位为 A。

六、配电变压器过负荷的计算

配电变压器日负荷率 $K_P < 1$ 时，允许的过负荷曲线如图 4-2 所示。

如果缺乏配电变压器过负荷曲线资料时，也可根据配电变压器过负荷运行前的上层油温，确定允许过负荷倍数及允许过负荷的持续时间，见表 4-8。

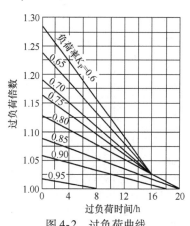

图 4-2　过负荷曲线

表 4-8　自然冷却或风冷却油浸式电力变压器的过负荷允许时间

过负荷倍数	过负荷前上层油的温升/℃					
	18	24	30	36	42	48
1.05	5h50min	5h25min	4h50min	4h00min	3h00min	1h30min
1.10	3h50min	3h25min	2h50min	2h10min	1h25min	10min
1.15	2h50min	2h35min	1h50min	1h20min	35min	
1.20	2h05min	1h40min	1h15min	45min		
1.25	1h35min	1h15min	50min	25min		
1.30	1h10min	50min	30min			
1.35	55min	35min	15min			
1.40	40min	25min				
1.45	25min	10min				
1.50	15min					

七、配电变压器型号的选择

1. SBH11—M 型非晶合金配电变压器

（1）概述

SBH11—M 油浸式配电变压器的铁心采用非晶合金带材卷制而成，非晶合金的配电变压器比硅钢片铁心的配电变压器的空载损耗下降 70%～80%，因此该型号的配电变压器是城市和农村广大配电网络中首选设备。

该型号的配电变压器同时具有全密封结构；低压采用铜箔绕组；采用 Dyn11 联结组，减少谐波对电网的影响，改善电能质量；采用真空注油，确保绝缘稳定等特点。

（2）技术参数

10kV 级 SBH11—M 系列配电变压器的技术参数见表 4-9。

表 4-9　10kV 级 SBH11—M 系列配电变压器的技术参数

额定容量 S_N/kVA	阻抗电压百分比 u_K%	负载损耗 ΔP_K/kW	电阻 R_T/mΩ	电抗 X_T/mΩ	阻抗 Z_T/mΩ
30	4	0.60	106.67	184.75	213.33
50	4	0.87	55.68	115.26	128.00
63	4	1.04	41.92	92.54	101.59
80	4	1.25	31.25	73.64	80.00
100	4	1.50	24.00	59.33	64.00
125	4	1.80	18.43	47.77	51.20
160	4	2.20	13.75	37.56	40.00
200	4	2.60	10.40	30.26	32.00
250	4	3.05	7.81	24.40	25.60
315	4	3.65	5.89	19.45	20.32
400	4	4.30	4.30	15.41	16.00
500	4	5.15	3.30	12.37	12.80
630	4.5	6.20	2.50	11.15	11.43
800	4.5	7.50	1.88	8.80	9.00
1000	4.5	10.30	1.47	7.05	7.20
1250	4.5	12.00	1.23	5.63	5.76
1600	4.5	14.50	0.91	4.41	4.50
2000	5	17.40	0.70	3.94	4.00
2500	5	20.20	0.52	3.16	3.20

2. SC10 型干式配电变压器

10/0.4kV 级 SC10 系列干式配电变压器的技术参数见表 4-10。

表 4-10　10/0.4kV 级 SC10 系列干式配电变压器的技术参数

额定容量 S_N/kVA	阻抗电压百分比 u_K%	负载损耗 ΔP_K/kW	电阻 R_T/mΩ	电抗 X_T/mΩ	阻抗 Z_T/mΩ
30	4	0.61	108.44	183.72	213.33
50	4	0.85	54.40	115.86	128.00
80	4	1.20	30.00	74.16	80.00
100	4	1.37	21.92	60.13	64.00
125	4	1.60	16.38	48.51	51.20
160	4	1.85	11.56	38.30	40.00
200	4	2.20	8.80	30.77	32.00
250	4	2.40	6.14	24.85	25.60
315	4	3.02	4.87	19.73	20.32
400	4	3.48	3.48	15.62	16.00
500	4	4.26	2.73	12.51	12.80
630	4	5.12	2.06	9.95	10.16
630	6	5.19	2.09	15.10	15.24
800	6	6.07	1.52	11.90	12.00
1000	6	7.09	1.13	9.53	9.60
1250	6	8.46	0.87	7.63	7.68
1600	6	10.20	0.64	5.97	6.00
2000	6	12.60	0.50	4.77	4.80
2500	6	15.00	0.38	3.82	3.84

3. S11—□/35 型配电变压器

S11 型 35kV 配电变压器的技术参数见表 4-11。

表 4-11　S11 型 35kV 配电变压器技术参数

型号	电压组合 /kV	联结组 标号	空载损耗 ΔP_0/kW	负载损耗 ΔP_K/kW	阻抗电压百分比 u_K%
S11—1600			1.66	16.58	6
S11—2000			2.03	18.28	6
S11—2500			2.45	19.55	6
S11—3150			3.01	22.95	7
S11—4000			3.60	27.20	7
S11—5000			4.27	31.20	7
S11—6300	35 ± 5%/10.5	Dyn11	5.11	34.85	7.5
S11—8000			7.00	39.62	7.5
S11—10000			8.26	45.05	7.5
S11—12500			9.80	53.55	7.5
S11—16000			11.90	65.45	8.0
S11—20000			14.07	79.05	8.0

4. SZ9—12/35 型配电变压器

SZ9 型 35kV 有载调压变压器技术参数见表 4-12。

表 4-12　SZ9 型 35kV 有载调压变压器技术参数

型号	额定容量 /kVA	电压组合			联结组 标号	空载损耗 ΔP_0/kW	负载损耗 ΔP_K/kW	空载电流 I_0（%）	阻抗电压百分比 u_K%
		高压/kV	高压分接范围	低压/kV					
SZ9—1000/35	1000	35	（±3×2.5%）	0.4	Y yn0	1.55	12.78	1.2	6.5
SZ9—1250/35	1250					1.88	15.41	1.2	6.5
SZ9—1600/35	1600					2.40	18.40	1.1	6.5
SZ9—2000/35	2000					2.88	18.72	1.1	6.5
SZ9—1600/35	1600	35				2.40	18.40	1.1	6.5
SZ9—2000/35	2000			6.3 10.5	Y d11	2.88	18.40	1.1	6.5
SZ9—2500/35	2500					3.40	19.32	1.1	6.5
SZ9—3150/35	3150					4.04	26.01	1.0	7.0
SZ9—4000/35	4000	35 38.5	（±3×2.5%） （±$^4_2$×2.5%）			4.84	30.69	1.0	7.0
SZ9—5000/35	5000					5.80	36.00	0.9	7.0
SZ9—6300/35	6300					7.04	38.70	0.9	7.5
SZ9—8000/35	8000			6 6.3 10.5 11	YN d11	9.84	42.75	0.9	7.5
SZ9—10000/35	10000					11.60	50.58	0.8	8.0
SZ9—12500/35	12500					13.68	58.85	0.8	8.0
SZ9—16000/35	16000					15.80	73.20	0.6	8.0
SZ9—20000/35	20000					20.15	91.0	0.4	8.7

5. SFZ9 型 110kV 三相双绕组配电变压器

SFZ9 型 110kV 三相双绕组有载调压配电变压器技术参数见表 4-13。

表 4-13　SFZ9 型 110kV 三相双绕组有载调压配电变压器技术参数

型号	额定容量 S_N/kVA	额定电压 U_N/kV	联结组标号	空载损耗 ΔP_0/kW	负载损耗 ΔP_K/kW	空载电流 I_0（%）	阻抗电压百分比 u_K%
SFZ9—6300/110	6300	高压 110±8×1.25% 低压 6.3；6.6； 10.5；11	YN d11	7.6	36.9	0.67	10.5
SFZ9—8000/110	8000			9.1	45.0	0.63	
SFZ9—10000/110	10000			11.0	53.1	0.60	
SFZ9—12500/110	12500			12.7	63.0	0.56	
SFZ9—16000/110	16000			15.4	77.4	0.53	
SFZ9—20000/110	20000			18.2	93.6	0.49	
SFZ9—25000/110	25000			21.2	110.7	0.46	
SFZ9—31500/110	31500			25.6	133.2	0.42	
SFZ9—40000/110	40000			30.7	156.6	0.39	
SFZ9—50000/110	50000			36.3	194.4	0.35	
SFZ9—63000/110	63000			43.3	234.0	0.32	

6. SFSZ9 型 110kV 三相三绕组变压器

SFSZ9 型 110kV 三相三绕组有载调压电力变压器技术参数见表 4-14。

表 4-14　SFSZ9 型 110kV 三相三绕组有载调压电力变压器技术参数

型号	额定容量 S_N/kVA	额定电压 U_N/kV	联结组标号	空载损耗 $\Delta P_0/\text{kW}$	负载损耗 $\Delta P_K/\text{kW}$	空载电流 $I_0(\%)$	阻抗电压百分比 $u_K\%$
SFSZ9—6300/110	6300			9.1	47.7	0.70	
SFSZ9—8000/110	8000			11.0	56.7	0.66	
SFSZ9—10000/110	10000			13.0	66.6	0.63	
SFSZ9—12500/110	12500	高压 110 ± 8 × 1.25%		14.9	78.3	0.60	
SFSZ9—16000/110	16000	中压		18.4	95.4	0.56	$u_{K1-2}\% = 10.5\%$
SFSZ9—20000/110	20000	38.5 ± 2 × 2.5%	YN yn0 d11	21.8	112.5	0.53	$u_{K1-3}\% = 17.5\%$
SFSZ9—25000/110	25000			25.7	133.2	0.42	$u_{K2-3}\% = 6.5\%$
SFSZ9—31500/110	31500	低压		30.6	157.5	0.39	
SFSZ9—40000/110	40000	6.3；6.6；10.5；11		36.6	189.0	0.36	
SFSZ9—50000/110	50000			43.3	225.0	0.34	
SFSZ9—63000/110	63000			51.5	270.0	0.32	

第五节　变压器功率损耗计算

一、变压器空载损耗计算

变压器空载损耗按式（4-27）计算，即

$$\Delta S_0 = \Delta P_0 + j\Delta Q_0 = \Delta P_0 + j\frac{I_0\%}{100}S_N \tag{4-27}$$

式中　ΔS_0——变压器空载损耗，单位为 kVA；

$\quad\ \Delta P_0$——变压器空载有功功率损耗，单位为 kW；

$\quad\ \Delta Q_0$——变压器空载无功功率损耗，单位为 kvar；

$\quad\ I_0\%$——变压器空载电流百分比；

$\quad\ S_N$——变压器额定容量，单位为 kVA。

变压器空载损耗与其运行电压有关，故按式（4-28）的计算值进行修正，即

$$\Delta S_0 = \Delta S_0\left(\frac{U}{U_d}\right)^2 = (\Delta P_0 + j\Delta Q_0)\left(\frac{U}{U_d}\right)^2 \tag{4-28}$$

式中　U——加在变压器上的运行电压，单位为 kV；

$\quad\ U_d$——变压器分接头电压，单位为 kV。

二、变压器负载损耗计算

1. 双绕组变压器功率损耗计算

双绕组变压器负载损耗的有功功率按式（4-29）计算，无功功率按式（4-30）计算，即

$$\Delta P_T = \Delta P_0 + \frac{P^2 + Q^2}{U^2}R_T \tag{4-29}$$

$$\Delta Q_T = \frac{I_0\%}{100}S_N + \frac{P^2 + Q^2}{U^2}X_T \tag{4-30}$$

式中　ΔP_{T}——变压器有功功率损耗，单位为 kW；

　　　ΔQ_{T}——变压器无功功率损耗，单位为 kvar；

　　　P——变压器输出的有功功率，单位为 kW；

　　　Q——变压器输出的无功功率，单位为 kvar；

　　　R_{T}——变压器计算电阻，单位为 Ω；

　　　X_{T}——变压器计算电抗，单位为 Ω。

2. 三绕组变压器功率损耗计算

三绕组变压器有功功率损耗按式（4-31）计算，无功功率损耗按式（4-32）计算，即

$$\Delta P_{\mathrm{T}} = \Delta P_0 + \frac{P_1^2 + Q_1^2}{U_1^2}R_{\mathrm{T}1} + \frac{P_2^2 + Q_2^2}{U_2^2}R_{\mathrm{T}2} + \frac{P_3^2 + Q_3^2}{U_3^2}R_{\mathrm{T}3} \tag{4-31}$$

$$\Delta Q_{\mathrm{T}} = \frac{I_0\%}{100}S_{\mathrm{N}} + \frac{P_1^2 + Q_1^2}{U_1^2}X_{\mathrm{T}1} + \frac{P_2^2 + Q_2^2}{U_2^2}X_{\mathrm{T}2} + \frac{P_3^2 + Q_3^2}{U_3^2}X_{\mathrm{T}3} \tag{4-32}$$

式中　P_1、P_2、P_3——变压器高、中、低三侧有功功率，单位为 kW；

　　　Q_1、Q_2、Q_3——变压器三侧无功功率，单位为 kvar；

　　　U_1、U_2、U_3——变压器三侧额定电压，单位为 kV；

$R_{\mathrm{T}1}$、$R_{\mathrm{T}2}$、$R_{\mathrm{T}3}$——变压器三侧计算电阻，单位为 Ω；

$X_{\mathrm{T}1}$、$X_{\mathrm{T}2}$、$X_{\mathrm{T}3}$——变压器三侧计算电抗，单位为 Ω；

　　　$I_0\%$——空载电流百分比。

3. 根据变压器的铭牌功率损耗计算

以双绕组变压器为例，根据变压器的铭牌功率损耗按式（4-33）、式（4-34）计算，即

$$\Delta P_{\mathrm{T}} = \Delta P_0 + \Delta P_{\mathrm{K}}\left(\frac{S}{S_{\mathrm{N}}}\right)^2 \tag{4-33}$$

$$\Delta Q_{\mathrm{T}} = \frac{I_0\%}{100}S_{\mathrm{N}} + \frac{u_{\mathrm{K}}\% S_{\mathrm{N}}}{100}\left(\frac{S}{S_{\mathrm{N}}}\right)^2 \tag{4-34}$$

式中　S——变压器通过的实际容量，单位为 kVA；

　　　S_{N}——变压器的额定容量，单位为 kVA。

4. n 台参数相等的变压器并列运行时功率损耗计算

有 n 台参数均相等的变压器并列运行，总的负荷 $S = P + \mathrm{j}Q$，则总损耗为

$$\Delta P_{\mathrm{T}} = n\Delta P_0 + n\Delta P_{\mathrm{K}}\left(\frac{S}{nS_{\mathrm{N}}}\right)^2 \tag{4-35}$$

$$\Delta Q_{\mathrm{T}} = n\frac{I_0\%}{100}S_{\mathrm{N}} + n\frac{u_{\mathrm{K}}\% S_{\mathrm{N}}}{100}\left(\frac{S}{nS_{\mathrm{N}}}\right)^2 \tag{4-36}$$

式中　n——并列运行的变压器台数；

　　　S——总的运行负荷，单位为 kVA。

【**例 4-7**】　某变电所有两台变压器并列运行，每台铭牌数据相同，额定电压为 $U_1/U_2/U_3 = 110\mathrm{kV}/38.5\mathrm{kV}/10.5\mathrm{kV}$，额定容量为 $S = 31500\mathrm{kVA} = 31.5\mathrm{MVA}$，负载损耗 $\Delta P_{\mathrm{K}} = 0.1575\mathrm{MW}$，空载损耗 $\Delta P_0 = 0.0306\mathrm{MW}$，阻抗电压百分比 $u_{\mathrm{K}}\% = 10.5\%$，空载电流百分比 $I_0\% = 0.39\%$，变压器二次负载为 $(40 + \mathrm{j}30)\mathrm{MVA}$。计算该变电所从电网吸收多少功率。

解：

两台变压器有功功率损耗按式（4-35）计算，得

$$\Delta P_{\mathrm{T}} = n\Delta P_0 + n\Delta P_{\mathrm{K}}\left(\frac{S}{nS_{\mathrm{N}}}\right)^2$$

$$= \left[2 \times 0.0306 + 2 \times 0.1575 \times \frac{40^2 + 30^2}{(2 \times 31.5)^2}\right]\mathrm{MW}$$

$$= (0.0612 + 2 \times 0.1575 \times 0.6299)\mathrm{MW}$$

$$= (0.0612 + 0.1984)\mathrm{MW}$$

$$= 0.2596\mathrm{MW}$$

两台变压器无功功率损耗按式（4-36）计算，得

$$\Delta Q_{\mathrm{T}} = n\frac{I_0\%}{100}S_{\mathrm{N}} + n\frac{u_{\mathrm{K}}\% S_{\mathrm{N}}}{100}\left(\frac{S}{nS_{\mathrm{N}}}\right)^2$$

$$= \left[2 \times \frac{0.39}{100} \times 31.5 + 2 \times \frac{10.5 \times 31.5}{100} \times \frac{40^2 + 30^2}{(2 \times 31.5)^2}\right]\mathrm{Mvar}$$

$$= (0.2457 + 4.1668)\mathrm{Mvar}$$

$$= 4.4125\mathrm{Mvar}$$

所以该变电所从电网吸取功率为

$$S = P + jQ + \Delta P + j\Delta Q = (40 + j30 + 0.2596 + j4.4125)\mathrm{MVA}$$

$$= (40.2596 + j34.4125)\mathrm{MVA} = 53\mathrm{MVA}$$

$$= 53000\mathrm{kVA}，变压器未超负荷运行。$$

第五章

配电变压器继电保护整定计算

第一节　复合电压闭锁过电流保护

一、复合电压闭锁过电流保护动作原理

为了提高变配电系统短路保护元件动作的灵敏度，可采用复合电压闭锁过电流保护，其原理接线如图 5-1 所示。

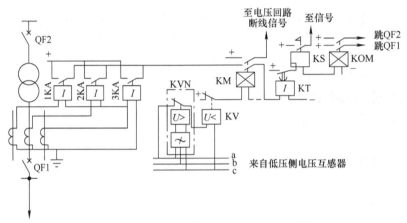

图 5-1　复合电压闭锁过电流保护原理接线图

当保护系统发生短路故障时，故障相电流继电器 KA 动作，同时负序电压继电器 KVN 动作，其动断触点断开，致使低电压继电器 KV 失电，动断触点闭合，起动闭锁中间继电器 KM。电流继电器 KA 通过 KM 动合触点起动时间继电器 KT，经过整定延时起动信号继电器 KS 发信，出口继电器 KOM 动作，将主变压器两侧断路器 QF1、QF2 断开。

二、低电压及负序电压的整定

1. 复合电压低电压定值整定

低电压动作电压按躲过无故障运行时保护安装处或 TV 安装处出现的最低电压来整定，即

$$U_{op} = \frac{U_{min}}{K_{rel}K_r} \tag{5-1}$$

式中　U_{op}——动作电压整定值；

U_{min}——正常运行时出现的最低电压值；

K_{rel}——可靠系数，取 1.2；

K_r——返回系数；取 1.05。

当低电压继电器由变压器高压侧电压互感器供电时，其整定值按式（5-2）计算：

$$U_{op} = (0.6 \sim 0.7)U_n \quad\quad (5-2)$$

式中　U_{op}——复合电压低电压定值，单位为 V；

　　　U_n——电压互感器二次额定电压，一般为 100V。

复合电压低电压定值整定一般取 $U_{op} = 70V$。

2. 复合电压负序电压的整定

负序电压继电器应按躲过正常运行时出现的不平衡电压整定，不平衡电压通过实测确定，当无实测时，根据现行规程的规定取值：

$$U_{op\cdot2} = (0.06 \sim 0.08)U_{ph} \quad\quad (5-3)$$

式中　$U_{op\cdot2}$——复合电压负序电压的整定值，单位为 V；

　　　U_{ph}——电压互感器额定相间电压，$100/\sqrt{3} = 57.74V$。

则

$$U_{op\cdot2} = (0.06 \sim 0.08)U_{ph} = (0.06 \sim 0.08) \times 57.74 = (3.46 \sim 4.62)V$$

故复合电压负序电压一般整定为 $U_{op\cdot2} = 4V$。

三、保护动作电流整定计算

1. 10kV 侧复合电压闭锁过电流保护动作电流的整定计算

（1）动作电流整定计算

复合电压闭锁过电流保护的动作电流按躲过变压器运行时的最大负荷电流来整定，即

$$I_{op} = \frac{K_{rel}}{K_r}I_N \quad\quad (5-4)$$

式中　I_{op}——动作电流整定值，单位为 A；

　　　K_{rel}——可靠系数，取 $1.2 \sim 1.4$；

　　　K_r——返回系数，取 $0.95 \sim 0.98$；

　　　I_N——变压器额定电流，单位为 A。

把取值代入式（5-4）可得

$$I_{op} = (1.3 \sim 1.5)I_N \quad\quad (5-5)$$

（2）校验灵敏度

校验灵敏度按式（5-6）计算：

$$K_{sen} = \frac{I_{k\cdot min}^{(2)}}{I_{op}} \quad\quad (5-6)$$

式中　K_{sen}——灵敏度，要求 ≥ 1.5；

　　　$I_{k\cdot min}^{(2)}$——10kV 侧两相短路电流，单位为 A；

　　　I_{op}——动作电流整定值，单位为 A。

2. 35kV 侧复合电压闭锁过电流保护动作电流的整定计算

（1）动作电流整定计算

复合电压闭锁过电流应按躲过最大负荷电流，并与主变压器 10kV 侧复压过电流保护相配合，动作电流整定值按式（5-7）计算：

$$\left.\begin{array}{l} I_{op\cdot1} = I_{op\cdot2}n_{TA} \\[2mm] I_{op\cdot2} = K_{rel}\dfrac{I_{op\cdot10}}{K_{TV}n_{TA}} \end{array}\right\} \quad\quad (5-7)$$

式中 $I_{op \cdot 1}$——保护动作时，电流互感器一次侧整定电流值，单位为 A；

$\qquad I_{op \cdot 2}$——保护动作时，电流互感器二次侧整定电流值，单位为 A；

$\qquad K_{rel}$——可靠系数，取 1.1；

$\qquad I_{op \cdot 10}$——10kV 侧复压过电流整定值，单位为 A；

$\qquad K_{TV}$——变压器电压比；

$\qquad n_{TA}$——35kV 侧电流互感器电流比。

（2）校验灵敏度

灵敏度按式（5-8）校验：

$$K_{sen} = \frac{I_{k \cdot min}^{(2)}}{K_{TV} I_{op \cdot 1}} \tag{5-8}$$

式中 K_{sen}——灵敏度；

$\qquad I_{k \cdot min}^{(2)}$——10kV 母线侧两相短路电流，单位为 A。

第二节 复合电压闭锁方向过电流保护

一、方向过电流保护的含义

一般定时限过电流保护和电流速断保护只能用在单电源供电的线路上，如果出现双侧电源供电或环网供电时，为了使过电流保护能获得正确的选择性，必须采用方向保护。双侧电源供电的网络如图 5-2 所示。

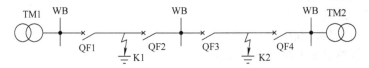

图 5-2 双侧电源供电的网络

方向过电流保护的构成原则是，只有当电流从母线流向线路时，继电保护才动作，如果电流从线路流向母线，则保护不动作。在图 5-2 供电网络中，当 K1 点故障时，电源 TM2 一侧只有 QF2 和 QF4 动作，因此，只要求 QF4 的动作时间大于 QF2 就可以了。当 K2 点短路时，电源 TM1 一侧只有 QF1 和 QF3 动作，只要求 QF1 的动作时间大于 QF3 就可以了。

二、10kV 侧复合电压闭锁方向过电流 I 段保护整定计算

（1）动作电流整定计算

10kV 侧复合电压闭锁方向过电流 I 段保护，作为 10kV 母线故障的近后备保护，与 10kV 供电线路距离保护 I 段、II 段相配合，一般能作为 10kV 母线及 10kV 出线的全线后备保护。动作电流整定值按式（5-9）计算：

$$I_{op} = K_{rel} I_k^{(3)} \tag{5-9}$$

式中 K_{rel}——可靠系数，取 1.2；

$\qquad I_k^{(3)}$——10kV 出线末端三相短路电流，单位为 A。

（2）校验灵敏度

检验灵敏度按式（5-10）计算：

$$K_{sen} = \frac{I_{k \cdot min}^{(2)}}{I_{op}} \tag{5-10}$$

式中　K_{sen}——灵敏度，应≥1.5；

　　　$I_{k \cdot min}^{(2)}$——10kV 母线侧两相短路电流，单位为 A；

　　　I_{op}——保护动作整定电流，单位为 A。

三、35kV 侧复合电压闭锁方向过电流 I 段保护整定计算

（1）动作电流整定计算

复合电压方向过电流 I 段保护，应与主变压器 10kV 侧复合电压方向过电流 I 段保护相配合，动作电流整定按式（5-11）计算：

$$I_{op \cdot 2} = K_{rel} \frac{I_{op \cdot 10 \cdot I}}{K_{TV} n_{TA}} \tag{5-11}$$

式中　$I_{op \cdot 10 \cdot I}$——复合电压方向过电流 I 段保护整定值，单位为 A。

（2）校验灵敏度

灵敏度按式（5-12）校验，即

$$K_{sen} = \frac{I_{k \cdot min}^{(2)}}{I_{op \cdot 1} n_{TA}} \tag{5-12}$$

第三节　配电变压器电流速断保护

一、电流速断保护的基本原理

配电变压器气体保护虽然是反映变压器油箱内部故障最灵敏且快速的保护，但它不能反映油箱外部的故障。因此，在 10kV 配电变压器的电源侧，应装设电流速断保护。它与气体保护互相配合，就可以保护配电变压器内部和电源侧套管及引出线上的全部故障。

配电变压器电流速断保护设置在 10kV 电源侧，其原理接线如图 5-3 所示。

配电变压器高压侧发生故障时，过电流继电器 KA1、KA2 动作，其动合触点 KA1、KA2 闭合，时间继电器 KS 动作，发出电流速断保护信号，同时出口继电器 KCO 动作，使断路器 QF1、QF2 的跳闸线圈 YT1、YT2 吸合，断路器跳闸，将配电变压器从电源上切除。

二、电流速断保护的整定计算

1. 动作电流的整定

配电变压器电流速断保护的动作电流整定值计算式为

$$\left. \begin{array}{l} I_{op \cdot 1} = K_{rel} I_{K}^{(3)} \\ I_{op \cdot 2} = \dfrac{I_{op \cdot 1}}{n_{TA}} = \dfrac{K_{rel}}{n_{TA}} I_{K}^{(3)} \end{array} \right\} \tag{5-13}$$

式中　$I_{op \cdot 1}$、$I_{op \cdot 2}$——分别为保护动作时，电流互感器一次、二次侧整定电流值，单位为 A；

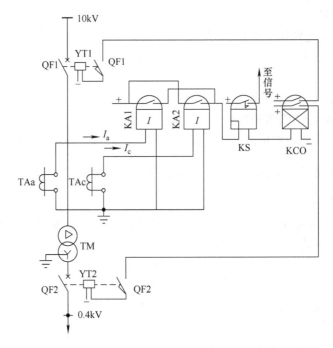

图 5-3   配电变压器电流速断保护原理接线

K_{rel}——可靠系数，此处一般取 $1.4 \sim 1.5$；

$I_K^{(3)}$——配电变压器二次侧母线处折算到 10kV 侧三相短路电流有效值，单位为 A；

n_{TA}——电流互感器电流比。

2. 校验保护动作灵敏度

配电变压器电流速断保护动作灵敏度校验式为

$$K_{sen} = \frac{I_{K \cdot min}^{(2)}}{I_{op \cdot 1}} \geqslant 2 \tag{5-14}$$

3. 动作时间整定

保护动作时间整定 $t = 0s$。

第四节   配电变压器过电流保护

一、过电流保护的基本原理

为了防止配电变压器外部短路，并作为其内部故障的后备保护，一般配电变压应装设过电流保护。对单侧电源的变压器，保护装置的电流互感器安装在变压器的电源侧，以便在变压器内部发生故障，而气体保护或差动保护启动时，由过电流保护经整定时限动作后，作用子配电变压器两侧断路器跳闸。

配电变压器过电流保护原理接线如图 5-4 所示。

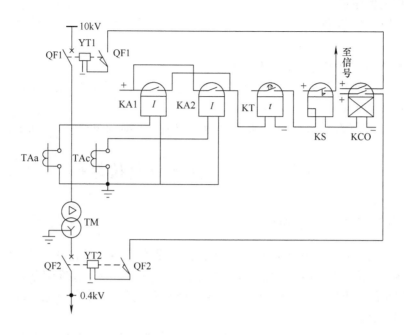

图 5-4　配电变压器过电流保护原理接线

二、过电流保护的整定计算

1. 动作电流的整定

配电变压器过电流保护的动作电流的整定值计算式为

$$\left.\begin{aligned}
I_{\mathrm{op}\cdot 1} &= \frac{K_{\mathrm{rel}}}{K_{\mathrm{r}}} I_{\mathrm{p}\cdot\mathrm{max}} \\
I_{\mathrm{op}\cdot 2} &= \frac{I_{\mathrm{op}\cdot 1}}{n_{\mathrm{TA}}} = \frac{K_{\mathrm{rel}}}{K_{\mathrm{r}} n_{\mathrm{TA}}} I_{\mathrm{p}\cdot\mathrm{max}}
\end{aligned}\right\} \tag{5-15}$$

式中　$I_{\mathrm{op}\cdot 1}$、$I_{\mathrm{op}\cdot 2}$——分别为保护动作时，电流互感器一次、二次侧整定电流值，单位
　　　　　　　　　　为 A；

　　　　K_{rel}——可靠系数，以处一般取 1.2～1.3；

　　　　K_{r}——返回系数，一般取 0.95～0.98；

　　　　n_{TA}——电流互感器电流比；

　　　$I_{\mathrm{p}\cdot\mathrm{max}}$——配电变压器一次侧最大负荷电流，单位为 A。

2. 校验保护动作灵敏度

过电流保护动作灵敏度校验式为

$$K_{\mathrm{sen}} = \frac{I_{\mathrm{K}\cdot\mathrm{min}}^{(2)}}{I_{\mathrm{op}\cdot 1}} \geqslant 1.5 \tag{5-16}$$

式中　K_{sen}——保护动作灵敏度；

　$I_{\mathrm{K}\cdot\mathrm{min}}^{(2)}$——在灵敏度校验点发生两相短路时，流过保护装置的最小短路电流，单位为 A；

　$I_{\mathrm{op}\cdot 1}$——保护动作一次整定电流，单位为 A。

3. 动作时间的整定

过电流保护动作时间整定式为

$$t = t_1 + \Delta t \tag{5-17}$$

式中　　t——动作时间整定值，单位为 s；

　　　　t_1——配电变压器低压侧选用 PR121/P 型保护装置时，该装置的过负荷保护最小脱扣时间为 1s；

　　　　Δt——本级保护动作时限，比下级保护动作时限大一时间级差，$\Delta t = 0.5s$。

第五节　配电变压器过负荷保护

一、过负荷保护的基本原理

配电变压器过负荷保护主要是为了防止配电变压器异常运行时，由于过负荷而引起的过电流。过负荷保护装设在配电变压器 10kV 电源侧。配电变压器的过负荷电流，在大多情况下都是三相对称的，因此过负荷保护只需接入一相电流，用一个电流继电器来实现，经过延时作用于跳闸或信号。

二次电压为 400V 的电力变压器低压侧装设低压断路器时，可利用低压断路器长延时脱扣器达到过负荷保护延时的目的。

在经常有人值班的情况下，保护装置动作后，经过一定的延时发送信号。在无人值班变电所中，过负荷保护可动作于跳闸或断开部分负荷。

配电变压器过负荷保护的原理接线如图 5-5 所示。

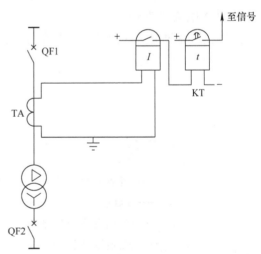

二、过负荷保护的整定计算

1. 动作电流的整定

变压器过负荷保护的动作电流，按变压器额定电流来整定，即

$$\left. \begin{array}{l} I_{op \cdot 1} = \dfrac{K_{rel}}{K_r} I_N \\[3mm] I_{op \cdot 2} = \dfrac{I_{op \cdot 1}}{n_{TA}} \end{array} \right\} \tag{5-18}$$

式中　　K_{rel}——可靠系数，此处取 $K_{rel} = 1.05$；

　　　　K_r——返回系数，取 $K_r = 0.95 \sim 0.98$；

　　　　I_N——保护安装侧绕组的额定电流；

　　　　n_{TA}——电流互感器电流比。

图 5-5　配电变压器过负荷保护原理接线

2. 动作时限的整定

为了防止保护装置在外部短路及短时过负荷时也作用于信号，其动作时限一般整定为 9 ~ 10s。

第六节　配电变压器零序电流保护

一、中性点不接地零序电流保护

1. 简介

在中性点不接地的系统中，电缆引出线的单相接地零序电流保护如图5-6所示。当线路发生单相接地故障时，零序电流互感器二次电流大于整定值时，继电器 KA 动作，发出10kV 电缆线路单相接地信号。

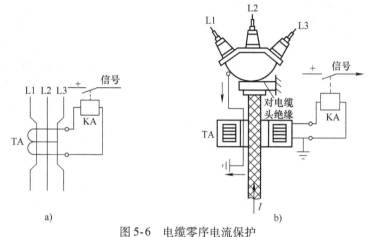

图 5-6　电缆零序电流保护

a）接线原理图　b）安装示意图

2. 零序电流互感器

1）简介：TY—LJ 系列零序电流互感器有两种型式：一种是用于小接地电流系统的；另一种是用于大接地电流系统（中性点接地系统）的。两种均为电缆安装型（但也可以装于 PE 主母线上）。零序电流互感器的环形铁心上绕有二次绕组，采用 ABS 工程塑料外壳，由树脂浇注而成。其具有全封闭、绝缘性能好、外形美观、灵敏度高、线性度好、运行可靠、安装方便等优点。

2）技术参数：TY—LJ 系列零序电流互感器技术参数见表 5-1 和表 5-2。

表 5-1　TY—LJ80、TY—LJK80、TY—LJ100、TY—LJK100 系列零序电流互感器技术参数

外形尺寸	
	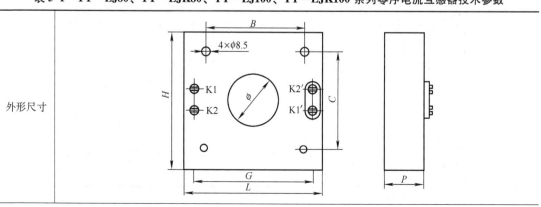

（续）

型号	一次零序 电流/A	二次 电流/A	二次 负荷/Ω	φ	L	P	H	B	C	G	M	配套使用 的继电器
						外形尺寸/mm						
TY—LJ80	1 ~ 10	0.02 ~ 0.25	2.5	80	195	47	168	144	121	175	M8	小电流接地 选线装置
TY—LJK80	10 ~ 40	0.25 ~ 1										
TY—LJ100	1 ~ 10	0.02 ~ 0.25	2.5	100	215	53	190	158	136	195	M8	小电流接地 选线装置
TY—LJK100	10 ~ 40	0.25 ~ 1										

注：G 为地脚中心距；M 为地脚内螺孔。

表 5-2 TY—LJ100J、TY—LJ120J、TY—LJK100J、TY—LJK120J 系列零序电流互感器技术参数

型号	电流比	额定输出/VA（cosφ=0.8）	准备限值系数	1s热稳定 电流/kA	φ	L	H	P	G	M	B	C
							外形尺寸/mm					
TY—LJ100J TY—LJK100J	50/1	5	5, 8	5	100	235	210	75	215	M8	175	155
	50/5	10	4									
	75/1	10	10	5	100	235	210	140	215	M8	175	155
	75/5											
	100/1	5	5, 10	6.5	100	215	190	53	195	M8	158	136
	100/5	10	5									
	150/1	10	10	10	100	235	210	75	215	M8	175	155
	150/5	20	5									
	200/1	5	5, 10	13	100	215	190	53	195	M8	158	136
	200/5	10	5, 10									
	250/1											
	250/5	20	5, 10	20	100	235	210	75	215	M8	175	155
	300/1											
	300/5 及以上	30	5									
TY—LJ120J TY—LJK120J	50/1	5	5, 10	5	120	275	250	75	255	M10	202	180
	50/5	10	5									
	75/1	10	10	5	120	275	250	140	255	M10	202	180
	75/5											
	100/1	5	5, 10	6.5	120	235	210	60	215	M8	175	155
	100/5	10	5									
	150/1	10	10	10	120	275	250	75	255	M10	202	180
	150/5	20	5									
	150/1	30	5	10								
	150/5											
	200/1	5, 10	5, 10	13	120	235	210	60	215	M8	175	155
	200/5	20	5									
	250/1											
	250/5	20	10	20	120	275	250	75	225	M10	202	180
	300/1											
	300/5 及以上	30	5									

注：外形尺寸结构图见表 5-1。

3）使用条件：环境温度最高为 + 40℃；月平均气温为 - 5 ~ + 30℃；海拔不超过1000m；相对湿度不大于85%；线路交流电压为 0.4 ~ 66kV；电网频率为 50Hz。

4）安装注意事项：

① 整体式零序电流互感器安装要在做电缆头前进行，电缆敷设时穿过零序电流互感器。

② 开口式零序电流互感器不受电缆敷设与否的限制，具体安装方法如下：

a. 拆下零序互感器端子 K1′和 K2′的连接片。

b. 将互感器顶部两条内六角螺栓松开拆下，互感器成为两部分。

c. 互感器套在电缆上，把两个接触面擦干净，涂上薄薄一层防锈油，对好互感器两部分后，拧上内六角螺栓，零序电流互感器两部分要对齐以免影响性能。

3. 单相接地电流的计算

在 10kV 配电系统中，变压器中性点不接地时，线路 L3 相发生单相接地故障如图 5-7 所示。根据图 5-7b 的相量分析，可得

$$I_e = \sqrt{3}\, \dot{I}'_{\text{C·L1}} = \sqrt{3}\, \dot{I}'_{\text{C·L2}}$$

因为 $I'_{\text{C·L1}} = I'_{\text{C·L2}} = \sqrt{3} I_{\text{C}}$

所以 $$\dot{I}_e = 3\dot{I}_{\text{C}} \tag{5-19}$$

由式（5-19）可知，单相接地零序电流等于正常时相对地电容电流的 3 倍。

单相接地零序电流计算式为

$$I_e = 3I_{\text{C}} = 3U_{\text{ph}}\omega C \tag{5-20}$$

式中 I_e——单相接地电流，单位为 A；

I_{C}——一相对地电容电流，单位为 A；

U_{ph}——正常运行时的相电压，单位为 V；

ω——角频率，$\omega = 2\pi f$，单位为 rad/s；

C——相对地的电容，单位为 F。

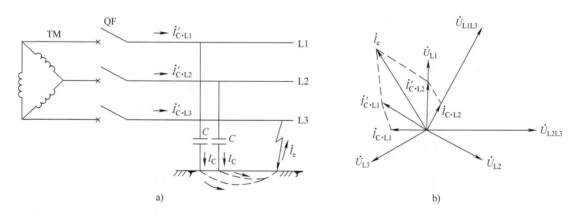

图 5-7 线路 L3 相接地故障
a) 电路图 b) 相量图

在实用中，接地电流计算式为

架空线路 $\qquad I_e = \dfrac{UL}{350}$

电缆线路 $\qquad I_e = \dfrac{UL}{10}$ $\left.\begin{array}{c}\\[1em]\\\end{array}\right\}$ (5-21)

式中　I_e——单相接地电流，单位为 A；

　　　U——线路线电压，单位为 kV；

　　　L——带电线路长度，单位为 km。

架空线路及电缆线路每千米单相接地电容电流的平均值见表 5-3。

表 5-3　架空线路及电缆线路单相接地电容电流平均值　　　（单位：A／km）

电压 /kV	架空 线路	电缆线路，当截面积为下列诸值时										
		10mm²	16mm²	25mm²	35mm²	50mm²	70mm²	95mm²	120mm²	150mm²	185mm²	240mm²
6	0.013	0.33	0.37	0.46	0.52	0.59	0.71	0.82	0.89	1.10	1.20	1.30
10	0.0256	0.46	0.52	0.62	0.69	0.77	0.90	1.00	1.10	1.30	1.40	1.60

4. 动作电流整定值计算

保护的一次动作电流的整定值应躲过与被保护线路同一网络的其他线路发生单相接地故障时，由被保护线路流出的（被保护线路本线的）接地电容电流值 $I_{e\cdot C}$，即

$$I_{op} \geqslant K_{rel} I_{e\cdot C} \qquad (5\text{-}22)$$

式中　K_{rel}——可靠系数，当保护作用于瞬时信号时，选 $K_{rel} = 4 \sim 5$，当保护作用于延时信号时，选 $K_{rel} = 1.5 \sim 2$；

　　　$I_{e\cdot C}$——被保护线路本线的接地电容电流。

【例 5-1】　一条 10kV 架空线路，长度 $L = 10$km，配置零序电流保护装置，当某相发生单相接地故障时，试计算线路单相接地零序电流，及保护动作电流整定值。

解：

架空线路发生单相接地电流按式（5-21）计算，得

$$I_{e\cdot C} = \frac{UL}{350} = \frac{10 \times 10}{350}\text{A} = 0.2857\text{A}$$

零序保护动作电流按式（5-22）计算，得

$$I_{op\cdot 1} = K_{rel} I_{e\cdot C} = 4 \times 0.2857\text{A} = 1.14\text{A}$$

查表 5-1 可知，选择 TY—LJ100 型零序电流互感器，电流比 $K_A = 50/5 = 10$，一次零序电流 $1 \sim 10$A，二次电流 $0.02 \sim 0.25$A。

该保护中，零序电流互感器二次动作电流为

$$I_{op\cdot 2} = \frac{I_{op\cdot 1}}{K_A} = \frac{1.14}{10}\text{A} = 0.114\text{A}，取 I_{op\cdot 2} = 0.1\text{A}$$

选用 RCS—9612A Ⅱ 型线路保护测控装置时，零序过电流保护动作电流整定值范围为 $0.02 \sim 15$A，故满足保护动作整定要求。

二、中性点接地零序电流保护

1. 单相接地短路保护

1）简介：对于电力用户常用的低压侧电压为 400V 的双绕组降压变压器，除利用相间

短路的过电流保护（或熔断器保护）作为低压侧单相接地保护外，还在变压器低压中性线上装设零序电流保护装置，作为变压器低压侧的单相接地保护。

零序过电流保护接线示意图如图 5-8 所示。当二次侧发生单相接地时，中性线上流过零序电流。图 5-8a 为高压侧装有断路器，保护动作后跳开断路器；图 5-8b 为高压侧装设负荷开关，低压侧装设断路器，保护动作后跳开低压断路器，将故障切除。35kV 变压器 Ynd11型联结零序电流保护断路器跳闸如图 5-8c 所示。

单相接地短路如图 5-9 所示。

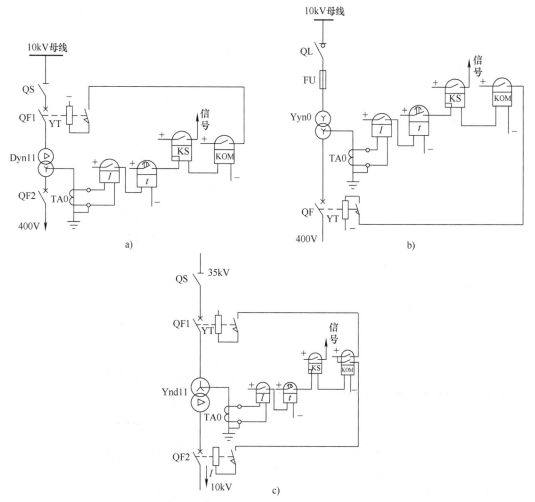

图 5-8　双绕组变压器零序过电流保护的原理接线

a）动作于高压侧断路器跳闸　b）动作于低压侧断路器跳闸

c）35kV 变压器 Ynd11 型联结零序电流保护断路器跳闸

2）单相接地短路电流的计算：以 L3 相接地，根据对称分量法原理，yn 侧各相电流为

$$\left.\begin{aligned}
\dot{I}_{L1} &= a^2\,\dot{I}_{L31} + a\,\dot{I}_{L32} + \dot{I}_{L30} = 0\\
\dot{I}_{L2} &= a\,\dot{I}_{L31} + a^2\,\dot{I}_{L32} + \dot{I}_{L30} = 0\\
\dot{I}_{L3} &= \dot{I}_{L31} + \dot{I}_{L32} + \dot{I}_{L30} = \dot{I}_{K\cdot L3}^{(1)}
\end{aligned}\right\} \tag{5-23}$$

式中　$\dot{I}_{L1}$、$\dot{I}_{L2}$、$\dot{I}_{L3}$——配电变压器低压侧电流，单位为 A；

　　　$\dot{I}_{L31}$、$\dot{I}_{L32}$、$\dot{I}_{L30}$——分别为 L3 相单相接地短路时，正序、负序、零序电流，单位为 A；

　　　$\dot{I}_{K\cdot L3}^{(1)}$——L3 相单相接地短路电流，单位为 A；

　　　a——$e^{\frac{2}{3}\pi} = -0.5 + j0.866$；

　　　a^2——$e^{\frac{4}{3}\pi} = -0.5 - j0.866$。

解式（5-23）得

$$\left.\begin{aligned}
\dot{I}_{L31} &= \frac{1}{3}\dot{I}_{K\cdot L3}^{(1)} \\[4pt]
\dot{I}_{L32} &= \frac{1}{3}\dot{I}_{K\cdot L3}^{(1)} \\[4pt]
\dot{I}_{L30} &= \frac{1}{3}\dot{I}_{K\cdot L3}^{(1)}
\end{aligned}\right\} \tag{5-24}$$

单相接地短路时，复合序网如图 5-10 所示。

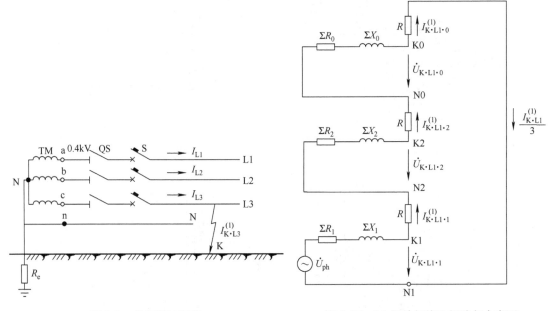

图 5-9　单相接地短路　　　　　图 5-10　L3 相单相接地短路复合序网

从图 5-10 中可知：

$$I_{K\cdot L3}^{(1)} = \frac{3U_{ph}}{\sum Z} = \frac{3U_{ph}}{3R + \sum R_0 + \sum R_1 + \sum R_2 + \sum X_0 + \sum X_1 + \sum X_2} \tag{5-25}$$

式中　　　$I_{K\cdot L3}^{(3)}$——L3 相单相接地短路电流，单位为 A；

　　　　　U_{ph}——相电压，230V；

　　　　　$\sum Z$——短路回路阻抗，单位为 Ω；

　　　　　R——配电变压器低压侧中性点接地电阻，一般为 4Ω；

$\sum R_0$、$\sum R_1$、$\sum R_2$——分别为配电变压器低压侧单相接地短路回路的零序、正序、负序电阻，单位为 Ω；

$\sum X_0$、$\sum X_1$、$\sum X_2$ ——分别为配电变压器低压侧单相接地短路回路的零序、正序、负序电抗，单位为 Ω。

通常情况下，有 $\left| \sum X_0 + \sum X_1 + \sum X_2 \right| \ll R$。所以在工程实际应用中，单相接地短路电流计算式为

$$I_K^{(1)} = \frac{U_{ph}}{R} \qquad (5\text{-}26)$$

式中　$I_K^{(1)}$——单相接地短路电流，单位为 A；

U_{ph}——接地相电源相电压，230V；

R——配电变压器低压侧中性点接地电阻，单位为 Ω。

3）保护动作电流整定：单相接地短路保护动作电流整定值计算式为

$$I_{op} = KI_K^{(1)} \qquad (5\text{-}27)$$

式中　I_{op}——保护动作电流整定值，单位为 A；

K——可靠系数，取 1.2；

$I_K^{(1)}$——单相接地短路电流，单位为 A。

4）校验灵敏度：单相接地短路保护动作灵敏度校验式为

$$K_{sen} = \frac{I_K^{(1)}}{I_{op}} \geqslant 1.25 \qquad (5\text{-}28)$$

式中　K_{sen}——保护动作灵敏度；

$I_K^{(1)}$——单相接地短路电流，单位为 A；

I_{op}——保护动作电流整定值，单位为 A。

2. 单相短路短保护

1）简介：在低压配电网络中，容易发生相线与零线的短路，如图 5-11 所示。

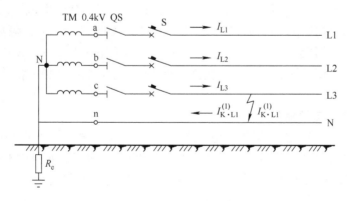

图 5-11　低压单相短路

2）单相短路电流的计算：单相短路电流计算式为

$$I_{K \cdot L3}^{(1)} = \frac{3U_{ph}}{\sum Z} = \frac{3U_{ph}}{\sqrt{\left(\sum R_0 + \sum R_1 + \sum R_2 \right)^2 + \left(\sum X_0 + \sum X_1 + \sum X_2 \right)^2}} \qquad (5\text{-}29)$$

式中　$I_{K\cdot L3}^{(1)}$——单相短路电流，单位为 A；

U_{ph}——相电压，230V；

$\sum Z$——短路回路阻抗，单位为 Ω；

$\sum R_0$、$\sum R_1$、$\sum R_2$——分别为短路回路零序、正序、负序电阻，单位为 Ω；

$\sum X_0$、$\sum X_1$、$\sum X_2$——分别为短路回路零序、正序、负序电抗，单位为 Ω。

3）保护动作电流整定：应躲开正常运行时可能流过变压器中性线上的最大不平衡负荷电流，为

$$\left.\begin{array}{l} I_{op\cdot 1} = K_{rel} \times 0.25I_N \\ I_{op\cdot 2} = \dfrac{I_{op\cdot 1}}{n_{TA}} = \dfrac{K_{rel} \times 0.25I_N}{n_{TA}} \end{array}\right\} \qquad (5\text{-}30)$$

式中　K_{rel}——可靠系数，一般取 $K_{rel} = 1.2 \sim 1.3$；

I_N——变压器二次额定电流；

n_{TA}——电流互感器电流比。

4）校验灵敏度：低压相间短路保护动作灵敏度校验式为

$$K_{sen} = \frac{I_K^{(1)}}{I_{op}} \geqslant 1.5 \qquad (5\text{-}31)$$

式中　K_{sen}——保护动作灵敏度；

$I_K^{(1)}$——单相短路电流，单位为 A；

I_{op}——保护动作电流，单位为 A。

5）动作时间的整定

零序电流保护动作时间一般整定为 $t = 0.1 \sim 0.2s$。

【例5-2】 某 10kV 配电所，安装一台 SBH11—M—1000/10 型配电变压器，额定电压 $U_{N1}/U_{N2} = 10/0.4kV$，额定容量 $S_N = 1000kVA$，0.4kV 低压侧额定电流 $I_{N2} = 1443.42A$，绕组联结 Yyn0；低压侧选用 LMY—100×10 型铝母线，长度 $L_m = 10m$；隔离开关额定电流 $I_N = 2000A$，低压断路器额定电流 $I_N = 400A$；低压线路选用 YJLV22—3×95+1×50 型四芯铝电缆，长度 50m，试计算 0.4kV 低压线路单相接地及单相短路保护的相关参数。

解：

1. 单相接地短路电流保护

1）短路电流的计算：低压单相接地短路如图 5-9 所示。查表 3-3 得 SBH11—M—1000/10 型配电变压器的电阻 $R_T = 1.47m\Omega$，电抗 $X_T = 7.05m\Omega$。查表 3-6 得该配电变压的零序电抗 $X_{T0} = 110.2m\Omega$，则该配电变压器的正序、负序、零序电抗分别为

$$R_{T1} = R_{T2} = R_T = 1.47m\Omega$$
$$X_{T1} = X_{T2} = X_T = 7.05m\Omega$$
$$X_{T0} = 110.2m\Omega$$

查表 3-8 得 LMY—100×10 型铝母线单位长度电阻为 $R_{m\cdot 0} = 0.041m\Omega/m$，取 $D = 250mm$ 单位长度电抗为 $X_{m\cdot 0} = 0.156m\Omega/m$，则母线正序、负序电阻、电抗分别为

$$R_{m1} = R_{m2} = R_{m\cdot 0}L_m = 0.041 \times 10m\Omega = 0.41m\Omega$$

$$X_{m1} = X_{m2} = X_{m.0}L_m = 0.156 \times 10m\Omega = 1.56m\Omega$$

查表 3-9 得 2000A 的隔离开关接触电阻 $R_{QS} = 0.03m\Omega$。

查表 3-9 得 400A 的低压断路器接触电阻 $R_S = 0.40m\Omega$，查表 3-10 得其过电流线圈电阻 $R_S = 0.15m\Omega$，电抗 $X_S = 0.10m\Omega$。

查表 2-6 得 YJLV22—$3 \times 95 + 1 \times 50$ 型电缆相线单位长度电阻 $R_{L.0} = 0.385m\Omega/m$，查表 2-5 得电缆相线单位长度电抗 $X_{L.0} = 0.066m\Omega/m$，单位长度零序电抗 $X_{L0.0} = 0.17m\Omega/m$。则电缆的正序、负序、零序电抗分别为

$$R_{L1} = R_{L2} = R_{L0}L = 0.385 \times 50m\Omega = 19.25m\Omega$$
$$X_{L1} = X_{L2} = X_{L0}L = 0.066 \times 50m\Omega = 3.3m\Omega$$
$$X_{L0} = X_{L.0}L = 0.17 \times 50m\Omega = 8.5m\Omega$$

零线 $50mm^2$ 电缆查表 2-6 得单位长度电阻 $R_{N0} = 0.732m\Omega/m$，查表 2-5 得单位长度电抗 $X_{N0} = 0.066m\Omega/m$，零序电抗 $X_{N0.0} = 0.17m\Omega/m$。则电缆零线正序、负序、零序的电阻、电抗分别为

$$R_{N1} = R_{N2} = R_{N0}L = 0.732 \times 50m\Omega = 36.6m\Omega$$
$$X_{N1} = X_{N2} = X_{N0}L = 0.066 \times 50m\Omega = 3.3m\Omega$$
$$X_{N0} = X_{N0.0}L = 0.17 \times 50m\Omega = 8.5m\Omega$$

配电变压器低压侧中性点接地电阻 $R_e = 4 \times 10^3 m\Omega$。

单相接地短路电阻、电抗等效电路如图 5-12 所示。

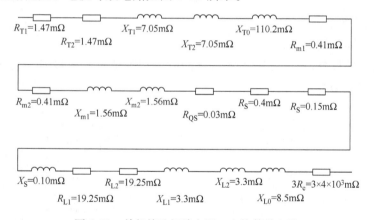

图 5-12 单相接地短路电阻、电抗等效电路

短路回路电阻值为

$$\sum R = R_{T1} + R_{T2} + R_{m1} + R_{m2} + R_{QS} + R_S + R_S + R_{L1} + R_{L2} + 3R_e$$
$$= (1.47 + 1.47 + 0.41 + 0.41 + 0.03 + 0.4 + 0.15 + 19.25 + 19.25 + 3 \times 4 \times 10^3)m\Omega$$
$$= 12042.84m\Omega$$

短路回路电抗值为

$$\sum X = X_{T1} + X_{T2} + X_{T0} + X_{m1} + X_{m2} + X_S + X_{L1} + X_{L2} + X_{L0}$$
$$= (7.05 + 7.05 + 110.2 + 1.56 + 1.56 + 0.10 + 3.3 + 3.3 + 8.5)m\Omega$$
$$= 142.62m\Omega$$

短路回路阻抗值为

$$\sum Z = \sqrt{\sum R^2 + \sum X^2} = \sqrt{12042.84^2 + 142.62^2}\,\mathrm{m\Omega} = 12043.68\,\mathrm{m\Omega}$$

单相接地短路电流按式（5-25）计算，得

$$I_{KW}^{(1)} = \frac{3U_{ph}}{\sum Z} = \frac{3 \times 230}{12043.68 \times 10^{-3}}\mathrm{A} = 57.29\,\mathrm{A}$$

或按式（5-26）计算，得

$$I_{KW}^{(1)} = \frac{U_{ph}}{R} = \frac{230}{4}\mathrm{A} = 57.5\,\mathrm{A}$$

2）保护动作电流整定值计算：单相接地保护动作电流整定值按式（5-27）计算，得

$$I_{op \cdot 1} = KI_{KW}^{(1)} = 1.2 \times 57.29\,\mathrm{A} = 68.75\,\mathrm{A}$$

查表 5-2 选择 TY—LJ100J 型零序电流互感器，电流比 $n_{TA} = 50/5 = 10$，零序电流保护二次动作电流为

$$I_{op \cdot 2} = \frac{I_{op \cdot 1}}{n_{TA}} = \frac{68.75}{10}\mathrm{A} = 6.875\,\mathrm{A}$$

考虑到保护动作灵敏度的要求，故取整定值 $I_{op \cdot 1} = 40\mathrm{A}$，$I_{op \cdot 2} = 4\mathrm{A}$。

3）校验灵敏度：保护动作灵敏度按式（5-28）校验，得

$$K_{sen} = \frac{I_{KW}^{(1)}}{I_{op \cdot 1}} = \frac{57.29}{40} = 1.43 > 1.25$$

故灵敏度满足要求。

2. 单相短路电流保护

1）短路电流的计算：低压相线与零线之间的单相短路如图 5-11 所示。单相短路电阻、电抗等效电路如图 5-13 所示。

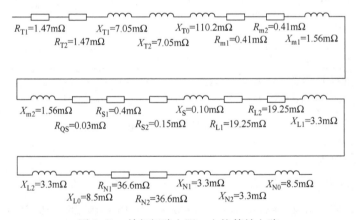

图 5-13　单相短路电阻、电抗等效电路

短路回路电阻值为

$$\begin{aligned}
\sum R &= R_{T1} + R_{T2} + R_{m1} + R_{m2} + R_{QS} + R_{S1} + R_{S2} + R_{L1} + R_{L2} + R_{N1} + R_{N2}\\
&= (1.47 + 1.47 + 0.41 + 0.41 + 0.03 + 0.4 + 0.15 + 19.25 + 19.25 + 36.6 + 36.6)\,\mathrm{m\Omega}\\
&= 116.04\,\mathrm{m\Omega}
\end{aligned}$$

短路回路电抗值为

$$\sum X = X_{T1} + X_{T2} + X_{T0} + X_{m1} + X_{m2} + X_S + X_{L1} + X_{L2} + X_{L0} + X_{N1} + X_{N2} + X_{N0}$$
$$= (7.05 + 7.05 + 110.2 + 1.56 + 1.56 + 0.10 + 3.3 + 3.3 + 8.5 + 3.3 + 3.3 + 8.5)\,\text{m}\Omega$$
$$= 157.72\,\text{m}\Omega$$

短路回路阻抗为

$$\sum Z_1 = \sqrt{\sum R^2 + \sum X^2} = \sqrt{116.04^2 + 157.72^2}\,\text{m}\Omega = 195.81\,\text{m}\Omega$$

单相短路电流按式（5-29）计算，得

$$I_{KW}^{(1)} = \frac{3U_{ph}}{\sum Z_1} = \frac{3 \times 230}{195.81 \times 10^{-3}}\text{A} = 3524\text{A}$$

2）保护动作电流整定值计算：单相短路保护动作电流按式（5-30）计算，得

$$I_{op\cdot1} = K_{rel} \times 0.25 I_{N2} = 1.3 \times 0.25 \times 1443.42\text{A} = 469.11\text{A}$$

查表 5-2 选择 TY—LJ100J 型零序电流互感器，电流比 $n_{TA} = 300/5 = 60$，则电流互感器二次动作电流为

$$I_{op\cdot2} = \frac{I_{op\cdot1}}{n_{TA}} = \frac{469.11}{60}\text{A} = 7.82\text{A}$$

故保护动作电流整定值取 $I_{op\cdot1} = 480\text{A}$，$I_{op\cdot2} = 8\text{A}$。

3）校验灵敏度：保护动作灵敏度按式（5-31）校验，即

$$K_{sen} = \frac{I_{KW}^{(1)}}{I_{op\cdot1}} = \frac{3524}{480} = 7.34 > 1.5$$

故灵敏度满足要求。

第七节　分段母线保护

一、分段母线保护的基本原理

配电所分段母线的保护，宜在分段断路器装设电流速断保护和带时限过电流保护。

分段断路器电流速断保护仅在合闸瞬间投入，合闸后自动解除。分段断路器过电流保护应比出线回路的过电流保护大一级时限。

当该段母线发生故障时，该段的继电保护动作，母线分段断路器 QF 跳闸，将故障段与非故障段脱离，使非故障段母线仍保持运行。

10kV、35kV 分段母线保护原理接线如图 5-14 所示。

二、分段母线保护的整定计算

1. 电流速断保护

1）动作电流整定计算：电流速断保护动作电流整定计算式为

$$\left.\begin{array}{l} I_{op\cdot1} = K_{rel}K_p I_{p\cdot max} \\ I_{op\cdot2} = \dfrac{I_{op\cdot1}}{n_{TA}} = \dfrac{K_{rel}K_p I_{p\cdot max}}{n_{TA}} \end{array}\right\}$$ (5-32)

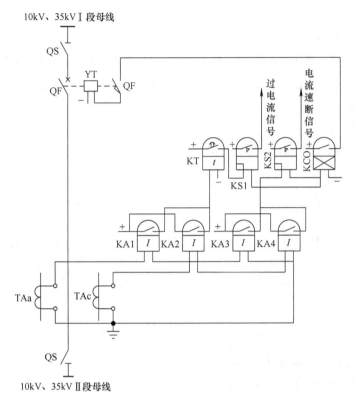

图 5-14　10kV、35kV 分段母线保护原理接线

式中　$I_{op \cdot 1}$、$I_{op \cdot 2}$——分别为电流速断保护一次、二次动作电流整定值，单位为 A；

$\qquad K_{rel}$——可靠系数，取 1.3；

$\qquad K_p$——过负荷系数，取 4~5；

$\qquad I_{p \cdot max}$——最大负荷电流，单位为 A；

$\qquad n_{TA}$——电流互感器电流比。

2）校验动作灵敏度：保护动作灵敏度校验式为

$$K_{sen} = \frac{I_K^{(2)}}{I_{op \cdot 1}} > 1.5 \qquad (5\text{-}33)$$

式中　K_{sen}——灵敏度，应大于 1.5；

$\qquad I_K^{(2)}$——两相短路电流的有效值，单位为 A；

$\qquad I_{op \cdot 1}$——保护动作一次整定值，单位为 A。

3）动作时限整定：$t = 0\text{s}$。

2. 带时限过电流保护

1）动作电流整定计算：带时限过电流保护动作电流整定计算式为

$$\left.\begin{array}{l} I_{op \cdot 1} = \dfrac{K_{rel} I_{p \cdot max}}{K_r} \\[3mm] I_{op \cdot 2} = \dfrac{I_{op \cdot 1}}{n_{TA}} = \dfrac{K_{rel} I_{p \cdot max}}{K_r n_{TA}} \end{array}\right\} \qquad (5\text{-}34)$$

式中　$I_{op \cdot 1}$、$I_{op \cdot 2}$——分别为动作电流一次、二次整定值，单位为 A；

K_{rel}——可靠系数，取 1.3；

K_r——返回系数，取 0.95 ~ 0.98；

$I_{p\cdot max}$——最大负荷电流，单位为 A；

n_{TA}——电流互感器电流比。

2）校验保护动作灵敏度：保护动作灵敏度校验式为

$$K_{sen} = \frac{I_K^{(2)}}{I_{op\cdot 1}} > 1.5 \tag{5-35}$$

式中 K_{sen}——保护动作灵敏度；

$I_K^{(2)}$——两相短路电流有效值，单位为 A；

$I_{op\cdot 1}$——保护动作一次整定电流，单位为 A。

3）动作时限整定：过电流保护动作时限整定值，一般取 0.5 ~ 1s。

【例 5-3】 某配电所 10kV 母线由断路器分段，母联断路器合闸运行，两台 10kV 配电变压器由 10kV 1 号电源供电，10kV 2 号电源热备用。已知分段母线最大负荷电流 $I_{p\cdot max}$ = 180A，分段母线电流互感器电流比 n_{TA} = 200/5 = 40，II 段母线处两相短路电流有效值 $I_K^{(2)}$ = 2182A。试计算分段母线保护的相关保护整定值。

解：

1. 电流速断保护

1）动作电流的整定计算：电流速断保护动作电流整定值按式（5-32）计算，得

$$I_{op\cdot 1} = K_{rel}K_p I_{p\cdot max} = 1.3 \times 4 \times 180A = 936A$$

$$I_{op\cdot 2} = \frac{I_{op\cdot 1}}{n_{TA}} = \frac{936A}{40} = 23.4A$$

2）校验保护动作灵敏度：保护动作灵敏度按式（5-33）校验，得

$$K_{sen} = \frac{I_K^{(2)}}{I_{op\cdot 1}} = \frac{2182}{936} = 2.33 > 1.5$$

故灵敏度满足要求。

3）动作时限的整定：$t = 0s$。

2. 带时限过电流保护

1）动作电流的整定计算：动作电流按式（5-34）整定计算，得

$$I_{op\cdot 1} = \frac{K_{rel}}{K_r} I_{p\cdot max} = \frac{1.3}{0.95} \times 180A = 246.3A$$

$$I_{op\cdot 2} = \frac{I_{op\cdot 1}}{n_{TA}} = \frac{246.3}{40}A = 6.2A$$

2）校验保护动作灵敏度：保护动作灵敏度按式（5-35）校验，得

$$K_{sen} = \frac{I_K^{(2)}}{I_{op\cdot 1}} = \frac{2182}{246.3} = 8.9 > 1.5$$

故灵敏度满足要求。

3）动作时限整定：保护动作时限整定 $t = 0.7s$。

10kV 分段母线保护整定值见表 5-4。

表 5-4 10kV 分段母线保护整定值

名称	一次动作电流整定值/A	二次动作电流整定值/A	灵敏度	
			校验值	要求值
电流速断保护	936	23.4	2.33	1.5
带时限过电流保护	246.3	6.2	8.9	1.5

第八节　母线差动保护

一、母线差动保护原理接线

母线差动保护的原理接线如图 5-15 所示。

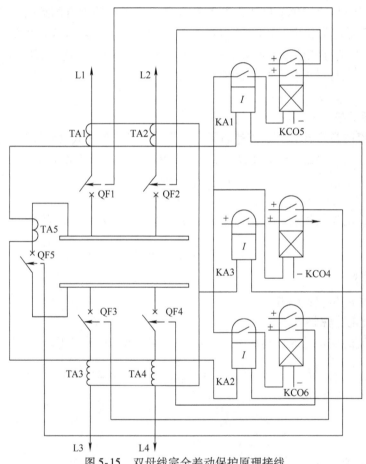

图 5-15　双母线完全差动保护原理接线

为简明起见，只用单相原理图表示，该保护装置的主要部分由三组差动继电器组成，其中两组作为选择元件，另一组作为起动元件。第一组差动继电器是Ⅰ段母线的选择元件。第二组差动继电器是Ⅱ段母线的选择元件，它们的作用是确定故障发生在Ⅰ段母线还是Ⅱ段母线。第三组是整套保护装置的起动元件。

第一组差动继电器接于Ⅰ段母线所有连接元件电流之和上，动作后切除Ⅰ段母线上的连接元件。第二组差动继电器接于Ⅱ段母线所有连接元件电流之和上，动作后切除Ⅱ段母线的连接元件。第三组差动继电器，接于两组选择元件的向量和上，用来保护整个母线和直接动作于切除母线联络断路器。

二、母线差动保护的动作原理

当任一组母线，例如第Ⅰ段母线上发生故障时，如图5-16所示。从图可见，起动元件KA3和选择元件KA1中都流过全部故障电流，而选择元件KA2无故障电流通过。所以起动元件KA3和选择元件KA1动作，而选择元件KA2不动作。

从图5-16可知，起动元件KA3动作后，接通选择元件KA1的"+"电源，并起动出口继电器KCO4，将母联断路器QF5断开；选择元件KA1从起动元件KA3得到"+"电源，起动出口继电器KCO5，使Ⅰ段母线上所连接元件的断路器QF1和QF2断开，将故障母线切除。由于选择元件KA2不动作，所以无故障的Ⅱ段母线可继续运行。

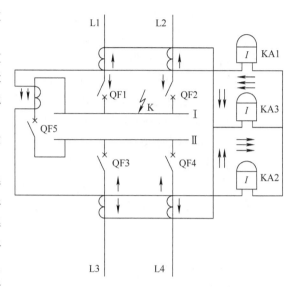

图5-16　Ⅰ段母线内部短路时电流分布

三、母线差动保护的整定计算

（一）起动电流 $I_{\mathrm{op \cdot 0}}$ 的整定计算

1. 按躲过正常工况下的最大不平衡电流来整定

按躲过正常工况下的最大不平衡电流来整定起动电流 $I_{\mathrm{op \cdot 0}}$，其计算式为

$$I_{\mathrm{op \cdot 0}} = K_{\mathrm{rel}}(K_{\mathrm{er}} + K_2 + K_3)I_{\mathrm{N}} \tag{5-36}$$

式中　K_{rel}——可靠系数，可取1.5~2；

K_{er}——差动各侧TA的相对误差，取0.06（10P级TA）；

K_2——保护装置通道传输及调整误差，取0.1；

K_3——外部故障切除瞬间各侧TA暂态特性不同产生的误差，取0.1；

I_{N}——TA二次标称额定电流（1A或5A）。

将 K_{er}、K_2 及 K_3 取值代入式（5-36），可得

$$I_{\mathrm{op \cdot 0}} = (0.39 \sim 0.52)I_{\mathrm{N}}$$

2. 按躲过TA二次断线由负载电流引起的最大差流来整定

分析表明：当母线出线元件中负载电流最大的TA二次断线时，其在差动保护差流回路中产生的差流最大为 I_{N}（不考虑出线元件过负载运行）。

若按躲过TA二次断线条件来整定 $I_{\mathrm{op \cdot 0}}$，则

$$I_{\mathrm{op \cdot 0}} = I_{\mathrm{N}}$$

实际上，由于母差保护有完善的TA断线闭锁，为保证该保护的动作灵敏度，$I_{\mathrm{op \cdot 0}}$ 可取

$(0.4 \sim 0.5) I_N$。

（二）比率制动系数 S 的选择计算

具有比率制动特性的母差保护的比率制动系数的整定，应按能可靠躲过区外故障（TA 不饱和时）产生的最大差流来整定，且应确保内部故障时，差动保护有足够的灵敏度。

1. 按能可靠躲过外部故障整定

区外故障时，在差动元件差回路中产生的最大差流为

$$I_{\text{unb} \cdot \max} = (K_{\text{er}} + K_2 + K_3) I_{\text{k} \cdot \max} \tag{5-37}$$

式中　$I_{\text{unb} \cdot \max}$——最大不平衡电流；

　　　　K_{er}——TA 的 10% 误差，取 0.1；

　　　　K_2——保护装置通道传输及调整误差，取 0.1；

　　　　K_3——区外故障瞬间由于各侧 TA 暂态特性差异产生的误差，取 0.1；

　　　　$I_{\text{k} \cdot \max}$——区外故障的最大短路电流。

将以上各系数值代入式（5-37），得

$$I_{\text{unb} \cdot \max} = 0.3 I_{\text{k} \cdot \max}$$

此时，比率制动系数可按式（5-38）计算

$$S = K_{\text{rel}} \frac{I_{\text{unb} \cdot \max}}{I_{\text{k} \cdot \max}} \tag{5-38}$$

式中　K_{rel}——可靠系数，取 1.5 ~ 2。

将 K_{rel} 取值代入式（5-38）得 $S = 0.45 \sim 0.6$。

2. 按确保动作灵敏度系数来整定

当母线上出现故障时，其最小故障电流应大于母差保护起动电流的 2 倍以上。

当上述条件满足时，可按下式计算比率制动系数

$$S = \frac{1}{K_{\text{sen}}} \tag{5-39}$$

式中　S——差动元件的比率制动系数；

　　　　K_{sen}——动作灵敏度系数，取 1.5 ~ 2.0。

将 K_{sen} 的值代入上式，得 $S = 0.5 \sim 0.67$。综上所述，S 取 0.5 ~ 0.6 是合理的。

（三）复合电压闭锁整定

1. 低电压元件的整定电压 U_{op}

在母差保护中，低电压闭锁元件的动作电压，应按照躲过正常运行时母线 TV 二次的最低电压来整定。

按规程规定，电力系统对用户供电电压的变化允许在 ±5% 的范围内。实际上，由于某种原因，母线电压可能降低至 $(90\% \sim 85\%) U_N$ 运行（U_N 为标称额定电压，取 $u_N = \frac{100}{\sqrt{3}} \text{V}$）。

因此，考虑到母线 TV 的比误差（2% ~ 3%），母差保护低电压元件的动作电压定值取 0.75 ~ 0.8 倍的额定电压 U_N 是合理的，即

$$U_{\text{op}} = (0.75 \sim 0.8) U_N = (40 \sim 45) \text{V}$$

当在母线上发生三相对称短路时，母线电压将严重降低，因此，电压元件的动作灵敏度是无问题的。

2. 负序电压元件的动作电压 U_{2op}

负序电压元件动作电压的整定值，可按躲过正常工况下母线 TV 二次的最大负序电压来整定。

正常运行时，母线 TV 二次可能出现的最大负序电压为

$$U_{2max} = U_{2TV} + U_{2smax} \tag{5-40}$$

式中 U_{2max}——正常运行时母线 TV 二次的最大负序电压；

$\quad\quad U_{2TV}$——当一次系统对称时 TV 二次出现的负序电压（由三相 TV 不对称或负载不均衡形成的），通常为 $(2\% \sim 3\%) U_N$，实际取 $3\% U_N$；

$\quad\quad U_{2smax}$——正常运行时，系统中出现的最大负序电压，可取 $1.1 \times 4\% U_N$。

将 U_{2TV} 及 U_{2smax} 的取值代入式（5-40），可得

$\quad\quad U_{2max} = (0.03 + 0.044) U_N = 0.074 U_N \approx 4.3V$（TV 二次负序相电压）

负序电压元件的动作电压，可按下式整定

$$U_{2op} = K_{rel} U_{2max} \tag{5-41}$$

式中 K_{rel}——可靠系数，取 $1.3 \sim 1.5$。

因此，$U_{2op} = (5.5 \sim 7)V$。

3. 零序电压元件的动作电压 $3U_{op \cdot 0}$

零序电压元件的动作电压与负序电压元件相同，可取 $3U_{op \cdot 0} = (5.5 \sim 7)V$。

若线路断路器失灵保护与母差保护公用出口回路时，则复压闭锁元件的各定值还应保证在线路末端故障时有足够的灵敏度。若线路断路器失灵保护与母差共用一个出口跳闸回路，其复合电压闭锁元件还应校核线路末端故障时有足够的灵敏度。

【例 5-4】 某 35/10kV 配电所，安装 S11—8000 型配电变压器一台，额定容量为 $S_N = 8000kVA$，额定电压为 $U_{N1}/U_{N2} = 35kV/10kV$，阻抗电压百分比为 $u_K\% = 7.5\%$，负载损耗为 $\Delta P_K = 28.25kW$。电流互感器额定电流为 $I_{N1}/I_{n2} = 630A/1A$，电流互感器电流比为 $n_{TA} = 630$。

35kV 架空线路，选用 LGJ—95 型钢芯铝绞线，长度 $L_1 = 3km$，$R_{0L \cdot 1} = 0.361\Omega/km$，$X_{0L \cdot 1} = 0.4\Omega/km$。10kV 侧选用截面积为 LMY—50 × 5mm^2 的铝母排，长度 $L_2 = 3m$，$R_{0L \cdot 2} = 0.144\Omega/km$，$X_{0L \cdot 2} = 0.199\Omega/km$。10kV 侧为双母线接线方式，基准容量 $S_j = 100MVA$，35kV 电源处短路容量 $S_K = 1000MVA$。35/10kV 配电系统如图 5-17 所示。计算 10kV 母线差动保护整定值。

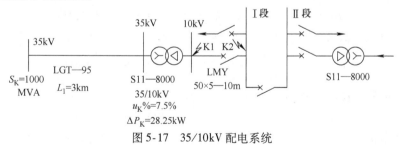

图 5-17　35/10kV 配电系统

解：

1. 短路电流计算

（1）配电短路系统标幺值的计算

1）系统电抗标幺值：系统电抗标幺值按式（3-39）计算：

$$X_{S.*} = \frac{S_j}{S_K} = \frac{100}{1000} = 0.1$$

2）架空线路电阻：35kV 架空线路的电阻按式（3-21）计算：

$$R_{K1} = R_{0L \cdot 1}L_1 = 0.361 \times 3\Omega = 1.083\Omega$$

3）架空线路电阻标幺值：35kV 架空线路电阻标幺值按式（3-45）计算：

$$R_{L1 \cdot *} = R_{L1}\frac{S_j}{U_{av}^2} = 1.083 \times \frac{100}{37^2} = 0.0791$$

4）架空线路电抗：35kV 架空线路电抗按式（3-22）计算：

$$X_{L1} = X_{0L \cdot 1}L_1 = 0.4 \times 3\Omega = 1.2\Omega$$

5）架空线路电抗标幺值：35kV 架空线路电抗标幺值按式（3-46）计算：

$$X_{L1 \cdot *} = X_{L1}\frac{S_j}{U_{av}^2} = 1.2 \times \frac{100}{37^2} = 0.0877$$

6）变压器阻抗标幺值：变压器阻抗标幺值按式（3-42）计算：

$$Z_{T \cdot *} = \frac{u_K\% S_j}{S_N} = \frac{7.5 \times 100}{100 \times 8} = 0.9375$$

7）变压器电阻标幺值：变压器电阻标幺值按式（3-40）计算：

$$R_{T \cdot *} = \Delta P_K\frac{S_j}{S_N^2} \times 10^{-3}$$

$$= 28.25 \times \frac{100}{8} \times 10^{-3} = 0.0441$$

8）变压器电抗标幺值：变压器电抗标幺值按式（3-41）计算：

$$X_{T \cdot *} = \sqrt{Z_{T \cdot *}^2 - R_{T \cdot *}^2}$$

$$= \sqrt{0.9375^2 - 0.0441^2}$$

$$= \sqrt{0.8789 - 0.001948}$$

$$= \sqrt{0.8769}$$

$$= 0.9365$$

9）母线电阻：10kV 母线电阻按式（3-27）计算：

$$R_{L2} = R_{0L \cdot 2}L_2 = 0.144 \times 0.010\Omega = 0.00144\Omega$$

10）母线电阻标幺值：10kV 母线电阻标幺值按式（3-45）计算：

$$R_{L2 \cdot *} = R_{L2}\frac{S_j}{U_{av}^2} = 0.00144 \times \frac{100}{10.5^2} = 0.001306$$

11）母线电抗：10kV 母线电抗值按式（3-22）计算：

$$X_{L2} = X_{0L \cdot 2}L_2 = 0.199 \times 0.010\Omega = 0.00199\Omega$$

12）母线电抗标幺值：10kV 母线电抗标幺值按式（3-46）计算：

$$X_{L2 \cdot *} = X_{L2}\frac{S_j}{U_{av}^2} = 0.00199 \times \frac{100}{10.5^2} = 0.001805$$

10kV 短路系统阻抗标幺值等效电路如图 5-18 所示。

（2）K1 处短路电流计算

K1 处短路系统阻抗等效标幺值为

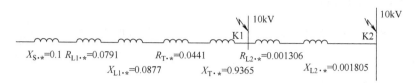

图 5-18 10kV 短路系统阻抗标幺值等效电路

$$\sum R_{K1 \cdot *} = R_{L1 \cdot *} + R_{T \cdot *} = 0.0791 + 0.0441 = 0.1232$$

$$\sum X_{K1 \cdot *} = X_{S \cdot *} + X_{L1 \cdot *} + X_{T \cdot *} = 0.1 + 0.0877 + 0.9365$$
$$= 1.1242$$

$$\sum Z_{K1 \cdot *} = \sqrt{\sum R_{K1 \cdot *}^2 + \sum X_{K1 \cdot *}^2} = \sqrt{0.1232^2 + 1.1242^2}$$
$$= \sqrt{0.01518 + 1.2638} = \sqrt{1.279} = 1.131$$

K1 处三相短路电流有效值按式（3-53）计算：

$$I_{K1}^{(3)} = \frac{I_j}{\sum Z_{K1 \cdot *}} = \frac{5.5}{1.131} kA = 4.86 kA$$

（3）K2 处短路电流计算

K2 处短路系统阻抗标幺值为

$$\sum R_{K2 \cdot *} = R_{L1 \cdot *} + R_{T \cdot *} + R_{L2 \cdot *} = 0.0791 + 0.0441 + 0.001306 = 0.1245$$

$$\sum X_{K2 \cdot *} = X_{S \cdot *} + X_{L1 \cdot *} + X_{T \cdot *} + X_{L2 \cdot *} = 0.1 + 0.0877 + 0.9365 + 0.001805 = 1.126$$

$$\sum Z_{K2 \cdot *} = \sqrt{\sum R_{K2}^2 + \sum X_{K2 \cdot *}^2} = \sqrt{0.1245^2 + 1.126^2}$$
$$= \sqrt{0.0155 + 1.2679}$$
$$= \sqrt{1.2834} = 1.1329$$

三相短路电流有效值按式（3-53）计算：

$$I_{K2}^{(3)} = \frac{I_j}{\sum Z_{K2 \cdot *}} = \frac{5.5}{1.1329} kA = 4.85 kA$$

2. 起动电流 $I_{op \cdot 0}$ 的整定计算

（1）按躲过正常工况下的最大不平衡电流整定

按躲过正常工况下的最大不平衡电流按式（5-36）计算，得：

$$I_{op \cdot 0 \cdot 2} = K_{rel}(K_{er} + K_2 + K_3)I_N$$
$$= 1.93(0.06 + 0.1 + 0.1) \times 1A$$
$$= 1.93 \times 0.26 \times 1A = 0.5A$$

$$I_{op \cdot 0 \cdot 1} = I_{op \cdot 0 \cdot 2} n_{TA} = 0.5 \times 630A = 315A$$

（2）按躲过 TA 二次断线时由负载电流引起的最大差流整定

按躲过 TA 二次断线条件计算，得：

$$I_{op \cdot 0 \cdot 2} = 0.5 I_{N2} = 0.5 \times 1A = 0.5A$$
$$I_{op \cdot 0 \cdot 1} = I_{op \cdot 0 \cdot 2} n_{TA} = 0.5 \times 630A = 315A$$

（3）校验保护动作灵敏度

当 10kV 母线三相短路电流 $I_{K2}^{(3)} = 730A$，起动差动保护时，$I_{K2}^{(2)} = \frac{\sqrt{3}}{2}I_{K2}^{(3)} = \frac{\sqrt{3}}{2} \times 730 = 632A$。

保护动作灵敏度按式（5-6）校验，即

$$K_{sen} = \frac{I_{K2}^{(2)}}{I_{op \cdot 0.1}} = \frac{632}{315} = 2 > 1.5$$

故灵敏度满足要求。

3. 比率制动系数 S 的选择计算

（1）按能可靠躲过外部故障整定

区外故障时，在差动元件差回路中产生的最大差流按式（5-37）计算：

$$I_{unb \cdot max} = (K_{er} + K_2 + K_3)I_{K \cdot max}$$
$$= (0.1 + 0.1 + 0.1) \times 4.86 = 1.458$$

比率制动系数按式（5-38）计算：

$$S = K_{rel}\frac{I_{nub \cdot max}}{I_{K \cdot max}} = 1.7 \times \frac{1.458}{4.86} = 0.5$$

（2）按确保动作灵敏度系数整定

确保动作灵敏度系数按式（5-39）计算：

$$S = \frac{1}{K_{sen}} = \frac{1}{2} = 0.5$$

4. 复合电压闭锁整定

（1）低电压元件整定电压

母差保护低电压元件的动作电压定值取

$$U_{op} = 0.78U_N = 0.78 \times \frac{100}{\sqrt{3}}V = 45V$$

（2）负序电压元件的动作电压

负序电压元件的动作电压按式（5-41）计算：

$$U_{2op} = K_{rel}U_{2max} = 1.4 \times 4.3V = 6V$$

（3）零序电压元件的动作电压

零序电压元件的动作电压与负序电压元件相同，取 $3U_{op \cdot 0} = 6V$。

第九节　10kV 配电变压器继电保护整定值计算实例

某配电所，安装一台 SH11—M—2500/10 型配电变压器，额定电压 $U_{N1}/U_{N2} = 10kV/0.4kV$，电压比 $K_{TV} = U_{N1}/U_{N2} = 10/0.4 = 25$，额定容量 $S_N = 2500kVA$，10kV 侧额定电流 $I_{N1} = 137.5A$。0.4kV 侧额定电流 $I_{N2} = 3608.55A$，10kV 侧电流互感器电流比 $n_{TA} = 300/5 = 60$。配电变压器 10kV 侧两相短路电流有效值 $I_{K1}^{(2)} = 4.42kA$，0.4kV 侧母线处三相短路电流有效值 $I_{K2}^{(3)} = 31.46kA$。试计算该配电变压器 10kV 侧继电保护相关整定值。

解：

1. 电流速断保护

1）动作电流整定计算：配电变压器 0.4kV 侧三相短路电流有效值折算到 10kV 侧为

$$I_{K2}^{(3)\prime} = \frac{I_{K2}^{(3)}}{K_{TV}} = \frac{31.46}{25}kA = 1.2584kA \approx 1258A$$

电流速断保护动作电流整定值按式（5-13）计算，得

$$I_{op\cdot1} = K_{rel}I_{K2}^{(3)\prime} = 1.4 \times 1258A = 1761A$$

$$I_{op\cdot2} = \frac{I_{op\cdot1}}{n_{TA}} = \frac{1761}{60}A = 29.35A$$

整定值取 $I_{op\cdot1} = 1740A$，$I_{op\cdot2} = 29A$。

2）校验保护动作灵敏度：速断保护动作灵敏度按式（5-14）校验，得

$$K_{sen} = \frac{I_{K1\cdot min}^{(2)}}{I_{op\cdot1}} = \frac{4420}{1740} = 2.54 > 2$$

故满足要求。

选用 RCS—9621A 型配电变压器保护测控装置，过电流保护 I 段整定值为 $0.1I_n \sim 20I_n$，10kV 侧电流互感器二次侧额定电流为 $I_n = I_{N1}/n_{TA} = (137.5/60)A = 2.29A$，则整定值范围为 $I_{op\cdot2} = 0.1I_n \sim 20I_n = (0.1 \times 2.29 \sim 20 \times 2.29)A = 0.229 \sim 45.8A$，故整定值 $I_{op\cdot2} = 29A$，满足要求。

3）动作时间整定：保护动作时间整定 $t = 0s$。

2. 过电流保护

1）动作电流的整定：配电变压器 10kV 侧额定电流 $I_{N1} = 137.5A$，按 20% 过负荷计算，则配电变压器的最大负荷电流 $I_{p\cdot max} = 1.2I_{N1} = 1.2 \times 137.5A = 165A$。

配电变压器过电流保护动作电流整定值按式（5-15）计算，得

$$I_{op\cdot1} = \frac{K_{rel}}{K_r}I_{p\cdot max} = \frac{1.2}{0.95} \times 165A = 208.42A$$

$$I_{op\cdot2} = \frac{I_{op\cdot1}}{n_{TA}} = \frac{208.42}{60}A = 3.47A$$

故整定值取 $I_{op\cdot1} = 204A$，$I_{op\cdot2} = 3.4A$。

2）校验保护动作灵敏度：保护动作灵敏度按式（5-16）校验，得

$$K_{sen} = \frac{I_{K1\cdot min}^{(2)}}{I_{op\cdot1}} = \frac{4420}{204} = 21.7 > 1.5$$

故满足要求。

选用 RCS—9621A 型配电变压器保护测控装置，过电流保护 II 段整定值为 $0.1I_n \sim 20I_n = (0.1 \times 2.29 \sim 20 \times 2.29)A = (0.229 \sim 45.8)A$，故整定值 $I_{op\cdot2} = 3.4A$ 满足要求。

3）动作时间整定：设下级过载保护动作时间 $t_1 = 1s$，则本级动作时间按式（5-17）整定，得

$$t = t_1 + \Delta t = (1 + 0.5)s = 1.5s$$

3. 过负荷保护

配电变压器过负荷保护动作电流整定值按式（5-18）计算，得

$$I_{op \cdot 1} = \frac{K_{rel}}{K_r} I_{N1} = \frac{1.05}{0.95} \times 137.5A = 152A$$

$$I_{op \cdot 2} = \frac{I_{op \cdot 1}}{n_{TA}} = \frac{152}{60} \approx 2.5A$$

故整定值取 $I_{op \cdot 1} = 150A$，$I_{op \cdot 2} \approx 2.5A$。

动作时间整定 $t = 10s$，保护动作发出过负荷信号。

4. 零序电流保护

配电变压器低压侧相零短路零序电流保护动作电流整定值按式（5-30）计算，得

$$I_{op \cdot 1} = K_{rel} \times 0.25 I_{N2} = 1.2 \times 0.25 \times 3608.55A = 1082.57A$$

查表5-2，选择 Y—LJ120J 型零序电流互感器，额定电流 $I_{N0}/I_{n0} = 1000A/5A$，零序电流互感器电流比 $n_{TA0} = 1000/5 = 200$，则配电变压器零序电流保护动作电流整定值为 $I_{op \cdot 1} = 1000A$，$I_{op \cdot 2} = 5A$。

零序电流保护动作时间整定 $t = 0.2s$。

零序电流保护动作跳变配电变压器 10kV 侧断路器。

5. 配电变压器温度保护

油浸式配电变压器顶层油温控制在 85℃，超过 85℃ 时，温度保护装置发出超温信号。运行人员应当减轻配电变压器的负荷，或采取开启风扇等其他降温措施。

10kV 配电变压器保护动作相关整定值见表5-5。

表 5-5 10kV 配电变压器保护动作相关整定值

名称	保护动作电流一次整定值/A	保护动作电流二次整定值/A	保护动作灵敏度		动作时间/s
			规定值	计算值	
	$I_{op \cdot 1}$	$I_{op \cdot 2}$	K_{sen}		t
电流速断保护	1740	29	2	2.54	0
过电流保护	204	3.4	1.5	21.7	1.5
过负荷保护	150	2.5			10
零度电流保护	1000	5			0.2
温度保护	85℃				

第六章

主变压器继电保护基本原理及整定计算

第一节 主变压器差动保护的基本原理

一、差动保护的基本原理

差动保护的基本原理是，防止变压器绕组和引出线多相短路、大接地电流系统侧绕组和引出线的单相接地短路及绕组匝间短路的（纵联）差动保护或电流速断保护。

变压器的差动保护是利用比较变压器各侧电流的差值构成的一种保护，其原理如图 6-1 所示。

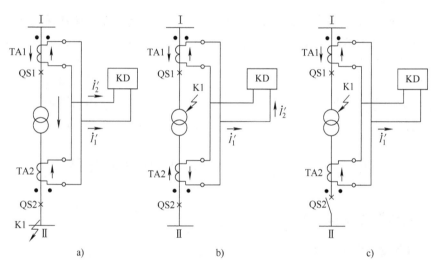

图 6-1 变压器差动保护原理图

a）正常运行及外部故障 b）内部故障（双侧电源） c）内部故障（单侧电源）

变压器装设有电流互感器 TA1 和 TA2，其二次绕组按环流原则串联，差动继电器 KD 并接在差动回路中。

变压器在正常运行或外部故障时，电流由电源侧 Ⅰ 流向负荷侧 Ⅱ，在图 6-1a 所示的接线中，TA1、TA2 的二次电流 i'_1、i'_2 会以反方向流过继电器 KD 的线圈，KD 中的电流等于二次电流 i'_1 和 i'_2 之差，故该回路称为差动回路，整个保护装置称为差动保护。若电流互感器 TA1 和 TA2 电流比选得理想且在忽略励磁电流的情况下，则 $i'_1 = i'_2$，继电器 DK 中电流 $i = 0$，亦即在正常运行或外部短路时，两侧的二次电流大小相等、方向相反，在继电器中电流等于零，因此差动保护不动作。

如果故障发生在 TA1 和 TA2 之间的任一部分（如 K1 点），且母线Ⅰ和Ⅱ均接有电源，则流过 TA1 和 TA2 一、二次侧电流方向如图 6-1b 所示。于是 i'_1 和 i'_2 按同一方向流过继电器 KD 线圈，即 $\dot{I} = \dot{I}'_1 + \dot{I}'_2$ 使 KD 动作，瞬时跳开 QS1 和 QS2。如果只有母线I有电源，当保护范围内部有故障（如 K1 点）时，$\dot{I}'_2 = 0$，故 $\dot{I}' = \dot{I}'_1$ 如图 6-1c 所示，此时继电器 KD 仍能可靠动作。

二、变压器差动保护装设的一般原则

1）并列运行的容量为 6300kVA 及以上的变压器，需装设变压器差动保护。

2）单独运行的容量为 7500kVA 及以上的变压器，需装设变压器差动保护。

3）并列运行的容量为 1000kVA 及以上、5600kVA 以下的降压变压器，如果电流速断保护的灵敏度不够（小于 2），且过电流保护的时限在 0.5s 以上时，也需装设变压器差动保护。

4）差动保护的保护范围为主变压器各侧差动电流互感器之间的一次电气部分：

① 变压器引出线及变压器绕组发生多相短路。

② 单相严重的匝间短路。

③ 在大电流接地系统中保护线圈及引出线上的接地故障。

三、电流速断保护

差动速断保护实际上是纵差保护的高定值差动保护。因此，差动速断保护反映的也是差流。与差动保护不同的是，它反映差流的有效值。不管差流的波形如何，以及含有谐波分量的大小，只要差流的有效值超过了整定值，它将迅速动作而切除变压器。

差动速断保护装设在变压器的电源侧，由瞬动的电流继电器构成。当电源侧为中性点不直接接地系统时，电流速断保护为两相式，在中性点直接接地系统中为三相式，为了提高保护对变压器高压侧引出线接地故障的灵敏系数，可采用两相三继电器式接线。

第二节 主变压器继电保护整定计算

一、主变压器差动保护整定计算

1. 变压器各侧一次额定电流

变压器各侧一次额定电流按式（6-1）计算，即

$$I_N = \frac{S_N}{\sqrt{3}U_N} \tag{6-1}$$

式中 I_N——变压器各侧一次额定电流，单位为 A；

S_N——变压器额定容量，单位为 kVA；

U_N——变压器各侧额定电压，单位为 kV。

2. 变压器各侧电流互感器二次额定电流

变压器各侧电流互感器二次额定电流按式（6-2）计算：

$$I_n = \frac{I_N}{n_{TA}} \tag{6-2}$$

式中 I_n——变压器各侧电流互感器二次额定电流，单位为 A；

I_N——变压器各侧一次额定电流，单位为 A；

n_{TA}——电流互感器电流比。

3. 电流互感器接线方式

变压器差动保护电流互感器，一般均为丫形接线方式。

4. 电流互感器二次额定计算电流

电流互感器二次额定电流按式（6-3）计算：

$$I_e = K_{jx}I_n \tag{6-3}$$

式中　I_e——电流互感器二次额定计算电流，单位为 A；

　　K_{jx}——变压器接线系数，变压器绕组丫形侧取 $\sqrt{3}$，变压器绕组△形侧取 1；

　　I_n——电流互感器二次额定电流，单位为 A。

5. 起动电流

变压器差动保护起动电流 $I_{op\cdot 0}$ 的整定原则，应可靠地躲过变压器正常运行时出现最大的不平衡电流。变压器正常运行时，在差动元件中产生不平衡电流，主要因为两侧差动 TA 电流比有误差、带负荷调压、变压器的励磁电流及保护通道传输和调整误差等。

起动电流 $I_{op\cdot 0}$ 可按式（6-4）计算：

$$I_{op\cdot 0} = K_{rel}(K_{er} + K_3 + \Delta u + K_4)I_e \tag{6-4}$$

式中　$I_{op\cdot 0}$——差动保护最小起动电流，单位为 A；

　　K_{rel}——可靠系数，取 1.3 ~ 2；

　　K_{er}——电流互感器 TA 的电流比误差，差动保护 TA 一般选用 10P 型，取 0.03×2；

　　K_3——变压器的励磁电流等其他误差，取 0.05；

　　Δu——变压器改变分接头或带负荷调压造成的误差，取 0.05；

　　K_4——通道变换及调试误差，取 $0.05 \times 2 = 0.1$；

　　I_e——电流互感器二次额定计算电流，单位为 A。

将以上各值代入式（6-4）可得 $I_{op\cdot 0} = (0.34 ~ 0.52)I_e$，通常取 $I_{op\cdot 0} = (0.4 ~ 0.5)I_e$。

运行实践证明：当变压器两侧流入差动保护装置的电流值相差不大（即为同一个数量级）时，$I_{op\cdot 0}$ 可取 $0.4I_e$；而当差动两侧电流值相差很大（相差 10 倍以上）时，$I_{op\cdot 0}$ 取 $0.5I_e$。比较合理。

变压器差动保护，一般按高压侧为基本整定侧。

6. 拐点电流

运行实践表明，在系统故障被切除后的暂态过程中，虽然变压器的负荷电流不超过额定电流，但是由于差动元件两侧 TA 的暂态特性不一致，使其二次电流之间相位发生偏移，可能在差动回路中产生较大的差流，致使差动保护误动作。

为躲过区外故障被切除后的暂态过程对变压器差动保护的影响，应使保护的制动作用提早产生。因此，$I_{res\cdot 0}$ 取 $(0.8 ~ 1.0)I_e$ 比较合理，$I_{res\cdot 2}$ 取 $3I_e$。

7. 比率制动系数

比率制动系数 S 按躲过变压器出口三相短路时产生的最大不平衡差流来整定。变压器出口区外故障时的最大不平衡电流为

$$I_{unb\cdot max} = (K_{er} + \Delta u + K_3 + K_4 + K_5)I_{k\cdot max} \tag{6-5}$$

式中　$I_{unb\cdot max}$——变压器出口区外故障时的最大不平衡电流，单位为 A；

　　K_{er}——电流互感器的电流比误差，差动保护 TA 一般选用 10P 型，取 0.03×2；

　　Δu——变压器改变分接头或带负荷调压造成的误差，取 0.05；

K_3——其他误差，取 0.05；

K_4——通道变换及调试误差，取 $0.05 \times 2 = 0.1$；

K_5——两侧 TA 暂态特性不一致造成不平衡电流的系数，取 0.1；

$I_{\text{k.max}}$——变压器出口三相短路时最大短路电流（TA 二次值）。

忽略拐点电流不计，计算得特性曲线的斜率 $S \approx 0.4$。

长期运行实践表明，比率制动系数取 $S = 0.4 \sim 0.5$ 比较合理。

8. 二次谐波制动比的整定

具有二次谐波制动的差动保护的二次谐波制动比，是表征单位二次谐波电流制动作用大小的一个物理量，通常整定为 15% ~ 20%。对于容量较大的变压器，取 16% ~ 18%，对于容量较小且空载投入次数可能较多的变压器，取 15% ~ 16%。二次谐波制动比越大，保护的谐波制动作用越弱，反之亦反。

9. 差动速断的整定

变压器差动速断保护，是纵差保护的辅助保护。当变压器内部故障电流很大时，防止由于电流互感器饱和引起差动保护振动或延缓动作。差动速断元件只反映差流的有效值，不受差流中的谐波及波形畸变的影响。

差动速断保护的整定值应按躲过变压器励磁涌流来确定，即

$$I_{\text{op}} = kI_{\text{N}} \tag{6-6}$$

式中　I_{op}——差动速断保护的动作电流，单位为 A；

　　　　k——整定倍数，一般取 4~8 倍。k 值视变压器容量和系统电抗的大小，变压器容量 40~120MVA 可取 3.0~8.0，120MVA 及以上变压器可取 2.0~6.0；

　　　　I_{N}——变压器一次定电流，单位为 A。

10. 校验灵敏度

差动保护的灵敏度应按最小运行方式下，差动保护区内变压器引出线上两相金属性短路计算。根据计算最小短路电流 $I_{\text{k.min}}$ 和相应的制动电流 I_{res}，在动作特性曲线上查得或计算的动作电流值 I_{op}，则灵敏度 K_{sen} 为

$$K_{\text{sen}} = \frac{I_{\text{k.min}}^{(2)}}{I_{\text{op}}K} \tag{6-7}$$

式中　K_{sen}——灵敏度，差动保护要求 $\geqslant 2.0$，差动速断要求 $\geqslant 1.2$；

　　$I_{\text{k.min}}^{(2)}$——两相短路电流，单位为 A；

　　　I_{op}——差动保护或差动速断保护整定电流，单位为 A；

　　　K——变压器电压比，$K_1 = 220/121 = 1.82$，$K_2 = 220/38.5 = 5.7$。

二、主变压器过负荷整定计算

变压器的过负荷保护，主要是为了防止变压器异常运行时，由于过负荷而引起过电流。在经常有人值班的情况下，保护装置作用于信号。对双绕组降压变压器，保护装在高压侧；对单侧电源的三绕组降压变压器，当三侧绕组容量相同时，保护只装在电源侧，对两侧电源的三绕组降压变压器或联络变压器，保护装在变压器三侧。

保护装置的动作电流，按躲过变压器的额定电流来整定，即

$$I_{op} = \frac{K_{rel}I_N}{K_r K_{TA}} \tag{6-8}$$

式中　I_{op}——变压器过负荷保护整定值，单位为 A；

　　　K_{rel}——可靠系数，取 $1.05 \sim 1.2$；

　　　K_r——返回系数，取 $0.95 \sim 0.98$；

　　　I_N——变压器一次侧额定电流，单位为 A；

　　　K_{TA}——电流互感器电流比。

把上述数值代入式（6-8），可得：

$$I_{op} = (1.17 \sim 1.2)I_N \tag{6-9}$$

在工程实际应用中，往往按主变压器 10.5% 过负荷整定，即

$$I_{op} = 1.1I_N \tag{6-10}$$

式中　I_{op}——动作整定电流，单位为 A；

　　　I_N——变压器各侧额定电流，单位为 A。

三、110kV 侧复合电压闭锁方向过电流保护整定计算

1. 复合电压闭锁方向过电流 I 段保护

（1）动作电流整定计算

110kV 侧复合电压闭锁方向过电流 I 段保护，作为 110kV 母线故障的近后备保护，与 110kV 馈供电线路距离保护 I 段、II 段相配合，一般能作为 110kV 母线及 110kV 出线的全线后备保护。动作电流整定值按式（6-11）计算：

$$I_{op} = K_{rel}I_k^{(3)} \tag{6-11}$$

式中　K_{rel}——可靠系数，取 1.2；

　　　$I_k^{(3)}$——110kV 出线末端三相短路电流，单位为 A。

（2）校验灵敏度

检验灵敏度按式（6-12）计算：

$$K_{sen} = \frac{I_{k \cdot min}^{(2)}}{I_{op}} \tag{6-12}$$

式中　K_{sen}——灵敏度，应≥1.5；

　　　$I_{k \cdot min}^{(2)}$——110kV 线路两相短路电流，单位为 A；

　　　I_{op}——保护动作整定电流，单位为 A。

（3）复合电压低电压定值整定

低电压动作电压按躲过无故障运行时保护安装处或 TV 安装处出现的最低电压来整定，即

$$U_{op} = \frac{U_{min}}{K_{rel}K_r} \tag{6-13}$$

式中　U_{op}——动作电压整定值；

　　　U_{min}——正常运行时出现的最低电压值；

　　　K_{rel}——可靠系数，取 1.2；

　　　K_r——返回系数，取 1.05。

当低电压继电器由变压器高压侧电压互感器供电时，其整定值按式（6-14）计算：

$$U_{op} = (0.6 \sim 0.7) U_n \tag{6-14}$$

式中　U_{op}——复合电压低电压定值，单位为 V；

　　　U_n——电压互感器二次额定电压，一般为 100V。

复合电压低电压定值整定一般取 $U_{op} = 70V$。

（4）复合电压负序电压的整定

负序电压继电器应按躲过正常运行时出现的不平衡电压整定，不平衡电压通过实测确定，当无实测时，根据现行规程的规定取值：

$$U_{op \cdot 2} = (0.06 \sim 0.08) U_{ph} \tag{6-15}$$

式中　$U_{op \cdot 2}$——复合电压负序电压的整定值，单位为 V；

　　　U_{ph}——电压互感器额定相间电压，$100/\sqrt{3} = 57.74V$。

则：

$$U_{op \cdot 2} = (0.06 \sim 0.08) U_{ph}$$
$$= (0.06 \sim 0.08) \times 57.74$$
$$= (3.46 \sim 4.62) V$$

故复合电压负序电压一般整定为 $U_{op \cdot 2} = 4V$。

2. 复合电压闭锁过电流保护

（1）动作电流整定计算

复合电压闭锁过电流保护的动作电流按躲过变压器运行时的最大负荷电流来整定，即

$$I_{op} = \frac{K_{rel}}{K_r} I_N \tag{6-16}$$

式中　I_{op}——动作电流整定值，单位为 A；

　　K_{rel}——可靠系数，取 1.2 ~ 1.4；

　　K_r——返回系数，取 0.95 ~ 0.98；

　　I_N——变压器额定电流，单位为 A。

把取值代入式（6-16），可得

$$I_{op} = (1.3 \sim 1.5) I_N \tag{6-17}$$

（2）校验灵敏度

校验灵敏度按式（6-18）计算：

$$K_{sen} = \frac{I_{k \cdot min}^{(2)}}{I_{op}} \tag{6-18}$$

式中　K_{sen}——灵敏度，要求 ≥1.5；

　　$I_{k \cdot min}^{(2)}$——110kV 侧两相短路电流，单位为 A；

　　I_{op}——动作电流整定值，单位为 A。

四、220kV 侧复合电压闭锁方向过电流保护整定计算

1. 复合电压方向过电流 I 段保护

（1）动作电流整定计算

复合电压方向过电流 I 段保护，应与主变压器 110kV 侧复合电压方向过电流 I 段保护

相配合，动作电流整定按式（6-19）计算：

$$I_{op} = K_{rel} \frac{I_{op \cdot 110 \cdot I}}{K_1 n_{TA}} \qquad (6\text{-}19)$$

式中　I_{op}——动作整定电流，单位为 A；

　　K_{rel}——可靠系数，取 1.1；

$I_{op \cdot 110 \cdot I}$——110kV 侧复合电压方向过电流 I 段保护整定值，单位为 A；

　　K_1——变压器电压比，$K_1 = \dfrac{U_{N1}}{U_{N2}} = \dfrac{220}{121} = 1.82$；

　　n_{TA}——电流互感器电流比，$n_{TA} = I_N / I_n = 1200 / 5 = 240$。

（2）校验灵敏度

灵敏度按式（6-20）校验，即

$$K_{sen} = \frac{I_{k \cdot min}^{(2)}}{I_{op} K} \geqslant 1.5 \qquad (6\text{-}20)$$

式中　K_{sen}——灵敏度；

$I_{k \cdot min}^{(2)}$——110kV、35kV 侧两相短路电流，单位为 A；

　　I_{op}——动作电流整定值，单位为 A；

　　K——变压器电压比，$K_1 = 1.82$，$K_2 = 5.7$。

2. 复合电压闭锁过电流保护

（1）动作电流整定计算

复合电压闭锁过电流应按躲过最大负荷电流，并与主变压器 110kV 侧复压过电流保护相配合，动作电流整定值按式（6-21）计算：

$$I_{op} = K_{rel} \frac{I_{op \cdot 110}}{K_1 n_{TA}} \qquad (6\text{-}21)$$

式中　I_{op}——动作电流整定值，单位为 A；

　　K_{rel}——可靠系数，取 1.1；

$I_{op \cdot 110}$——110kV 侧复压过电流整定值，单位为 A；

　　K_1——变压器电压比，取 1.82；

　　n_{TA}——220kV 侧电流互感器电流比，取 240。

（2）校验灵敏度

灵敏度按式（6-22）校验

$$K_{sen} = \frac{I_{k \cdot min}^{(2)}}{I_{op} K_2} \geqslant 1.5 \qquad (6\text{-}22)$$

式中　K_{sen}——灵敏度；

$I_{k \cdot min}^{(2)}$——35kV 母线侧两相短路电流，单位为 A；

　　I_{op}——动作电流整定值，单位为 A；

　　K_2——变压器电压比，取 5.7。

五、35kV 侧复合电压闭锁过电流保护整定计算

1. 复合电压过电流 I 段保护

（1）动作电流整定计算

复合电压过电流 I 段保护与 35kV 出线 II 段（限时速断）保护相配合，动作时间与主变压器 220kV 复合电压过电流 I 段保护相配合，动作电流整定值按式（6-23）计算：

$$I_{op} = K_{rel} I_k^{(3)} \qquad (6\text{-}23)$$

式中　I_{op}——动作电流整定值，单位为 A；

　　　K_{rel}——可靠系数，取 1.2；

　　　$I_k^{(3)}$——35kV 线路三相短路电流。

（2）检验灵敏度

灵敏度按式（6-24）校验，即

$$K_{sen} = \frac{I_{k \cdot min}^{(2)}}{I_{op}} \geqslant 1.5 \qquad (6\text{-}24)$$

式中　K_{sen}——灵敏度；

　　　$I_{k \cdot min}^{(2)}$——35kV 母线侧两相短路电流，单位为 A；

　　　I_{op}——动作电流整定值，单位为 A。

（3）复合电压低电压定值

复合电压低电压定值取 $U_L = 70V$。

（4）复合电压负序电压定值

复合电压负序电压定值取 $U_E = 4V$。

2. 复合电压过电流 II 段保护

复合电压过电流 II 段保护按躲过最大负荷电流，并与 35kV 出线过电流保护相配合，动作电流整定值按式（6-25）计算：

$$I_{op} = \frac{K_{rel} I_{N3}}{K_r n_{TA}} \qquad (6\text{-}25)$$

式中　I_{op}——动作电流整定值，单位为 A；

　　　K_{rel}——可靠系数，取 1.3；

　　　K_r——返回系数，取 0.95；

　　　n_{TA}——电流互感器电流比；

　　　I_{N3}——变压器低压侧额定电流，单位为 A。

按 35kV 母线侧两相短路电流校验灵敏度，要求 $K_{sen} \geqslant 1.5$。

六、110kV 侧零序方向过电流保护整定计算

1. 零序方向过电流 I 段保护

（1）动作电流整定计算

110kV 中压侧零序方向过电流 I 段保护的动作电流，应与主变压器 220kV 侧方向零序 I 段保护相配合，即

$$I_{op \cdot 1} = \frac{I_{op \cdot T1 \cdot I}}{K_{rel} n_{TA}} \qquad (6\text{-}26)$$

式中　$I_{op \cdot 1}$——动作电流整定值，单位为 A；

　　$I_{op \cdot T1 \cdot I}$——主变压器 220kV 高压侧零序过电流 I 段保护动作电流，归算到 110kV 侧的零序电流，单位为 A；

K_{rel}——可靠系数，取 1.1；

n_{TA}——电流互感器电流比。

110kV 中压侧零序过电流 I 段保护的动作电流，应与相邻线路零序过电流保护的 I 段动作电流相配合，即

$$I_{op \cdot 2} = \frac{K_{rel} I_{op \cdot 1 \cdot I}}{n_{TA}} \tag{6-27}$$

式中　$I_{op \cdot 2}$——动作电流整定值，单位为 A；

K_{rel}——可靠系数，取 1.1；

$I_{op \cdot 1 \cdot I}$——相邻线路零序过电流 I 段保护的动作电流整定值，单位为 A；

n_{TA}——电流互感器电流比。

110kV 中压侧零序过电流 I 段保护的动作电流取上述计算整定值的平均值，即

$$I_{op} = \frac{1}{2}(I_{op \cdot 1} + I_{op \cdot 2}) \tag{6-28}$$

式中　I_{op}——动作电流整定值，单位为 A；

$I_{op \cdot 1}$——与 220kV 侧零序过电流 I 段保护相配合的动作电流，单位为 A；

$I_{op \cdot 2}$——与相邻线路零序过电流 I 段保相配合的动作电流，单位为 A。

（2）校验灵敏度

灵敏度按式（6-29）校验，即

$$K_{sen} = \frac{3I_0}{I_{op}} \geq 1.5 \tag{6-29}$$

式中　K_{sen}——灵敏度；

$3I_0$——110kV 线路单相接地短路电流，单位为 A；

I_{op}——动作电流整定值，单位为 A。

2. 零序方向过电流 II 段保护

（1）动作电流整定计算

110kV 中压侧零序方向过电流 II 段保护的动作电流，应与主变压器 220kV 高压侧零序过电流 II 段保护相配合的动作电流，即

$$I_{op \cdot 1} = \frac{I_{op \cdot T1 \cdot II}}{K_{rel} n_{TA}} \tag{6-30}$$

式中　$I_{op \cdot 1}$——动作电流整定值，单位为 A；

$I_{op \cdot T1 \cdot II}$——220kV 高压侧，零序 II 段保护动作电流，归算到 110kV 侧的零序电流，单位为 A；

K_{rel}——可靠系数，取 1.1；

n_{TA}——电流互感器电流比。

110kV 中压侧零序方向过电流 II 段保护的动作电流，应与相邻线路零序过电流 II 段保护相配合，即

$$I_{op \cdot 2} = \frac{K_{rel} I_{op \cdot 1 \cdot II}}{n_{TA}} \tag{6-31}$$

式中　$I_{op \cdot 2}$——动作电流整定值，单位为 A；

K_{rel}——可靠系数，取 1.1；

$I_{\text{op} \cdot 1 \cdot \text{II}}$——相邻线路零序过电流 II 段的动作电流，单位为 A；

n_{TA}——电流互感器电流比。

110kV 中压侧零序过电流 II 段保护的动作电流取上述计算整定值的平均值，即

$$I_{\text{op}} = \frac{1}{2}(I_{\text{op} \cdot 1} + I_{\text{op} \cdot 2}) \tag{6-32}$$

式中　I_{op}——动作电流整定值，单位为 A；

$I_{\text{op} \cdot 1}$——与 220kV 侧零序过电流 II 段保护相配合的动作电流，单位为 A；

$I_{\text{op} \cdot 2}$——与相邻线路零序过电流 II 段保护相配合的动作电流，单位为 A。

（2）校验灵敏度

灵敏度按式（6-33）校验，即

$$K_{\text{sen}} = \frac{3I_0}{I_{\text{op}}} \geqslant 1.5 \tag{6-33}$$

式中　K_{sen}——灵敏度；

$3I_0$——110kV 线路单相接地短路电流，单位为 A；

I_{op}——动作电流整定值，单位为 A。

七、220kV 侧零序方向过电流保护整定计算

1. 零序过电流 I 段保护

（1）保护方向设置

220kV 变电站，一般都安装自耦变压器，其高压侧和中压侧均为大电流接地系统，中压侧与高压侧之间有电的联系，其运行时，共同的中性点必须接地，当高压侧或中压侧发生接地故障时，零序过电流将由一个系统流向另一个系统。为确保零序电流保护的选择性，应设置方向指向主变压器的零序过电流保护。

（2）动作电流的整定计算

零序过电流 I 段保护的动作电流，应保证在变压器中压侧母线上发生接地故障时有灵敏度，动作电流整定值按式（6-34）计算，即

$$I_{\text{op} \cdot \text{T1} \cdot \text{I}} = \frac{K_{\text{rel}} I_{\text{op} \cdot \text{T2} \cdot \text{I}}}{K_1} \tag{6-34}$$

式中　$I_{\text{op} \cdot \text{T1} \cdot \text{I}}$——变压器高压侧零序过电流 I 段保护的动作电流整定值，单位为 A，某省电力调度对该 220kV 变电站整定值限额应小于或等于 360A；

K_{rel}——可靠系数，取 1.15；

$I_{\text{op} \cdot \text{T2} \cdot \text{I}}$——变压器中压侧零序过电流 I 段保护的动作电流整定值，单位为 A；

K_1——变压器电压比，取 1.82。

（3）校验灵敏度

灵敏度按式（6-35）校验，即

$$K_{\text{sen}} = \frac{3I_0}{I_{\text{op}}} \geqslant 1.5 \tag{6-35}$$

式中　K_{sen}——灵敏度；

$3I_0$——110kV 母线发生单相接地短路电流，单位为 A；

I_{op}——动作电流整定值，单位为 A。

2. 零序过电流 II 段保护

（1）动作电流的整定计算

零序过电流 II 段保护的动作电流，应与变压器中压侧零序过电流 II 段保护的动作电流相配合，即

$$I_{\mathrm{op \cdot T1 \cdot II}} = \frac{K_{\mathrm{rel}} I_{\mathrm{op \cdot T2 \cdot II}}}{K_1} \tag{6-36}$$

式中　$I_{\mathrm{op \cdot T1 \cdot II}}$——变压器高压侧零序过电流 II 段保护的动作电流，单位为 A，某省电力调度对该 220kV 变电站整定限额应大于或等于 240A；

K_{rel}——可靠系数，取 1.15；

$I_{\mathrm{op \cdot T2 \cdot II}}$——变压器中压侧零序过电流 II 段保护的动作电流，单位为 A；

K_1——变压器电压比，$K_1 = 220/121 = 1.82$。

（2）校验灵敏度

灵敏度按式（6-37）校验，即

$$K_{\mathrm{sen}} = \frac{3I_0}{I_{\mathrm{op}}} \geqslant 1.5 \tag{6-37}$$

式中　K_{sen}——灵敏度；

$3I_0$——主变压器 110kV 侧单相接地短路电流，单位为 A；

I_{op}——整定值为 240A 时，110kV 侧短路电流，单位为 A。

第三节　35kV 主变压器继电保护整定计算实例

某县集镇 35kV 配电站，安装 S11—8000/35 型配电变压器一台，额定容量 $S_{\mathrm{n}} = 8000\mathrm{kVA}$，额定电压 $U_{\mathrm{n1}}/U_{\mathrm{n2}} = 35 \pm 2 \times 0.5\% /10.5\mathrm{kV}$，联结组标号 Ynd11，阻抗电压百分比 $u_{\mathrm{K}}\% = 7.5\%$。该配电变压器配置 PST—1260A 型差动保护装置，配置 PST—1261A 型 35kV 侧及 10kV 侧后备保护。试计算该配电变压器继电保护整定值。

解：

1. 差动保护整定值计算

配电变压器各侧计算数值见表 6-1。

表 6-1　配电变压器各侧计算数值

名称	各侧数值	
额定电压/kV	35	10
额定容量/kVA	8000	8000
额定电流/A	$I_{\mathrm{N1}} = \dfrac{S_{\mathrm{n}}}{\sqrt{3} U_{\mathrm{n1}}} = \dfrac{8000}{\sqrt{3} \times 35} = 132$	$I_{\mathrm{N2}} = \dfrac{S_{\mathrm{n}}}{\sqrt{3} U_{\mathrm{n2}}} = \dfrac{8000}{\sqrt{3} \times 10.5} = 440$

名称	各侧数值	
选用 TA 电流比	$n_{TA \cdot 1} = 400/5 = 80$	$n_{TA \cdot 2} = 600/5 = 120$
TA 二次接线	$\curlyvee$	$\curlyvee$
TA 二次额定电流/A	$I_{n2} = \dfrac{I_{N1}}{K_1} = \dfrac{132}{80} = 1.65$	$I_{n2} = \dfrac{I_{N2}}{K_2} = \dfrac{440}{120} = 3.67$
额定计算电流/A	$I_{e2} = \sqrt{3} I_{n2} = \sqrt{3} \times 1.65 = 2.9$	$I_{e2} = 3.67$

该配电变压器继电保护以 35kV 为基本侧。

（1）起动电流 $I_{op \cdot 0}$

比率差动保护起动电流 $I_{op \cdot 0}$ 按式（6-4）计算：

$$I_{op \cdot 0} = 0.4 I_{e2} = 0.4 \times 2.9A = 1.16A$$

电流互感器电流比 $n_{TA \cdot 1} = 400/5 = 80$，则电流互感器一次侧起动电流为

$$I_{op \cdot 2} = n_{TA \cdot 1} I_{e2} = 80 \times 1.16A = 92.8A$$

故差动保护起动电流整定值为 $I_{op \cdot 0 \cdot 1} = 92.8A$，$I_{op \cdot 0 \cdot 2} = 1.16A$，差动保护动作后，跳主变压器各侧断路器。

配电变压器 10kV 母线侧两相短路电流查表 3-18，$I_{K2}^{(2)} = 4.2kA = 4200A$，变压器电压比 $K_T = 35/10.5 = 3.3$，则按式（6-7）校验保护动作灵敏度，即

$$K_{sen} = \frac{I_{K2}^{(2)}}{I_{op} K_T} = \frac{4200}{92.8 \times 3.3} = 13.7 > 2$$

故灵敏度满足要求。

（2）差动速断保护动作电流 I_{op}

差动速断保护整定电流按式（6-6）计算：

$$I_{op \cdot 1} = k I_{N1} = 6 \times 132A = 792A$$

$$I_{op \cdot 2} = \frac{I_{op \cdot 1}}{n_{TA \cdot 1}} = \frac{792}{80}A = 10A$$

差动速断保护动作时，跳主变压器各侧断路器。

配电变压器 10kV 母线侧两相短路电流 $I_{K2}^{(2)} = 4.2kA = 4200A$，变压器电压比 $K_T = 35/10.5 = 3.3$。则按式（6-7）校验速断保护动作灵敏度，即

$$K_{sen} = \frac{I_{K2}^{(2)}}{I_{op \cdot 1} K_T} = \frac{4200}{792 \times 3.3} = 1.6 > 1.2$$

故灵敏度满足要求。

（3）二次谐波制动比的整定

二次谐波制动比的整定值取 0.15。

（4）高压侧额定电流

$$I_{N1}/I_{n2} = 132/1.65A$$

（5）高压侧额定电压

$$35kV$$

（6）高压侧 TA 电流比

$$n_{\text{TA}\cdot1} = 400/5 = 80$$

（7）低压侧额定电压

$$10.5\text{kV}$$

（8）低压侧 TA 电流比

$$600/5 = 120$$

2. 高压侧过负荷定值的整定

高压侧过负荷定值按式（6-8）计算：

$$I_{\text{op}\cdot1} = \frac{K_{\text{rel}}}{K_{\text{r}}}I_{\text{N1}} = \frac{1.05}{0.98} \times 132\text{A} = 141\text{A}$$

$$I_{\text{op}\cdot2} = \frac{I_{\text{op}\cdot1}}{n_{\text{TA}\cdot1}} = \frac{141}{80}\text{A} = 1.76\text{A}$$

3. 低压侧过负荷定值的整定

低压侧过负荷定值按式（6-8）计算：

$$I_{\text{op}\cdot1} = \frac{K_{\text{rel}}}{K_{\text{r}}}I_{\text{N2}} = \frac{1.05}{0.98} \times 440\text{A} = 471\text{A}$$

$$I_{\text{op}\cdot2} = \frac{I_{\text{op}\cdot1}}{n_{\text{TA}\cdot2}} = \frac{471}{120}\text{A} = 3.9\text{A}$$

双圈变压器可以不计算低压侧过负荷。

4. 启动通风定值，一般可按变压器 70% 额定负荷时，启动通风设备，即

$$I = \frac{KI_{\text{N1}}}{n_{\text{TA}\cdot1}} = \frac{0.7 \times 132}{80}\text{A} = 1.155\text{A} \approx 1.2\text{A}$$

5. 闭锁调压定值

$$I = \frac{KI_{\text{N1}}}{n_{\text{TA}\cdot1}} = \frac{1.1 \times 132}{80}\text{A} = 1.82\text{A}$$

S11—8000/35 型配电变压器差动保护整定值见表 6-2。

表 6-2　S11—8000/35 型配电变压器差动保护整定值

序号	定值名称	定值	序号	定值名称	定值
1	差动动作电流/A	92.8/1.16	7	低压侧额定电压/kV	10.5
2	差动速断电流/A	792/10	8	低压侧 TA 电流比	120
3	二次谐波制动系数	0.15	9	高压侧过负荷定值/A	141/1.76
4	高压侧额定电流/A	132/1.65	10	低压侧过负荷定值/A	471/3.9
5	高压侧额定电压/kV	35	11	启动通风定值/A	96/1.2
6	高压侧 TA 电流比	80	12	闭锁调压定值/A	145.6/1.82

6. 复合电压闭锁过电流保护

（1）10kV 侧复合电压闭锁过电流保护

1）动作电流整定计算

动作电流整定值按式（6-17）计算：

$$I_{\text{op·1}} = 1.5 I_{\text{N}} = 1.5 \times 440\text{A} = 660\text{A}$$

$$I_{\text{op·2}} = \frac{I_{\text{op·1}}}{n_{\text{TA}}} = \frac{660}{120}\text{A} = 5.5\text{A}$$

故动作电流整定值为 660/5.5A。

2）校验灵敏度

校验灵敏度按式（6-24）计算：

$$K_{\text{sen}} = \frac{I_{\text{K3}}^{(2)}}{I_{\text{op·1}}} = \frac{1300}{660} = 2 > 1.5$$

故灵敏度满足要求。

3）动作时间整定

10kV 侧保护动作时限 $t_1 = 1.3\text{s}$，跳主变压器低压侧断路器，并闭锁低压侧自投装置。

（2）35kV 侧复合电压闭锁过电流保护

1）动作电流整定值计算

动作电流整定值按式（6-19）计算：

$$I_{\text{op·1}} = K_{\text{rel}} \frac{I_{\text{op·1}}}{K_1} = 1.1 \times \frac{660}{3.3}\text{A} = 220\text{A}$$

$$I_{\text{op·2}} = \frac{I_{\text{op·1}}}{n_{\text{TA}}} = \frac{220}{60}\text{A} = 3.6\text{A}$$

电流互感器一次动作电流为

$$I_{\text{op·1}} = n_{\text{TA}} \cdot I_{\text{op·2}} = 60 \times 3.6 = 216$$

故动作电流整定值为 216/3.6A。

2）校验灵敏度

校验灵敏度按式（6-7）计算：

$$K_{\text{sen}} = \frac{I_{\text{K3}}^{(2)}}{I_{\text{op}} K_{\text{T}}} = \frac{1300}{220 \times 3.3} \approx 1.8 > 1.5$$

故灵敏度满足要求。

3）动作时限的整定

保护动作时限整定值：

$$t_2 = t_1 + \Delta t = 1.3\text{s} + 0.3\text{s} = 1.6\text{s}$$

保护动作后，经延时 1.6s 后，跳主变压器两侧断路器，并闭锁高压侧内桥自投装置。

7. 复合电压闭锁方向过电流 I 段保护

（1）10kV 侧复合电压闭锁方向过电流 I 段保护

1）动作电流整定值计算

10kV 侧复合电压闭锁方向过电流 I 段保护，作为 10kV 侧母线故障的近后备保护，应与 10kV 线路末端短路保护相配合，查表 3-18 得线路末端三相短路电流 $I_{\text{K3}}^{(3)} = 1500\text{A}$，电流互感器电流比 $K_{\text{TA}} = 600/5 = 120$，选用 PST—1261A 型主变压器 10kV 侧后备保护装置。则保护动作电流整定值按式（6-9）计算，即

$$I_{\text{op·1}} = K_{\text{rel}} I_{\text{K3}}^{(3)} = 1.2 \times 1500\text{A} = 1800\text{A}$$

$$I_{\text{op·2}} = \frac{I_{\text{op·1}}}{n_{\text{TA}}} = \frac{1800}{120}\text{A} = 15\text{A}$$

2）校验灵敏度

查表 3-18 得 10kV 线路末端两相短路电流 $I_{K3}^{(2)} = 1300A$，保护动作灵敏度按式（6-12）校验，即

$$K_{sen} = \frac{I_{K3}^{(2)}}{I_{op \cdot 1}} = \frac{1300}{1800} = 0.72 < 1.5$$

故灵敏度不满足要求，仅作为 10kV 侧的后备保护。

3）保护动作时限设定

10kV 侧复合电压闭锁方向过电流保护 1 时限，设定延时 $t_1 = 20s$，保护动作后跳 10kV 本侧断路器，并闭锁低压自投装置。

（2）35kV 侧复合电压闭锁方向过电流 I 段保护

1）保护动作电流整定值计算

35kV 侧复合电压闭锁方向过电流 I 段保护，应与主变压器 10kV 侧复合电压闭锁方向过电流 I 段保护相配合，变压器电压比为 $K_T = 35/10.5 = 3.3$，电流互感器电流比为 $n_{TA} = 300/5 = 60$，选用 PST—1261A 型主变压器 35kV 侧后备保护装置。保护动作电流整定值按式（6-19）计算，即

$$I_{op \cdot 1} = K_{rel} \frac{I_{op \cdot 10 \cdot 1}}{K_T} = 1.1 \times \frac{1800}{3.3}A = 600A$$

$$I_{op \cdot 2} = \frac{I_{op \cdot 1}}{n_{TA}} = \frac{600}{60}A = 10A$$

2）校验灵敏度

保护动作灵敏度按式（6-7）校验，即

$$K_{sen} = \frac{I_{K2}^{(2)}}{K_T I_{op \cdot 1}} = \frac{4200}{3.3 \times 600} = 2 > 1.5$$

故灵敏度满足要求。

3）保护动作时限设定

35kV 侧复合电压闭锁方向过电流保护 1 时限，设定延时 $t_1 = 20s$，保护动作后跳主变压器各侧断路器，并闭锁高压侧内桥自投装置。

变压器 10kV 侧后备保护整定值见表 6-3。

表 6-3　变压器 10kV 侧后备保护整定值

序号	名称	定值
1	复合电压元件低电压定值/V	70
2	复合电压元件负序电压定值/V	4
3	复合电压闭锁过电流保护电流定值/A	660/5.5
4	复合电压过电流保护 1 时限/s	1.3 跳主变低压侧断路器并闭锁低压自投装置
5	复合电压闭锁方向过电流保护电流定值/A	1800/15
6	复合电压方向过电流保护 1 时限/s	20 跳主变低压侧断路器并闭锁低压自投装置

变压器 35kV 侧后备保护整定值见表 6-4。

表6-4　变压器35kV侧后备保护整定值

序号	名称	整定值
1	复合电压元件低电压定值/V	70
2	复合电压元件负序电压定值/V	4
3	复合电压闭锁过电流保电流定值/A	198/3.3
4	复合电压闭锁过电流保护1时限/s	1.6 跳主变压器各侧断路器并闭锁高压侧内桥自投
5	复合电压闭锁方向过电流保护电流定值/A	600/10
6	复合电压闭锁方向过电流保护1时限/s	20 跳主变压器两侧断路器并闭锁高压侧内桥自投装置

8. 零序电流保护整定值

（1）35kV侧零序电流保护

电源进线电抗计算为

$$X_{L1 \cdot 1} = X_0 L_1 = (0.4 \times 3)\Omega = 1.2\Omega$$

$$X_{L1 \cdot 0} = X'_0 L_1 = 3.5 \times X_0 L_1 = (3.5 \times 0.4 \times 3)\Omega = 1.4 \times 3\Omega = 4.2\Omega$$

配电变压器电抗计算为

$$X_{T1} = X_{T2} = \frac{u_K\% U_N^2}{S_N} \times 10^3 = \frac{7.5 \times 37^2}{100 \times 8000} \times 10^3\Omega = 12.83\Omega$$

$$X_{T0} = 0.8 X_{T1} = 0.8 \times 12.83\Omega = 10.27\Omega$$

变压器Yn高压侧中性点接地电阻 $R_e = 4\Omega$。

变压器35kV线路单相接地系统电抗等效电路如图6-2所示。

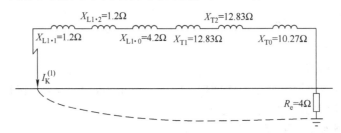

图6-2　35kV线路单相接地系统电抗等效电路

$$\sum Z = \sqrt{(3R)^2 + (X_{L1 \cdot 1} + X_{L1 \cdot 2} + X_{L1 \cdot 0} + X_{T1} + X_{T2} + X_{T0})^2}$$

$$= \sqrt{(3 \times 4)^2 + (1.2 \times 2 + 4.2 + 12.83 \times 2 + 10.3)^2}\Omega$$

$$= 13.66\Omega$$

设变压器10kV为电源侧，则35kV线路单相接地电流为

$$I_{K35}^{(1)} = \frac{3U_{ph}}{\sqrt{3}\sum Z} \times 10^3 = \frac{3 \times 37 \times 10^3}{\sqrt{3} \times 13.66}A = 4692A$$

35kV线路单相接地零序电流为

$$I_{K35 \cdot 0} = \frac{1}{3} I_{K35}^{(1)} = \frac{1}{3} \times 4692 = 1564A$$

选择 TY—LJKL120J—1500/5 型零序电流互感器，电流互感器电流比为 $n_{TA \cdot 0} = 1500/5 = 300$。

则 35kV 侧零序电流保护动作值为

$$I_{op \cdot 1} = 1500A$$

$$I_{op \cdot 2} = \frac{I_{op \cdot 1}}{n_{TA \cdot 0}} = \frac{1500}{300}A = 5A$$

零序保护动作时限取 $t = 20s$，跳 35kV 侧断路器。

（2）10kV 侧零电流保护

变压器 10kV 侧架空线路接地电流按式（5-21）计算，得

$$I_{op \cdot 1} = \frac{UL}{350} = \frac{10.5 \times 5}{350}A = 0.15A$$

查表 5-2，选择 TY—LJ100J 型零序电流互感器，电流比 $K_{TA \cdot 0} = 50/5 = 10$。则

$$I_{op \cdot 2} = \frac{I_{op \cdot 1}}{n_{TA \cdot 0}} = \frac{0.15}{10}A = 0.015A$$

动作时期取 $t = 20s$，发 10kV 线路单相接地信号。

35/10kV 变压器零序电流保护整定值见表 6-5。

表 6-5 35/10kV 变压器零序电流保护整定值

序号	名称	定值	备注
1	35kV 侧零序电流保护/A	1500/5	—
2	35kV 侧零序电流保护动作时限/s	20	跳 35kV 侧断路器
3	10kV 侧零序电流保护/A	0.15/0.02	—
4	10kV 侧零序电流保护动作时限/s	20	10kV 线路接地发信号

第四节 OSFS—180000/220 型主变压器继电保护整定计算实例

某市 220kV 变电站，变压器为自耦变压器，额定容量为 180MVA，额定电压为 220kV/121kV/38.5kV，选用 PST—1200 型数字式变压器保护装置，进行保护整定计算。

一、比率差动保护整定电流的计算

1. 起动电流 $I_{op \cdot 0}$

比率差动保护起动电流 $I_{op \cdot 0}$ 按式（6-4）计算：

$$I_{op \cdot 0} = 0.35I_e = 0.35 \times 3.4A = 1.2A$$

电流互感器电流比 $n_{TA} = 1200/5 = 240$，则电流互感器一次侧起动电流为

$$I_{op} = n_{TA}I_{op \cdot 0} = 240 \times 1.2A = 288A$$

在系统最小运行方式时，查表 3-23 得 35kV 母线侧两相短路电流 $I_k^{(2)} = 6436A$，变压器电压比 $K_2 = 5.7$。则按式（6-7）校验保护动作灵敏度：

$$K_{sen} = \frac{I_{k \cdot min}^{(2)}}{I_{op}K_2}$$

$$= \frac{6436}{288 \times 5.7}$$

$$= 3.92 > 2$$

故灵敏度满足要求。

2. 拐点电流

PST—1200 系列数字式变压器差动保护装置，设定拐点 1 电流 $I_{res \cdot 0} = I_e = 3.4A$，拐点 2 电流 $I_{res \cdot 2} = 3I_e = 3 \times 3.4A = 10.2A$。

3. 比率制动系数 S

PST—1200 系列数字式变压器差动保护装置，设定比率制动系数 $S_1 = 0.5$、$S_2 = 0.7$。

4. 二次谐波制动比的整定

具有二次谐波制动的差保护二次谐波制动比，通常整定为 15% ~ 20% 。这是一个建立在大量统计数据基础上的经验值，因此，整定值为 0.15。

5. 差动速断保护

（1）整定电流的计算

差动速断保护整定电流按式（6-6）计算：

$$I'_{op \cdot 1} = kI_{N1} = 8 \times 472.4A = 3779.2A$$

电流互感器电流比为

$$n_{TA} = I_{N1}/I_n = 1200/5 = 240$$

则差动速断保护，电流互感器二次整定电流为

$$I_{op \cdot 2} = \frac{I'_{op \cdot 1}}{n_{TA}} = \frac{3779.2}{240}A = 15.7A$$

差动速断保护电流互感器一次动作电流为

$$I_{op \cdot 1} = n_{TA}I_{op \cdot 2} = 240 \times 15.7A = 3768A$$

（2）校验灵敏度

查表 3-23 得 110kV 侧两相短路电流 $I_{k \cdot min}^{(2)} = 5899A$，35kV 侧两相短路电流 $I_{k \cdot min}^{(2)} = 6436A$。110kV 两相短路时，变压器电压比 $K_1 = 1.82$，35kV 两相短路时，变压器电压比 $K_2 = 5.7$。按式（6-7）校验灵敏度。

$$K_{sen} = \frac{I_{k \cdot min}^{(2)}}{I_{op}K_1} = \frac{5899}{3768 \times 1.82} = 0.86 < 1.2$$

$$K_{sen} = \frac{I_{k \cdot min}^{(2)}}{I_{op}K_2} = \frac{6436}{3768 \times 5.7} = 0.3 < 1.2$$

由此可知，差动速断保护只能保护到主变的部分，作为差动保护的辅助保护。

二、过负荷保护整定计算

1. 220kV 高压侧过负荷整定值计算

变压器过负荷保护整定原则，其动作电流应躲过该变压器各侧的额定电流。

220kV 侧过负荷值按式（6-10）计算：

$$I = 1.1I_{N1} = 1.1 \times 472.4A = 520A$$

高压侧电流互感器电流比 $n_{TA} = 240$，则电流互感器二次电流按式（6-2）计算：

$$I_{op} = \frac{I}{n_{TA}} = \frac{520}{240}A = 2.17A$$

220kV 侧过负荷定值取 $I_{op} = 2.1 \times 240/2.1A = 504/2.1A$。

2. 110kV 中压侧过负荷整定值计算

110kV 侧过负荷值按式（6-10）计算：

$$I = 1.1I_{N2} = 1.1 \times 858.9A = 945A$$

中压侧电流互感器电流比 $n_{TA} = 240$，则电流互感器二次电流按式（6-2）计算：

$$I_{op} = \frac{I}{n_{TA}} = \frac{945}{240}A = 3.9A$$

110V 侧过负荷定值取 $I_{op} = 3.8 \times 240/3.8A = 912/3.8A$。

3. 35kV 低压侧过负荷整定计算

35kV 侧过负荷值按式（6-10）计算：

$$I = 1.1I_{N3} = 1.1 \times 1350A = 1485A$$

低压侧电流互感器电流比 $n_{TA} = 400$，则电流互感器二次电流按式（6-2）计算：

$$I_{op} = \frac{I}{n_{TA}} = \frac{1485}{400}A = 3.71A$$

35kV 侧过负荷定值取 $I_{op} = 3.5 \times 400/3.5A = 1400/3.5A$。

三、110kV 侧复合电压闭锁方向过电流保护整定计算

1. 复合电压闭锁方向过电流 I 段保护

（1）动作电流整定计算

该变电站 110kV 出线长度 $L = 59.5km$，线路单位长度电抗 $X_{0L} = 0.4\Omega/km$，则线路电抗按式（3-22）计算，即

$$X_L = X_{0L}L = 0.4 \times 59.5\Omega = 23.8\Omega$$

线路电抗标幺值按式（3-46）计算，即：

$$X_{L\cdot*} = X_L \frac{S_j}{U_{av}} = 23.8 \times \frac{100}{115^2} = 0.18$$

系统最大运行方式时，系统短路电抗标幺值为 $X_{S\cdot*\cdot max} = 0.0117$，查表 4-2 得短路系统电抗标幺值等效电路如图 6-3 所示。

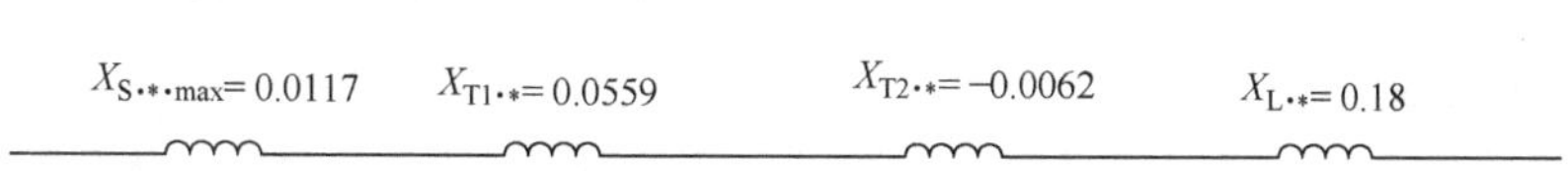

| $X_{S\cdot*\cdot max} = 0.0117$ | $X_{T1\cdot*} = 0.0559$ | $X_{T2\cdot*} = -0.0062$ | $X_{L\cdot*} = 0.18$ |

图 6-3 短路系统电抗标幺值等效电路

短路电抗标幺值计算为

$$\sum X_* = X_{S\cdot*\cdot max} + X_{T1\cdot*} + X_{T2\cdot*} + X_{L\cdot*}$$
$$= 0.0117 + 0.0559 - 0.0062 + 0.18$$
$$= 0.2414$$

110kV 线路三相短路电流按式（3-53）计算：

$$I_k^{(3)} = \frac{L_j}{\sum X_*} = \frac{502}{0.2414}A = 2080A$$

110kV 复合电压过电流 I 段整定电流按式（6-11）计算：

$$I_{op} = K_{rel}I_k^{(3)} = 1.2 \times 2080A = 2496A$$

110kV 电流互感器电流比 $n_{TA} = 1200/5 = 240$，则电流互感器二次整定电流为 $I_{op} = 2496/240A = 10.4A$。

（2）校验灵敏度

查表 3-23 得 110kV 母线侧两相短路电流 $I_{k\cdot min}^{(2)} = 5899A$，按式（6-12）校验灵敏度，即

$$K_{sen} = \frac{I_{k\cdot min}^{(2)}}{I_{op}} = \frac{5899}{2496} = 2.4 > 1.5$$

故灵敏度满足要求。

（3）动作时限整定

复压过电流 I 段保护第一时限 $t_1 = 0.8s$，跳 110kV 母联断路器。复压过电流 I 段保护第二时限 $t_2 = 1.1s$，跳 110kV 侧断路器。

（4）低电压定值

复压低电压定值取 $U_L = 70V$。

（5）负序电压定值

复压负序电压定值取 $U_E = 4V$。

2. 复合电压闭锁过电流保护

（1）动作电流整定计算

复压过电流保护整定电流按式（6-17）计算：

$$I_{op} = kI_{N2} = 1.5 \times 858.9A = 1288A$$

110kV 侧电流互感器电流比 $n_{TA} = 240$，则电流互感器二次整定电流 $I_{op} = 1288/240A = 5.4A$，取电流互感器一次整定电流 $I_{op} = 5.5 \times 240A = 1320A$。

（2）校验灵敏度

查表 3-23 得 110kV 侧两相短路电流 $I_{k\cdot min}^{(2)} = 5899A$。

灵敏度按式（6-18）校验，即

$$K_{sen} = \frac{I_{k\cdot min}^{(2)}}{I_{op}} = \frac{5899}{1320} = 4.5 > 1.5$$

故灵敏度满足要求。

（3）动作时限整定

复合电压过电流第一时限 $t_1 = 3.5s$，跳 110kV 侧断路器，复合电压过电流第二时限 $t_2 = 4.0s$，跳主变压器各侧断路器。

四、220kV 侧复合电压闭锁方向过电流保护整定计算

1. 复合电压闭锁方向过电流 I 段保护

（1）动作电流整定计算

220kV 侧复合电压闭锁方向过电流Ⅰ段保护，应与主变压器 110kV 侧复合电压闭锁方向过电流Ⅰ段保护整定电流 $I_{op \cdot T2 \cdot I} = 2496A$ 相配合。变压器电压比 $K_1 = 1.82$，电流互感器电流比 $n_{TA} = 240$，按式（6-19）计算动作电流整定值，即

$$I'_{op} = K_{rel} \frac{I_{op \cdot T2 \cdot I}}{K_1 n_{TA}}$$
$$= 1.1 \times \frac{2496}{1.82 \times 240}A$$
$$= 6.29A$$

整定值取 $I_{op \cdot 2} = 6.2A$，则电流互感器一次整定电流为 $I_{op \cdot 1} = I_{op \cdot 2} n_{TA} = 6.2 \times 240A = 1488A$。

（2）动作时限的整定

复合电压闭锁方向过电流Ⅰ段第一时限 $t_1 = 1.6s$，跳 220kV 侧断路器。

（3）校验灵敏度

查表 3-23 得主变压器 35kV 侧母线两相短路电流 $I_{k \cdot min}^{(2)} = 6436A$，变压器电压比 $K_2 = 5.7$，按式（6-20）校验灵敏度：

$$K_{sen} = \frac{I_{k \cdot min}^{(2)}}{I_{op} K_2} = \frac{6436}{1488 \times 5.7} = 0.76 < 1.5$$

由此可知，220kV 复合电压闭锁方向过电流Ⅰ段保护，不能作为 35kV 侧母线的后备保护。

查表 3-23 得主变压器 110kV 侧母线两相短路电流 $I_{k \cdot min}^{(2)} = 5899A$，变压器电压比 $K_1 = 1.82$，按式（6-20）校验灵敏度：

$$K_{sen} = \frac{I_{k \cdot min}^{(2)}}{I_{op} K_1} = \frac{5899}{1488 \times 1.82} = 2.2 > 1.5$$

故灵敏度满足要求。

（4）复合电压低电压的整定值

复合电压低电压的整定值取 $U_L = 70V$。

（5）复合电压负序电压的整定值

复合电压负序电压的整定值取 $U_E = 4V$。

2. 复合电压闭锁过电流保护

（1）动作电流的整定计算

220kV 侧复合电压过电流保护，应躲过主变压器最大负荷电流，并与主变压器 110kV 侧复压过电流 $I_{op \cdot T2} = 1320A$ 保护相配合。变压器电压比 $K_1 = 1.82$，电流互感器电流比 $n_{TA} = 240$，保护动作电流按式（6-21）计算

$$I'_{op} = K_{rel} \frac{I_{op \cdot T2}}{K_1 n_{TA}}$$
$$= 1.1 \times \frac{1320}{1.82 \times 240}A$$
$$= 3.3A$$

电流互感器一次动作电流整定值为

$$I_{op} = n_{TA} I'_{op} = 240 \times 3.3A = 792A$$

（2）校验灵敏度

查表 3-23 得 35kV 侧两相短路电流 $I_{k \cdot min}^{(2)} = 6436A$，变压器电压比 $K_2 = 5.7$，则按式（6-22）校验灵敏度：

$$K_{\text{sen}} = \frac{I_{\text{k}\cdot\text{min}}^{(2)}}{I_{\text{op}}K_2} = \frac{6436}{792 \times 5.7} = 1.4 < 1.5$$

灵敏度略低，为了防止主变压器外部故障时，损坏主变压器。根据对主变压器外部故障切除时间应不大于 2s 的要求，因此，35kV 侧复合电压过电流 I 段保护第三时限 $t_3 = 1.5\text{s}$，跳主变压器各侧断路器。

（3）动作时间整定

复合电压过电流 II 段第一时限 $t_1 = 4.1\text{s}$，跳 220kV 侧断路器，复合电压过电流 II 段第二时限 $t_2 = 4.5\text{s}$，跳主变压器各侧断路器。

五、35kV 侧复合电压闭锁过电流保护整定计算

1. 复合电压过电流 I 段保护

（1）动作电流整定计算

该变电站 35kV 线路长度 $L = 15\text{km}$，线路单位长度电抗 $X_{0\text{L}} = 0.4\Omega/\text{km}$，线路电抗按式（3-22）计算：

$$X_{\text{L}} = X_{0\text{L}}L = 0.4 \times 15\Omega = 6\Omega$$

线路电抗标幺值按式（3-46）计算：

$$X_{\text{L}\cdot*} = X_{\text{L}}\frac{S_{\text{j}}}{U_{\text{j}}^2} = 6 \times \frac{100}{37^2} = 0.438$$

短路系统电抗标幺值等效电路如图 6-4 所示。

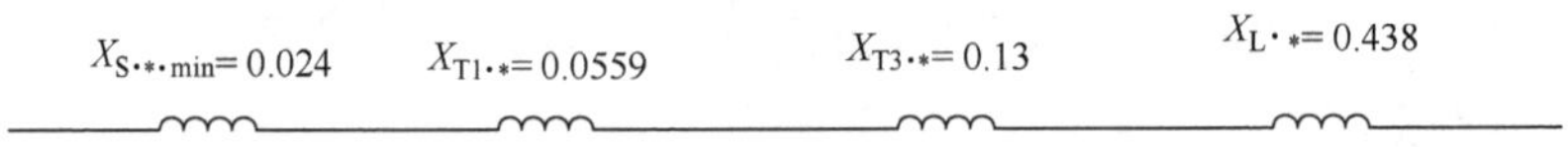

$$X_{\text{S}\cdot*\cdot\text{min}} = 0.024 \qquad X_{\text{T1}\cdot*} = 0.0559 \qquad X_{\text{T3}\cdot*} = 0.13 \qquad X_{\text{L}\cdot*} = 0.438$$

图 6-4　短路系统电抗标幺值等效电路

短路系统电流标幺值计算为

$$\sum X_* = X_{\text{S}\cdot*\cdot\text{min}} + X_{\text{T16}\cdot*} + X_{\text{T3}\cdot*} + X_{\text{L}\cdot*}$$
$$= 0.024 + 0.0559 + 0.13 + 0.438$$
$$= 0.6479$$

35kV 线路三相短路电流按式（3-53）计算：

$$I_{\text{k}}^{(3)} = \frac{I_{\text{j}}}{\sum X_*} = \frac{1560}{0.6479}\text{A} = 2408\text{A}$$

复合电压过电流保护动作电流整定值按式（6-23）计算：

$$I_{\text{op}} = K_{\text{rel}}I_{\text{k}}^{(3)} = 1.2 \times 2408\text{A} = 2889\text{A}$$

整定值取 $I_{\text{op}} = 2800\text{A}$，电流互感器电流比 $n_{\text{TA}} = 400$，电流互感器二次整定电流 $I_{\text{op}} = 7\text{A}$。

（2）校验灵敏度

查表 3-23 得 35kV 母线侧两相短路电流 $I_{\text{k}\cdot\text{min}}^{(2)} = 6436\text{A}$，根据对 35kV 母线故障时灵敏度要求 $K_{\text{sen}} \geq 1.5$，动作电流整定值 $I_{\text{op}} = 2800\text{A}$，按式（6-24）校验灵敏度：

$$K_{\text{sen}} = \frac{I_{\text{k}\cdot\text{min}}^{(2)}}{I_{\text{op}}} = \frac{6436}{2800} = 2.3 > 1.5$$

故灵敏度满足要求。

（3）动作时限的整定

复合电压过电流Ⅰ段第一时限 $t_1 = 0.8\text{s}$，跳 35kV 母联断路器，复合电压过电流Ⅰ段第二时限 $t_2 = 1.1\text{s}$，跳 35kV 本侧断路器，复合电压过电流Ⅰ段第三时限 $t_3 = 1.5\text{s}$，跳主变压器各侧断路器。

（4）复合电压低电压定值

复合电压低电压定值取 $U_\text{L} = 70\text{V}$。

（5）复合电压负序电压定值

复合电压负序电压定值取 $U_\text{E} = 4\text{V}$。

2. 复合电压过电流Ⅱ段保护

（1）动作电流整定计算

动作电流按躲过变压器的额定电流整定，查表 3-20 得主变压器 35kV 侧额定电流 $I_\text{N3} = 1350\text{A}$，电流互感器电流比 $n_\text{TA} = 400$，按式（6-25）计算整定电流，即

$$I_\text{op} = \frac{K_\text{reL}I_\text{N3}}{K_\text{r}n_\text{TA}} = \frac{1.3 \times 1350}{0.95 \times 400}\text{A} = 4.6\text{A}$$

整定电流取 $I_\text{op} = 4.5\text{A}$，电流互感器一次整定电流 $I_\text{op} = n_\text{TA}I_\text{op} = 400 \times 4.5\text{A} = 1800\text{A}$。

（2）校验灵敏度

查表 3-23 得 35kV 两相短路电流 $I_\text{k·min}^{(2)} = 6436\text{A}$，按式（6-24）校验灵敏度：

$$K_\text{sen} = \frac{I_\text{k·min}^{(2)}}{I_\text{op}} = \frac{6436}{1800} = 3.6 > 1.5$$

故灵敏度满足要求。

（3）动作时限的整定

复合电压过电流Ⅱ段第一时限 $t_1 = 2.5\text{s}$，跳 35kV 侧断路器，复合电压过电流Ⅱ段第二时限 $t_2 = 3\text{s}$，跳主变压器各侧断路器。

六、110kV 侧零序方向过电流保护整定计算

1. 零序方向过电流Ⅰ段保护

（1）动作电流整定计算

零序方向过电流Ⅰ段保护的动作电流，应与主变压器 220kV 侧零序过电流Ⅰ段保护相配合。从图 6-6 中可知，220kV 侧零序方向过电流Ⅰ段保护动作电流整定值 $I_\text{op} = 360\text{A}$ 时，归算到 110kV 侧时零序过电流 $I_\text{op·T1·I} = 879\text{A}$，可靠系数 $K_\text{rel} = 1.1$，电流互感器电流比 $n_\text{TA} = 240$，动作电流按式（6-26）计算：

$$I_\text{op} = \frac{I_\text{op·T1·I}}{K_\text{rel}n_\text{TA}} = \frac{879}{1.1 \times 240}\text{A} = 3.2\text{A}$$

零序方向过电流Ⅰ段保护的动作电流，应与相邻线路零序过电流Ⅰ段保护相配合，其整定值 $I_\text{op·L·I} = 600\text{A}$，动作电流按式（6-27）计算：

$$I_\text{op} = \frac{K_\text{rel}I_\text{op·L·I}}{n_\text{TA}} = \frac{1.1 \times 600}{240}\text{A} = 2.75\text{A}$$

动作电流整定值取平均值 $I_\text{op} = 2.9\text{A}$，电流互感器一次动作整定电流 $I_\text{op} = 700\text{A}$。

（2）校验灵敏度

该变电站 110kV 出线长度 $L = 33$km，线路单位长度电抗 $X_{0L} = 0.4\Omega/$km，线路电抗按式（3-22）计算：

$$X_L = X_{0L}L = 0.4 \times 33\Omega = 13.2\Omega$$

线路电抗标幺值按式（6-46）计算：

$$X_{L\cdot *} = X_L \frac{S_{1j}}{U_{av}^2} = 13.2 \times \frac{100}{115^2} = 0.1$$

线路零序电抗标幺值为

$$X_{L\cdot 0\cdot *} = 3X_{L\cdot *} = 3 \times 0.1 = 0.3$$

短路系统电抗标幺值等效值如图 6-5 所示。

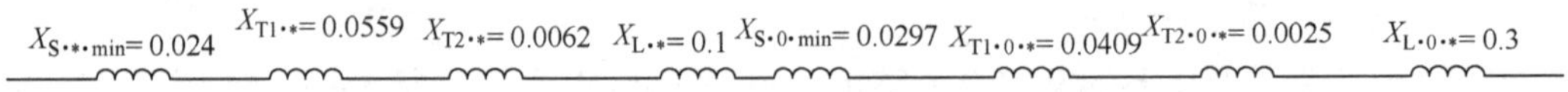

$X_{S\cdot *\cdot min} = 0.024$ $X_{T1\cdot *} = 0.0559$ $X_{T2\cdot *} = 0.0062$ $X_{L\cdot *} = 0.1$ $X_{S\cdot 0\cdot min} = 0.0297$ $X_{T1\cdot 0\cdot *} = 0.0409$ $X_{T2\cdot 0\cdot *} = 0.0025$ $X_{L\cdot 0\cdot *} = 0.3$

图 6-5 短路系统电抗标幺值等效值

短路系统标幺值计算为

$$
\begin{aligned}
\sum X_* &= X_{1\cdot *} + X_{2\cdot *} + X_{0\cdot *} \\
&= (X_{S\cdot *\cdot min} + X_{T1\cdot *} + X_{T2\cdot *} + X_{L\cdot *}) \times 2 + \\
&\quad \frac{(X_{S\cdot 0\cdot *\cdot min} + X_{T1\cdot 0\cdot *})X_{T3\cdot 0\cdot *}}{X_{S\cdot 0\cdot *\cdot min} + X_{T1\cdot 0\cdot *} + X_{T3\cdot 0\cdot *}} + X_{T2\cdot 0\cdot *} + X_{L\cdot 0\cdot *} \\
&= (0.024 + 0.0559 - 0.0062 + 0.1) \times 2 + \\
&\quad \frac{(0.0297 + 0.0409) \times 0.2055}{0.0297 + 0.0409 + 0.2055} + 0.0025 + 0.3 \\
&= 0.3474 + 0.65255 + 0.0025 + 0.3 \\
&= 0.70245
\end{aligned}
$$

按式（3-55）计算单相接地短路电流，即

$$3I_0 = \frac{3I_j}{\sum X_*} = \frac{3 \times 502}{0.70245}A = 2144A$$

按式（6-29）校验灵敏度：

$$K_{sen} = \frac{3I_0}{I_{op}} = \frac{2144}{700} = 3.1 > 1.5$$

则灵敏度满足要求。

（3）动作时间确定

零序方向过电流 I 段第一时限 $t_1 = 0.8$s，跳 110kV 母联断路器，零序方向过电流 I 段第二时限 $t_2 = 1.1$s，跳 110kV 侧断路器。

2. 零序方向过电流 II 段保护

（1）动作电流整定计算

110kV 侧零序方向过电流 II 段保护，应与主变压器 220kV 侧零序方向过电流 II 段保护相配合。220kV 侧零序方向过电流 II 段保护整定电流 $I_{op} = 240$A，归算到 110kV 侧短路电流由图 6-7 中得知，$I_0 = 586$A，动作电流按式（6-30）计算：

$$I'_{op} = \frac{I_0}{K_{rel}n_{TA}} = \frac{586}{1.1 \times 240}A = 2.1A$$

110kV 侧零序方向过电流Ⅱ段保护，应与相邻线路零序方向过电流Ⅱ段保护相配合。线路零序方向过电流动作电流 $I_{\mathrm{op \cdot 3 \cdot II}} = 300\mathrm{A}$，动作电流按式（6-31）计算：

$$I'_{\mathrm{op}} = \frac{K_{\mathrm{rel}}I_{\mathrm{op \cdot 3 \cdot II}}}{n_{\mathrm{TA}}} = \frac{1.1 \times 300}{240}\mathrm{A} = 1.38\mathrm{A}$$

按式（6-32）计算整定电流平均值，即

$$I_{\mathrm{op}} = \frac{1}{2}(I'_{\mathrm{op}} + I'_{\mathrm{op}}) = \frac{1}{2}(2.1 + 1.38)\mathrm{A} = 1.74\mathrm{A}$$

动作电流整定值取 $I_{\mathrm{op}} = 1.7\mathrm{A}$，电流互感器一次侧动作电流整定值 $I_{\mathrm{op}} = 400\mathrm{A}$。

（2）校验灵敏度

110kV 线路单相接地故障电流由上述计算得 $3I_0 = 2144\mathrm{A}$。

灵敏度按式（6-33）校验，即

$$K_{\mathrm{sen}} = \frac{3I_0}{I_{\mathrm{op}}} = \frac{2144}{400} = 5.4 > 1.5$$

故满足灵敏度的要求。

（3）动作时限的整定

零序过电流Ⅱ段第一时限 $t_1 = 2.1\mathrm{s}$，跳 110kV 侧断路器，零序过电流Ⅱ段第二时限 $t_2 = 2.5\mathrm{s}$，跳主变压器各侧断路器。

七、220kV 侧零序方向过电流保护整定计算

1. 零序过电流Ⅰ段保护

（1）动作电流整定计算

零序方向过电流保护，设置方向指向主变压器。

110kV 侧零序过电流Ⅰ段保护整定电流 $I_{\mathrm{op \cdot T \cdot n3 \cdot I}} = 700\mathrm{A}$，按式（6-34）计算动作电流整定值，即

$$I_{\mathrm{op \cdot T1 \cdot I}} = \frac{K_{\mathrm{rel}}I_{\mathrm{op \cdot T2 \cdot I}}}{K_1} = \frac{1.15 \times 700}{1.82}\mathrm{A} = 442\mathrm{A}$$

220kV 侧零序过电流Ⅰ段保护，该省调整定限额为 $I_{\mathrm{op}} \leqslant 360\mathrm{A}$，故零序过电流Ⅰ段整定值 $I_{\mathrm{op}} = 360\mathrm{A}$，电流互感器二次电流为 1.5A。

（2）校验灵敏度

在系统最小运行方式时，110kV 母线发生单相接地故障时应有灵敏度。短路系统零序电抗标幺值等效电路如图 6-6 所示。

220kV 侧零序方向过电流Ⅰ段电流定值 $I_{\mathrm{op}} = 360\mathrm{A}$，110kV 侧发生单相接地故障时，单相接地短路电流计算为

$$
\begin{aligned}
I_{0 \cdot 110} &= \frac{I_{0 \cdot 220} \times \dfrac{U_{\mathrm{N1}}}{U_{\mathrm{N2}}}(X_{\mathrm{S \cdot 0 \cdot * \cdot min}} + X_{\mathrm{T1 \cdot 0 \cdot *}}) \times (X_{\mathrm{S \cdot 0 \cdot * \cdot min}} + X_{\mathrm{T1 \cdot 0 \cdot *}} + X_{\mathrm{T3 \cdot 0 \cdot *}})}{(X_{\mathrm{S \cdot 0 \cdot * \cdot min}} + X_{\mathrm{T1 \cdot 0 \cdot *}})X_{\mathrm{T3 \cdot 0 \cdot *}}} \\
&= \frac{360 \times \dfrac{220}{121} \times (0.0297 + 0.0409) \times (0.0297 + 0.0409 + 0.2055)}{(0.0297 + 0.0409) \times 0.2055}\mathrm{A}
\end{aligned}
$$

$$= \frac{654.55 \times 0.07060 \times 0.2761}{0.01451}A$$

$$= 879A$$

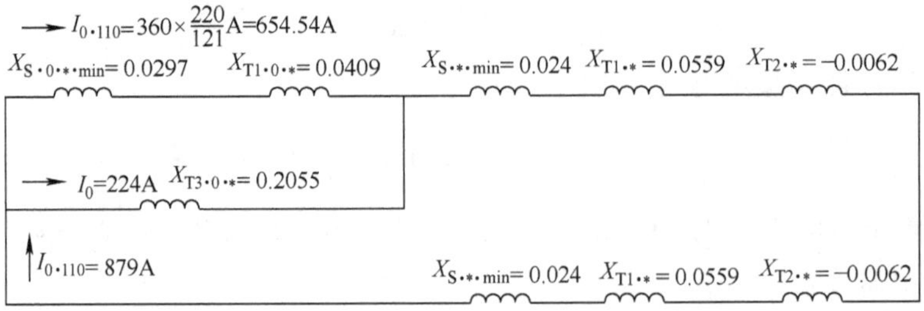

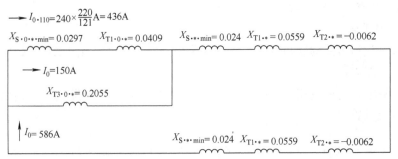

图 6-6　短路系统零序电抗标幺值等效电路

系统最小运行方式时，查表 3-24 得 110kV 单相接地短路电流 $I_k^{(1)} = 7441A$，按式（6-35）校验灵敏度：

$$K_{sen} = \frac{3I_0}{I_{op}} = \frac{7441}{879} = 8.5 > 1.5$$

故灵敏度满足要求。

（3）动作时间的整定

零序方向过电流 I 段动作时间 $t = 1.6s$，跳 220kV 侧断路器。

2. 零序过电流 II 段保护

（1）动作电流整定计算

零序过电流 II 段保护的动作电流，应与主变压器 110kV 侧零序过电流 II 段保护的动作电流 $I_{op \cdot T2 \cdot II} = 400A$ 相配合，保护动作电流按式（6-36）计算：

$$I_{op \cdot T1 \cdot II} = \frac{K_{rel}I_{op \cdot T2 \cdot II}}{K_1} = \frac{1.15 \times 400}{1.82}A = 252.75A$$

该省调限额 $I_{op \cdot T1 \cdot II} \geqslant 240A$，故取整定值 $I_{op \cdot T1 \cdot II} = 240A$，电流互感器二次电流整定 $I_{op \cdot T1 \cdot II} = 1A$。

（2）校验灵敏度

短路系统电抗标幺值等效电路如图 6-7 所示。

图 6-7　短路系统电抗标幺值等效电路

主变压器 220kV 侧零序 II 段保护整定电流 $I_{op \cdot II} = 240A$，归算到 110kV 侧时的零序电流

$$I_{op} = I_{op \cdot II} \times \frac{U_{N1}}{U_{N2}} = 240 \times \frac{220}{121}A = 436A。$$

110kV 侧单相接地短路电流计算为

$$I_{0.110} = \frac{I_{0.220} \times \dfrac{U_{T1}}{U_{T2}} \times (X_{S \cdot 0 \cdot * \cdot min} + X_{T1 \cdot 0 \cdot *}) \times (X_{S \cdot 0 \cdot * \cdot min})}{(X_{S \cdot 0 \cdot * \cdot min} + X_{T1 \cdot 0 \cdot *}) \times X_{T3 \cdot 0 \cdot *} + X_{T1 \cdot 0 \cdot *} + X_{T3 \cdot 0 \cdot *}}$$

$$= \frac{240 \times \dfrac{220}{121} \times (0.0297 + 0.0409) \times (0.0297 + 0.0409 + 0.2055)}{(0.0297 + 0.0409) \times 0.2055} A$$

$$= \frac{436.36 \times 0.0706 \times 0.2761}{0.0706 \times 0.2055} A$$

$$= \frac{8.506}{0.01451} A$$

$$= 586 A$$

查表 3-24 得 110kV 侧单相接地短路电流 $3I_0 = 7441A$，按式（6-37）校验灵敏度：

$$K_{sen} = \frac{3I_0}{I_{op}} = \frac{7441}{586} = 12.7 > 1.5$$

故满足灵敏度要求。

（3）动作时限整定

零序方向过电流Ⅱ段第一时限 $t_1 = 2.6s$，跳 220kV 侧断路器，零序方向过电流Ⅱ段第二时限 $t_2 = 5.5s$，跳主变压器各侧断路器。

八、继电保护整定值

某市 220kV 变电站安装一台容量为 180MVA 的主变压器，采用 PST—1202A 型主变保护装置，二次谐波原理第一套差动保护整定值见表6-6，控制字含义见表6-7。

表6-6 二次谐波原理第一套差动保护整定值

序号	定值名称	定值符号	整定值	备注
1	控制字	KG	0820	—
2	差动动作电流	ICD	288/1.2A	—
3	差动速断动作电流	ISD	3768/15.7A	—
4	二次谐波制动系数	XB2	0.15	—
5	高压侧额定电流	IN	472A/1.97A	—
6	高压侧额定电压	HDY	220kV	—
7	高压侧TA电流比	HCT	1200/5	Ｙ接线
8	中压侧额定电压	MDY	121kV	—
9	中压侧TA电流比	MCT	1200/5	Ｙ接线
10	低压侧额定电压	LDY	38.5kV	—
11	低压侧TA电流比	LCT	2000/5	Ｙ接线
12	高压侧过负荷定值	HGF	504/2.1A	—
13	中压侧过负荷定值	MGF	912/3.8A	—
14	低压侧过负荷定值	LGF	1400/3.5A	—
15	启动通风定值	ITF	312/1.3A	—
16	闭锁调压定值	ITY	1200/5A	未接线

表 6-7　控制字含义

位号	代码	置 0 时的含义	置 1 时的含义	整定值
0	KB CTYH	高压侧 TA 星形接线	高压侧 TA 三角形接线	0
1	KB CTYM	中压侧 TA 星形接线	中压侧 TA 三角形接线	0
2	KB CTYL	侧压侧 TA 星形接线	低压侧 TA 三角形接线	0
3	—	备用	备用	0
4	KG XB5	五次谐波制动退出	五次谐波制动投入	0
5	KG CTDX	TA 断线不闭锁差动保护	TA 断线闭锁差动保护	1
6 ~ 7	—	备用	备用	0
8	KG YH	主变压器高压绕组星形接线	主变压器高压绕组三角形接线	0
9	KG YM	主变压器中压绕组星形接线	主变压器中压绕组三角形接线	0
10	KG YL	主变压器低压绕组星形接线	主变压器低压绕组三角形接线	0
11	KG YABC	Y/△—1 接线	Y/△—11 接线	1
12	KG IN	TA 额定电流 5A	TA 额定电流 1A	0
13 ~ 15	—	备用	备用	0

注：1. 第一套差动保护各侧 TA 按 Y 接线接入，动作后跳主变压器各侧断路器。

　　2. 差动接线系数由内部软件实现。

采用 PST—1202A 型主变保护装置，波形对称原理第二套差动保护整定值见表 6-8，控制字含义见表 6-9。

表 6-8　波形对称原理第二套差动保护整定值

序号	定值名称	定值符号	整定值	备注
1	控制字	KG	0820	—
2	差动动作电流	ICD	288A/1.2A	—
3	差动速断动作电流	ISD	3768A/15.7A	—
4	高压侧额定电流	IN	472A/1.97A	—
5	高压侧额定电压	HDY	220kV	—
6	高压侧 TA 电流比	HCT	1200/5	Y 接线
7	中压侧额定电压	MDY	121kV	—
8	中压侧 TA 电流比	MCT	1200/5	Y 接线
9	低压侧额定电压	LDY	38.5kV	—
10	低压侧 TA 电流比	LCT	2000/5	Y 接线
11	高压侧过负荷定值	HGF	504/2.1A	—
12	中压侧过负荷定值	MGF	912/3.8A	—
13	低压侧过负荷定值	LGF	1400/3.5A	—
14	启动通风定值	ITF	312/1.3A	—
15	闭锁调压定值	ITY	1200/5A	未接线

表 6-9　控制字含义

位号	代码	置0时的含义	置1时的含义	整定值
0	KB CTYH	高压侧 TA 星形接线	高压侧 TA 三角形接线	0
1	KB CTYM	中压侧 TA 星形接线	中压侧 TA 三角形接线	0
2	KB CTYL	低压侧 TA 星形接线	低压侧 TA 三角形接线	0
3	—	备用	备用	0
4	KG XB5	五次谐波制动退出	五次谐波制动投入	0
5	KG CTDX	TA 断线不闭锁差动保护	TA 断线闭锁差动保护	1
6～7	—	备用	备用	0
8	KG YH	主变压器高压绕组星形接线	主变高压绕组三角形接线	0
9	KG YM	主变压器中压绕组星形接线	主变中压绕组三角形接线	0
10	KG YL	主变压器低压绕组星形接线	主变低压绕组三角形接线	0
11	KG YABC	Y/△—1 接线	Y/△—11 接线	1
12	KG IN	TA 额定电流 5A	TA 额定电流 1A	0
13～15	—	备用	备用	0

注：1. 第二套差动保护各侧 TA 按 Y 接线接入，动作后跳主变压器各侧断路器。

2. 差动接线系数由内部软件实现。

采用 PST—1202A/B 型主变压器保护装置，220kV 侧第一套、第二套后备保护整定值见表 6-10，KG1 控制字含义见表 6-11，KG2 控制字含义见表 6-12。

表 6-10　220kV 侧第一套、第二套后备保护整定值

序号	定值名称	定值符号	整定值	备注
1	控制字 1	KG1	6022	—
2	控制字 2	KG2	9B11	—
3	复合电压低电压定值	UL	70V	线电压二次值
4	复合电压负序电压定值	UE	4V	相电压二次值
5	复合电压方向过电流I段电流定值	FYFX1	1488/6.2A	—
6	复合电压方向过电流I段I时限	TFFXI	1.6s	跳 220kV 侧断路器
7	复合电压方向过电流I段II时限	TFFX2	10s	停用
8	复合电压方向过电流I段III时限	TFFX3	10s	停用
9	复合电压方向过电流II段电流定值	FYFX2	1488/6.2A	—
10	复合电压方向过电流II段I时限	TFFX4	1.6s	跳 220kV 侧断路器
11	复合电压方向过电流II段II时限	TFFX5	10s	停用
12	复合电压方向过电流II段III时限	TFFX6	10s	停用
13	复合电压过电流电流定值	FYGL	792/3.3A	—
14	复合电压过电流I时限	TFYGL1	4.1s	跳 220kV 侧断路器
15	复合电压过电流II时限	TFYGL2	4.5s	跳主变压器各侧断路器
16	零序方向过电流I段电流定值	LXFX1	360/1.5A	—
17	零序方向过电流I段I时限	TLFX1	1.6s	跳 220kV 侧断路器
18	零序方向过电流I段II时限	TLFX2	10s	停用
19	零序方向过电流I段III时限	TLFX3	10s	停用
20	零序方向过电流II段电流定值	LXFX2	240/1A	—

（续）

序号	定值名称	定值符号	整定值	备注
21	零序方向过电流Ⅱ段Ⅰ时限	TLFX4	2.6s	跳220kV侧断路器
22	零序方向过电流Ⅱ段Ⅱ时限	TLFX5	5.5s	跳主变压器各侧断路器
23	零序方向过电流Ⅱ段Ⅲ时限	TLFX6	10s	停用
24	本侧额定电流	IN	472A/1.97A	—

表 6-11　KG1 控制字含义

位号	代码	置0时的含义	置1时的含义	整定值
0	KG FYGF1	复合电压方向过电流Ⅰ段方向为正方向	复合电压方向过电流Ⅰ段方向为反方向	0
1	KG FFX1	复合电压方向过电流Ⅰ段Ⅰ时限不投入	复合电压方向过电流Ⅰ段Ⅰ时限投入	1
2	KG FFX2	复合电压方向过电流Ⅰ段Ⅱ时限不投入	复合电压方向过电流Ⅰ段Ⅰ时限投入	0
3	KG FFX3	复合电压方向过电流Ⅰ段Ⅲ时限不投入	复合电压方向过电流Ⅰ段Ⅲ时限投入	0
4	KG F2FX	复合电压方向Ⅱ段方向不投入	复合电压方向Ⅱ段方向投入	0
5	KG FFX4	复合电压方向过电流Ⅱ段Ⅰ时限不投入	复合电压方向过电流Ⅱ段Ⅰ时限投入	1
6	KG FFX5	复合电压方向过电流Ⅱ段Ⅱ时限不投入	复合电压方向过电流Ⅱ段Ⅱ时限投入	0
7	KG FFX6	复合电压方向过电流Ⅱ段Ⅲ时限不投入	复合电压方向过电流Ⅱ段Ⅲ时限投入	0
8	KG FYGF2	复合电压方向过电流Ⅱ段方向为正方向	复合电压方向过电流Ⅱ段方向为反方向	0
9	KG JXBH2	间隙保护Ⅱ时限不投入	间隙保护Ⅱ时限投入	0
10	—	备用	备用	0
11	—	备用	备用	0
12	—	备用	备用	0
13	KG FYGL1	复合电压过电流Ⅰ时限不投入	复合电压过电流Ⅰ时限投入	1
14	KG FYGL2	复合电压过电流Ⅱ时限不投入	复合电压过电流Ⅱ时限投入	1
15	KG FQX	非全相保护不投入	非全相保护投入	0

表 6-12　KG2 控制字含义

位号	代码	置0时的含义	置1时的含义	整定值
0	KG LXFXT1	零序方向过电流Ⅰ段Ⅰ时限不投入	零序方向过电流Ⅰ段Ⅰ时限投入	1
1	KG LXFXT2	零序方向过电流Ⅰ段Ⅱ时限不投入	零序方向过电流Ⅰ段Ⅱ时限投入	0
2	KG LXFXT3	零序方向过电流Ⅰ段Ⅲ时限不投入	零序方向过电流Ⅰ段Ⅲ时限投入	0
3	KG JXBH1	间隙保护Ⅰ时限不投入	间隙保护Ⅰ时限投入	0
4	KG LXFXT4	零序方向过电流Ⅱ段Ⅰ时限不投入	零序方向过电流Ⅱ段Ⅰ时限投入	1
5	KG LXFXT5	零序方向过电流Ⅱ段Ⅱ时限不投入	零序方向过电流Ⅱ段Ⅱ时限投入	0
6	KG LXFXT6	零序方向过电流Ⅱ段Ⅲ时限不投入	零序方向过电流Ⅱ段Ⅲ时限投入	0
7	KG LXGF1	零序方向过电流Ⅰ段方向为正方向	零序方向过电流Ⅰ段方向为反方向	0
8	KG LXGLI	零序过电流Ⅰ时限不投入	零序过电流Ⅰ时限投入	1
9	KG LXGL2	零序过电流Ⅱ时限不投入	零序过电流Ⅱ时限投入	1
10	KG INGL	中性点过电流保护不投入	中性点过电流保护投入	0
11	KG GGFH	非全相电流闭锁不投入	非全相电流闭锁投入	1
12	KG LX2FX	零序方向过电流Ⅱ段方向不投入	零序方向过电流Ⅱ段方向投入	1

（续）

位号	代码	置 0 时的含义	置 1 时的含义	整定值
13	KG LXGF2	零序方向过电流Ⅱ段方向为正方向	零序方向过电流Ⅱ段方向为反方向	0
14	KG IN	TA 额定电流为 5A	AT 额定电流为 1A	0
15	KG UICHK	TA、TV 断线自检退出	TA、TV 断线自检投入	1

注：1. 复压方向过电流Ⅰ段及零序方向过电流Ⅰ、Ⅱ段的方向元件指向主变压器。

2. 复合电压取三侧并联。

3. 220kV 第一套后备保护和第二套后备保护用相同定值。

采用 PST—1202A/B 型主保护，110kV 侧第一套、第二套后备保护整定值见表 6-13，KG1 控制字含义见表 6-14，KG2 控制字含义见表 6-15。

表 6-13 110kV 侧第一套、第二套后备保护整定值

序号	定值名称	定值符号	整定值	备注
1	控制字 1	KG1	6167	—
2	控制字 2	KG2	B0B3	—
3	复合电压低电压定值	UL	70V	线电压二次值
4	复合电压负序电压定值	UE	4V	相电压二次值
5	复合电压方向过电流Ⅰ段电流定值	FYFX1	2496/10.4A	—
6	复合电压方向过电流Ⅰ段Ⅰ时限	TFFX1	0.8s	跳 110kV 母联断路器
7	复合电压方向过电流Ⅰ段Ⅱ时限	TFFX2	1.1s	跳 110kV 侧断路器
8	复合电压方向过电流Ⅰ段Ⅲ时限	TFFX3	10s	停用
9	复合电压方向过电流Ⅱ段电流定值	FYFX2	2496/10.4A	—
10	复合电压方向过电流Ⅱ段Ⅰ时限	TFFX4	0.8s	跳 110kV 母联断路器
11	复合电压方向过电流Ⅱ段Ⅱ时限	TFFX5	1.1s	跳 110kV 侧断路器
12	复合电压方向过电流Ⅱ段Ⅲ时限	TFFX6	10s	停用
13	复合电压过电流电流定值	FYGL	1320/5.5A	—
14	复合电压过电流Ⅰ时限	TFYGL1	3.5s	跳 110kV 侧断路器
15	复合电压过电流Ⅱ时限	TFYGL2	4.0s	跳主变压器各侧断路器
16	零序方向过电流Ⅰ段电流定值	LXFX1	700/2.9A	—
17	零序方向过电流Ⅰ段Ⅰ时限	TLFX1	0.8s	跳 110kV 母联断路器
18	零序方向过电流Ⅰ段Ⅱ时限	TLFX2	1.1s	跳 110kV 侧断路器
19	零序方向过电流Ⅰ段Ⅲ时限	TLFX3	10s	停用
20	零序方向过电流Ⅱ段电流定值	LXFX2	400/1.7A	—
21	零序方向过电流Ⅱ段Ⅰ时限	TLFX4	2.1s	跳 110kV 侧断路器
22	零序方向过电流Ⅱ段Ⅱ时限	TLFX5	2.5s	跳主变压器各侧断路器
23	零序方向过电流Ⅱ段Ⅲ时限	TLFX6	10s	停用
24	公共绕组过负荷定值	IGGFH	440/3.7A	TA：600/5A
25	本侧额定电流	IN	859A/3.6A	—

表 6-14　KG1 控制字含义

位号	代码	置 0 时的含义	置 1 时的含义	整定值
0	KG FYGF1	复合电压方向过电流Ⅰ段方向指向主变压器	复合电压方向过电流Ⅰ段方向指向母线	1
1	KG FFX1	复合电压方向过电流Ⅰ段Ⅰ时限不投入	复合电压方向过电流Ⅰ段Ⅰ时限投入	1
2	KG FFX2	复合电压方向过电流Ⅰ段Ⅱ时限不投入	复合电压方向过电流Ⅰ段Ⅱ时限投入	1
3	KG FFX3	复合电压方向过电流Ⅰ段Ⅲ时限不投入	复合电压方向过电流Ⅰ段Ⅲ时限投入	0
4	KG F2FX	复合电压方向Ⅱ段方向不投入	复合电压方向Ⅱ段方向投入	0
5	KG FFX4	复合电压方向过电流Ⅱ段Ⅰ时限不投入	复合电压方向过电流Ⅱ段Ⅰ时限投入	1
6	KG FFX5	复合电压方向过电流Ⅱ段Ⅱ时限不投入	复合电压方向过电流Ⅱ段Ⅱ时限投入	1
7	KG FFX6	复合电压方向过电流Ⅱ段Ⅲ时限不投入	复合电压方向过电流Ⅱ段Ⅲ时限投入	0
8	KG FYGF2	复合电压方向过电流Ⅱ段方向指向主变压器	复合电压方向过电流Ⅱ段方向指向母线	1
9	KG JXBH2	间隙保护Ⅱ时限不投入	间隙保护Ⅱ时限投入	0
10	—	备用	备用	0
11	—	备用	备用	0
12	—	备用	备用	0
13	KG FYGL1	复合电压过电流Ⅰ时限不投入	复合电压过电流Ⅰ时限投入	1
14	KG FYGL2	复合电压过电流Ⅱ时限不投入	复合电压过电流Ⅱ时限投入	1
15	KG FQX	备用	备用	0

表 6-15　KG2 控制字含义

位号	代码	置 0 时的含义	置 1 时的含义	整定值
0	KG LXFXTI	零序方向过电流Ⅰ段Ⅰ时限不投入	零序方向过电流Ⅰ段Ⅰ时限投入	1
1	KG LXFXT2	零序方向过电流Ⅰ段Ⅱ时限不投入	零序方向过电流Ⅰ段Ⅱ时限投入	1
2	KG LXFXT3	零序方向过电流Ⅰ段Ⅲ时限不投入	零序方向过电流Ⅰ段Ⅲ时限投入	0
3	KG JXBH1	间隙保护Ⅰ时限不投入	间隙保护Ⅰ时限投入	0
4	KG LXFXT4	零序方向过电流Ⅱ段Ⅰ时限不投入	零序方向过电流Ⅱ段Ⅰ时限投入	1
5	KG LXFXT5	零序方向过电流Ⅱ段Ⅱ时限不投入	零序方向过电流Ⅱ段Ⅱ时限投入	1
6	KG LXFXT6	零序方向过电流Ⅱ段Ⅲ时限不投入	零序方向过电流Ⅱ段Ⅲ时限投入	0
7	KG LXGF1	零序方向过电流Ⅰ段方向指向主变压器	零序方向过电流Ⅰ段方向指向母线	1
8	KG LXGL1	零序过电流Ⅰ时限不投入	零序过电流Ⅰ时限投入	0
9	KG LXGL2	零序过电流Ⅱ时限不投入	零序过电流Ⅱ时限投入	0
10	KG INGL	备用	备用	0
11	KG GGFH	备用	备用	0
12	KG LX2FX	零序方向过电流Ⅱ段方向不投入	零序方向过电流Ⅱ段方向投入	1
13	KG LXGF2	零序方向过电流Ⅱ段方向指向主变压器	零序方向过电流Ⅱ段方向指向母线	1
14	KG IN	TA 额定电流为 5A	CT 额定电流为 1A	0
15	KG UICHK	TA、TV 断线自检退出	CT、PT 断线自检投入	1

注：1. 复合电压方向过电流Ⅰ段及零序方向过电流Ⅰ段、Ⅱ段的方向元件指向 110kV 母线，定值单中的方向控制字是均按 TA 极性端在母线侧整定的。

2. 复合电压取三侧并联。

3. 110kV 第一套后备保护和第二套后备保护用相同定值。

采用 PST—1202A/B 型主变压器保护装置，35kV 侧第一套、第二套后备保护整定值见表 6-16，KG1 控制字含义见表 6-17，KG2 控制字含义见表 6-18。

表 6-16　35kV 侧第一套、第二套后备保护整定值

序号	定值名称	定值符号	整定值	备注
1	控制字 1	KG1	007F	—
2	控制字 2	KG2	8000	—
3	Ⅰ段复合电压低电压定值	UL	70V	线电压二次值
4	Ⅰ段复合电压负序电压定值	UE	4V	相电压二次值
5	复合电压过电流Ⅰ段电流定值	FYGL1	2800/7A	—
6	复合电压过电流Ⅰ段Ⅰ时限	TFGL1	0.8s	跳 35kV 母联断路器
7	复合电压过电流Ⅰ段Ⅱ时限	TFGL2	1.1s	跳 35kV 本侧断路器
8	复合电压过电流Ⅰ段Ⅲ时限	TFGL3	1.5s	跳主变压器各侧断路器
9	复合电压过电流Ⅱ段电流定值	FYGL2	1800/4.5A	—
10	复合电压过电流Ⅱ段Ⅰ时限	TFGL4	2.5s	跳 35kV 本侧断路器
11	复合电压过电流Ⅱ段Ⅱ时限	TFGL5	3s	跳主变压器各侧断路器
12	复合电压过电流Ⅱ段Ⅲ时限	TFGL6	10s	停用
13	本侧额定电流	IN	1386/3.46A	—
14	中性点电压定值	UZ	100V	—
15	中性点电压时限	TUZ	10s	停用

表 6-17　KG1 控制字含义

位号	代码	置 0 时的含义	置 1 时的含义	整定值
0	KG FHDY	Ⅰ段复合电压元件不投入	Ⅰ段复合电压元件投入	1
1	KG FFXI	复合电压过电流Ⅰ段Ⅰ时限不投入	复合电压过电流Ⅰ段Ⅰ时限投入	1
2	KG FFX2	复合电压过电流Ⅰ段Ⅱ时限不投入	复合电压过电流Ⅰ段Ⅱ时限投入	1
3	KG FFX3	复合电压过电流Ⅰ段Ⅲ时限不投入	复合电压过电流Ⅰ段Ⅲ时限投入	1
4	KG FHDY2	Ⅱ段复合电压元件不投入	Ⅱ段复合电压元件投入	1
5	KG FFX4	复合电压过电流Ⅱ段Ⅰ时限不投入	复合电压过电流Ⅱ段Ⅰ时限投入	1
6	KG FFX5	复合电压过电流Ⅱ段Ⅱ时限不投入	复合电压过电流Ⅱ段Ⅱ时限投入	1
7	KG FFX6	复合电压过电流Ⅱ段Ⅲ时限不投入	复合电压过电流Ⅱ段Ⅲ时限投入	0

表 6-18　KG2 控制字含义

位号	代码	置 0 时的含义	置 1 时的含义	整定值
0～13	—	—	—	0
14	KG IN	TA 额定电流为 5A	TA 额定电流为 1A	0
15	KG UICHK	TA、TV 断线自检退出	TA、TV 断线自检投入	1

注：1. 复合电压取三侧并联。
　　2. 35kV 第一套后备保护与第二套后备保护用相同定值。

第七章

配电线路继电保护整定计算

第一节　无时限电流速断保护

一、无时限电流速断保护的基本原理

无时限电流速断保护（又称电流Ⅰ段保护）反映电流升高，而不带动时限动作，即电流大于动作值时，继电器立即动作，跳开线路断路器。

10kV线路短路无时限电流速断保护原理如图7-1所示。其表示在一定系统运行方式下，短路电流与故障点远近的关系。在图7-1中，短路电流曲线1对应最大运行方式时的三相短路电流情况，曲线2对应最小运行方式时的两相短路电流情况。

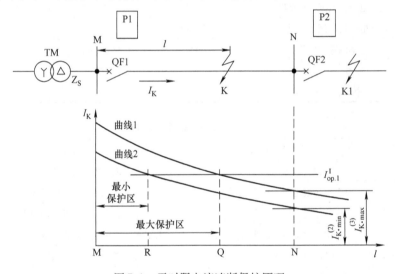

图7-1　无时限电流速断保护原理

无时限电流速断保护动作电流的整定必须保证继电保护动作的选择性。如在图7-1中，K1处故障时，对于保护P1是外部故障，应当由保护P2跳开QF2断路器。当K1处故障时，短路电流也会流过保护P1，需要保证此时保护P1不动作，即P1的动作电流必须大于外部故障时的短路电流。

由图7-1可看出，动作电流大于最大的外部短路电流，最大运行方式时，线路MQ段发生三相短路时，短路电流 $I_K^{(3)}$ 大于动作稳定电流 $I_{op \cdot 1}^{I}$ 时保护动作，这个区域称为保护动作区。电流保护的保护区是变化的，短路电流水平降低时保护区缩小。如最小运行方式时，发生两相短路时，保护区变为MR段。

当运方式为如图7-2所示的线路变压器组方式时，电流Ⅰ段保护可将保护区伸入变压器内，保护本线路全长。

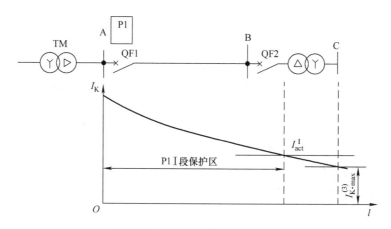

图 7-2 线路变压器组保护原则

二、无时限电流速断保护的原理接线

无时限电流速断保护原理接线如图 7-3 所示。保护装置由电流互感器 TAa、TAc，电流继电器 KA，中间继电器 KM，信号继电器 KS，及断路器 QF 的跳闸线圈 YT 组成。

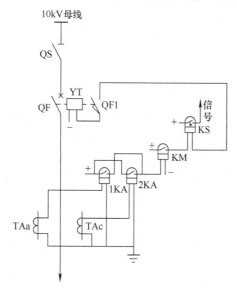

图 7-3 无时限电流速断保护原理接线

当被保护的线路发生三相短路故障时，短路电流使电流继电器 KA 动作，其触点 1KA、2KA 闭合，使中间继电器 KM 动作，接通信号继电器，便于运行人员处理和分析故障，同时经断路器辅助触点 QF 接通跳闸线圈 YT，使断路器跳闸。

三、无时限电流速断保护动作值的整定计算

1. 动作电流的整定

无时限电流速断保护的动作电流整定值计算式为

$$\left.\begin{array}{l} I_{\mathrm{op} \cdot 1} = K_{\mathrm{rel}} I_{\mathrm{K}}^{(3)} \\[2mm] I_{\mathrm{op} \cdot 2} = \dfrac{I_{\mathrm{op} \cdot 1}}{n_{\mathrm{TA}}} = \dfrac{K_{\mathrm{rel}} I_{\mathrm{K}}^{(3)}}{n_{\mathrm{TA}}} \end{array}\right\} \tag{7-1}$$

式中　$I_{\mathrm{op} \cdot 1}$、$I_{\mathrm{op} \cdot 2}$——分别为无时限电流速断保护动作电流一次、二次整定值，单位为 A；

$\quad\quad K_{\mathrm{rel}}$——可靠系数，取 1.2 ~ 1.3；

$\quad\quad I_{\mathrm{K}}^{(3)}$——被保护的线路末端三相短路电流有效值，单位为 A；

$\quad\quad n_{\mathrm{TA}}$——电流互感器电流比。

2. 校验保护动作灵敏度

无时限电流速断保护动作灵敏度校验式为

$$K_{\mathrm{sen}} = \frac{I_{\mathrm{K} \cdot \min}^{(2)}}{I_{\mathrm{op} \cdot 1}} \geqslant 1.5 \tag{7-2}$$

式中　K_{sen}——保护动作灵敏度；

$\quad I_{\mathrm{K} \cdot \min}^{(2)}$——被保护线路末端两相短路电流最小有效值，单位为 A；

$\quad I_{\mathrm{op} \cdot 1}$——保护动作电流一次整定值，单位为 A。

3. 动作时限整定

无时限电流速断保护动作时间整定值 $t = 0\mathrm{s}$。

第二节　限时电流速断保护

一、限时电流速断保护的基本原理

由于无时限电流速断保护不能保护本线路全长，因此必须增加一段电流保护，用以保护本线路全长，这就是限时电流速断保护，又称电流Ⅱ段保护。

P1Ⅱ段保护与P2Ⅰ段保护配合如图 7-4 所示。由图 7-4 可以看出，设置电流Ⅱ段保护的目的是保护本线路全长，Ⅱ段保护的保护区必然会伸入下一线路（相邻线路）。在图 7-4 中阴影区域发生故障时，P1Ⅱ段保护存在与下一线路保护（P2）"抢动"的问题。

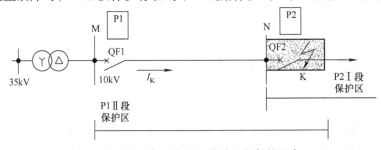

图 7-4　Ⅱ段保护与下一线路Ⅰ段保护配合

当发生如图 7-4 所示故障时，P1Ⅱ段、P2Ⅰ段电流继电器均动作，而按照保护选择性的要求，希望P2Ⅰ段保护动作跳开 QF2，P1Ⅱ段不跳开 QF1。为了保证选择性，Ⅱ段保护动作带有一个延时，动作慢于Ⅰ段保护。这样下一线路始端发生故障时Ⅱ段保护与下一线路Ⅰ段保护同时起动但不立即跳闸，下一线路Ⅰ段保护动作跳闸后短路电流消失，Ⅱ段保护返回。本线路末端短路时，下一线路Ⅰ段保护不动作，本线路Ⅱ段保护经延时动作跳闸。

P1 II 段保护区与相邻下一段线路 P2 I 段保护的配合如图 7-5 所示。

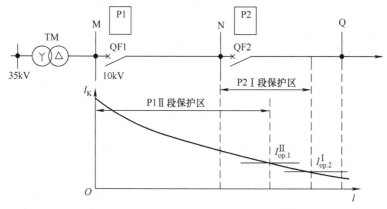

图 7-5　P1 II 段保护与 P2 I 段保护配合

二、限时电流速断保护的原理接线

限时电流速断保护原理接线如图 7-6 所示。

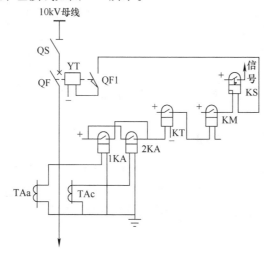

图 7-6　限时电流速断保护原理接线

当被保护的线路发生短路故障时，电流继电器 1KA、2KA 动作，起动时间继电器 KT，使中间继电器 KM、信号继电器 KS 动作，发出故障信号，同时使跳闸线圈 YT 动作，使断路器 QF 分闸。

三、限时电流速断保护动作值的整定计算

1. 动作电流的整定

限时电流速断保护动作电流整定值计算式为

$$\left.\begin{array}{l} I_{op \cdot 1} = K_{rel} I_K^{(3)} \\[2mm] I_{op \cdot 2} = \dfrac{I_{op \cdot 1}}{n_{TA}} = \dfrac{K_{rel} I_K^{(3)}}{n_{TA}} \end{array}\right\} \qquad (7\text{-}3)$$

式中　$I_{\text{op}\cdot1}$、$I_{\text{op}\cdot2}$——分别为限时电流速断保护动作电流一次、二次整定值，单位为 A；

　　　　K_{rel}——可靠系数，取 1.1 ~ 1.15；

　　　　n_{TA}——电流互感器电流比。

2. 校验保护动作灵敏度

限时电流速断保护动作灵敏度校验式为

$$K_{\text{sen}} = \frac{I_{\text{K}\cdot\min}^{(2)}}{I_{\text{op}\cdot1}} \geq 1.5 \tag{7-4}$$

式中　K_{sen}——保护动作灵敏度；

　　$I_{\text{K}\cdot\min}^{(2)}$——在线路末端短路时，被保护的线路末端两相短路电流，单位为 A；

　　$I_{\text{op}\cdot1}$——保护动作电流一次整定值，单位为 A。

$K_{\text{sen}} > 1.3 ~ 1.5$，灵敏度合格，说明 Ⅱ 段保护有能力保护本线路全长。当灵敏度系数不能满足要求时，限时电流速断保护可与相邻线路限时电流速断保护配合整定，即动作时限为 $t_1^{\text{II}} = t_2^{\text{II}} + \Delta t = 2\Delta t$，$I_{\text{op}\cdot1}^{\text{II}} = K_{\text{rel}}I_{\text{op}\cdot2}$；或使用其他性能更好的保护。

3. 动作时限整定

限时电流速断保护动作时限整定式为

$$t^{\text{II}} = t^{\text{I}} + \Delta t \tag{7-5}$$

式中　t^{II}——限时电流速断保护动作时限，单位为 s；

　　t^{I}——电流速断保护动作时限 $t^{\text{I}} = 0\text{s}$；

　　Δt——动作时间级差，一般取 0.5s。

第三节　过电流保护

一、过电流保护的基本原理

10kV 配电线路的过电流保护是在电流增加到超过事先按最大负荷电流而整定的数值时，引起保护动作的保护装置。定时限过电流保护是指不管故障电流超过整定值的多少，其动作时间总是一定的。若动作时间与故障电流值成反比变化，即故障电流超过整定值越多，动作时间越短，则称为反时限过电流保护。

二、过电流保护的原理接线

10kV 配电线路过电流保护原理接线，与限时过电流保护原理接线相同，仅是时间继电器保护动作时限不同。下一级过电流保护动作时限一般整定为 $t = 1.5\text{s}$ 时，本级过负荷保护动作时限一般整定为 2s。

三、过电流保护动作值的整定计算

1. 动作电流整定

过电流保护动作电流整定值计算式为

$$\left. \begin{aligned} I_{\text{op}\cdot1} &= \frac{K_{\text{rel}}I_{\text{N1}\cdot\max}}{K_{\text{r}}} \\ I_{\text{op}\cdot2} &= \frac{I_{\text{op}\cdot1}}{n_{\text{TA}}} = \frac{K_{\text{rel}}I_{\text{N1}\cdot\max}}{K_{\text{r}}n_{\text{TA}}} \end{aligned} \right\} \tag{7-6}$$

式中 $I_{op \cdot 1}$、$I_{op \cdot 2}$——分别为过电流保护动作电流一次、二次整定值，单位为 A；

      K_{rel}——可靠系数，取 $1.15 \sim 1.2$；

      K_r——返回系数，取 $0.95 \sim 0.98$；

      n_{TA}——电流互感器电流比；

      $I_{N1 \cdot max}$——配电变压器一次额定电流，单位为 A。

2. 校验保护动作灵敏度

过电流保护动作灵敏度校验式为

$$K_{sen} = \frac{I_{K \cdot min}^{(2)}}{I_{op \cdot 1}} \geqslant 1.5 \tag{7-7}$$

式中 K_{sen}——保护动作灵敏度；

      $I_{K \cdot min}^{(2)}$——被保护的线路末端两相短路电流，单位为 A；

      $I_{op \cdot 1}$——保护动作电流一次整定值，单位为 A。

3. 动作时间整定

动作时间整定计算式为

$$t_1 = t_2 + \Delta t = t_3 + 2\Delta t \tag{7-8}$$

式中 t_1——本级过电流保护动作时限，单位为 s；

      t_2——下一级限时过电流保护动作时限，单位为 s；

      t_3——配电变压器低压侧动作时限，最小值取 1s；

      Δt——保护动作时限级差，取 $\Delta t = 0.5s$。

【**例 7-1**】 某 35kV 电源变电所，10kV 母线短路容量 $S_K = 250MVA$。10kV 架空线路采用 LGJ—95 型钢芯铝绞线，长度 $L_1 = 2km$，10kV 电缆采用 ZR—YJLV22—8.7/12 型三芯铝电缆，长度 $L_2 = 0.1km$。10kV 用户配电所安装 $2 \times$ SBH11—M—2500/10 型配电变压器，额定电压 $U_{N1}/U_{N2} = 10kV/0.4kV$，电压比 $K = 25$，阻抗电压百分比 $u_K\% = 5\%$，额定电流 $I_N = 2I_{N1} = 2 \times 137.5A = 275A$，电流互感器电流比 $n_{TA} = 400/5 = 80$，二次电流 $I_{N2} = 2I_{N1}/n_{TA} = 2 \times 137.5/80A = 3.44A$。10kV 配电系统如图 7-7 所示，试计算该配电所 10kV 电源进线继电保护的相关参数。

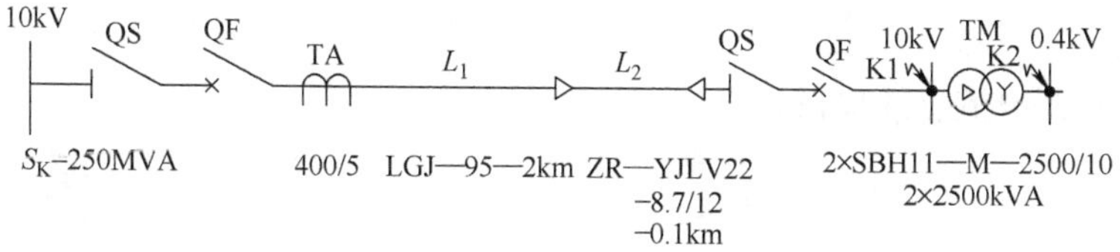

图 7-7 10kV 配电系统

解：

1. 10kV 线路短路电流计算

1）架空线路的电抗：查表 2-5 得 10kV 架空线路单位长度电抗 $X_{L1 \cdot 0} = 0.4\Omega/km$，线路电抗按式（3-22）计算，得

$$X_{L1} = X_{L1 \cdot 0}L_1 = (0.4 \times 2)\Omega = 0.8\Omega$$

2）电缆线路的电抗：查表 2-5 得 10kV 电缆单位长度电抗 $X_{L2 \cdot 0} = 0.08\Omega/km$，电缆的电抗按式（3-25）计算，得

$$X_{L2} = X_{L2} \cdot {_\triangle} L_2 = 0.08 \times 0.1 \Omega = 0.008 \Omega$$

3）系统的标幺值：采用标幺值计算短路电流时，取基准容量 $S_j = 100\text{MVA}$，基准电压 $U_j = 10.5\text{kV}$，$U_j = 0.4\text{kV}$、基准电流 $I_j = 5.5\text{kA}$，$I_j = 144.5\text{kA}$。

系统标幺值按式（3-39）计算，得

$$X_{S \cdot *} = \frac{S_j}{S_{KS}} = \frac{100}{250} = 0.4$$

4）架空线路的电抗标幺值：架空线路的电抗标幺值按式（3-46）计算，得

$$X_{L1 \cdot *} = X_{L1} \frac{S_j}{U_{av}^2} = 0.8 \times \frac{100}{10.5^2} = 0.7256$$

5）电缆的电抗标幺值：电缆的电抗标幺值按式（3-46）计算，得

$$X_{L2 \cdot *} = X_{L2} \frac{S_j}{U_{av}^2} = 0.008 \times \frac{100}{10.5^2} = 0.007256$$

6）配电变压器的电抗标幺值：配电变压器的电抗标幺值按式（3-43）计算，得

$$X_{T \cdot *} = u_K \% \times \frac{S_j}{S_N} = \frac{5}{100} \times \frac{100}{2.5} = 2$$

10kV 配电系统电抗标幺值等效电路如图7-8所示。

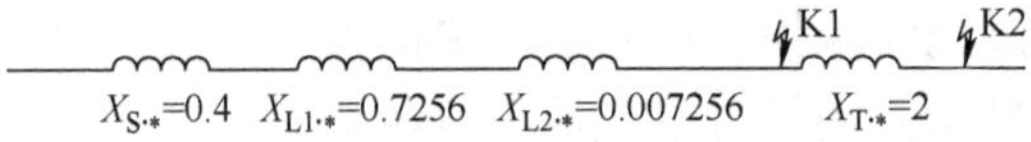

$X_{S \cdot *} = 0.4$ $X_{L1 \cdot *} = 0.7256$ $X_{L2 \cdot *} = 0.007256$ K1 K2 $X_{T \cdot *} = 2$

图7-8　10kV 配电系统电抗标幺值等效电路

7）K1 处短路电流的计算：短路系统电抗标幺值为

$$\sum X_{K1 \cdot *} = X_{S \cdot *} + X_{L1 \cdot *} + X_{L2 \cdot *}$$
$$= 0.4 + 0.7256 + 0.007256$$
$$= 1.133$$

K1 处三相短路电流有效值按式（3-53）计算，得

$$I_{K1}^{(3)} = \frac{I_j}{\sum X_{K1 \cdot *}} = \frac{5.5}{1.133}\text{kA} = 4.85\text{kA} = 4850\text{A}$$

K1 处两相短路电流有效值按式（3-54）计算，得

$$I_{K1 \cdot \min}^{(2)} = \frac{\sqrt{3}}{2} I_{K1}^{(3)} = \frac{\sqrt{3}}{2} \times 4850\text{A} = 4200\text{A}$$

8）K2 处短路电流的计算：短路系统电抗标幺值为

$$\sum X_{K2 \cdot *} = X_{S \cdot *} + X_{L1 \cdot *} + X_{L2 \cdot *} + X_{T \cdot *}$$
$$= 0.4 + 0.7256 + 0.007256 + 2$$
$$= 3.133$$

K2 处三相短路电流有效值按式（3-53）计算，得

$$I_{K2}^{(3)} = \frac{I_j}{\sum X_{K2 \cdot *}} = \frac{144.5}{3.133}\text{kA} = 46.12\text{kA} = 46120\text{A}$$

K2 处三相短路电流有效值折算到10kV 侧时为

$$I_{K2}^{(3)} = \frac{I_{K2}^{(3)}}{K} = \frac{46120}{25}A = 1844.8A$$

2. 无时限电流速断保护动作电流整定计算

1) 动作电流的整定：电流速断保护动作电流整定值按式（7-1）计算，得

$$I_{op \cdot 1} = K_{rel}I_{K1}^{(3)} = 1.3 \times 4850A = 6305A$$

$$I_{op \cdot 2} = \frac{I_{op \cdot 1}}{n_{TA}} = \frac{6305}{80}A = 78.81A$$

选用 RCS—9612AⅡ型微机线路保护测控装置，其Ⅰ段电流保护动作电流整定范围为 $0.1I_n \sim 20I_n = 0.1 \times 3.44 \sim 20 \times 3.44A = 0.344 \sim 68.8A$。

故电流速断保护动作电流整定值取 $I_{op \cdot 1} = 4800A$，$I_{op \cdot 2} = 60A$。

2) 校验保护动作灵敏度：无时限电流速断保护动作灵敏度按式（7-2）校验，得

$$K_{sen} = \frac{I_{K1 \cdot min}^{(2)}}{I_{op \cdot 1}} = \frac{4200}{4800} = 0.88 < 1.5$$

可知无时限电流速断保护灵敏度不能满足要求，故应装设带时限电流速断保护装置。

3) 动作时间的整定：动作时间整定 $t = 0s$。

3. 限时电流速断保护

1) 动作电流的整定：带时限电流速断保护动作电流整定值按式（7-3）计算，得

$$I_{op \cdot 1} = K_{rel}I_{K2}^{(3)} = 1.15 \times 1844.8A = 2122A$$

$$I_{op \cdot 2} = \frac{I_{op \cdot 1}}{n_{TA}} = \frac{2122}{80}A = 26.5A$$

选用 RCS—9612AⅡ型微机线路保护测控装置，其Ⅱ段电流保护动作电流整定范围为 $0.1I_n \sim 20I_n = (0.1 \times 3.44 \sim 20 \times 3.44)A = 0.344 \sim 68.8A$ 故限时电流速断保护动作电流整定值取 $I_{op \cdot 1} = 2000A$，$I_{op \cdot 2} = 25A$。

2) 校验保护动作灵敏度：保护动作灵敏度按式（7-4）校验，得

$$K_{sen} = \frac{I_{K1 \cdot min}^{(2)}}{I_{op \cdot 1}} = \frac{4200}{2000} = 2.1 > 1.5$$

故灵敏度满足要求。

3) 动作时间的整定：动作时间整定 $t = 0.5s$。

4. 过电流保护的整定计算

1) 概述：该 10kV 配电所，安装两台 2500kVA 的配电变压器，正常情况下，由两回 10kV 电源线路单独供电，配电变压器分列运行。当其中一回 10kV 线路停役时，将由运行的一回 10kV 电源线路供电，则最大负荷电流为 $I_{N \cdot max} = 2I_{N1} = 2 \times 137.5A = 275A$。

2) 过电流保护动作电流的整定：10kV 线路过电流保护动作电流整定值按式（7-6）计算，得

$$I_{op \cdot 1} = \frac{K_{rel}I_{N \cdot max}}{K_r} = \frac{1.2 \times 275}{0.95}A = 347.4A$$

$$I_{op \cdot 2} = \frac{I_{op \cdot 1}}{n_{TA}} = \frac{347.4}{80}A = 4.34A$$

整定值取 $I_{op \cdot 1} = 347A$，$I_{op \cdot 2} = 4.3A$。

选用 RCS—9612AⅡ型线路微机保护装置，Ⅲ段过电流保护整定值范围为 $0.1I_n \sim 20I_n =$ $(0.1 \times 3.44 \sim 20 \times 3.44)A = (0.344 \sim 68.8)A$，故保护装置过电流保护，二次动作电流整定值 $I_{op \cdot 2} = 4.3A$，满足保护要求。

3）校验保护动作灵敏度：过电流保护动作灵敏度按式（7-7）检验，得

$$K_{sen} = \frac{I_{K1}^{(2)}}{I_{op \cdot 1}} = \frac{4200}{347.4} = 12.1 > 1.5$$

故灵敏度满足要求。

4）动作时间的整定：配电变压器低压侧选用 Emax 型断路器，PR121/P—L 型电子脱扣器过负荷保护，选择过负荷保护选择脱扣时间 $t = 1s$ 时，变压器高压侧过负荷保护动作时间应比下一级大一个时间级差 $\Delta t = 0.5s$，故 $t_2 = t + \Delta t = (1 + 0.5)s = 1.5s$。

本级过电流保护时间 t_1，应大于下一级保护时间 t_2 一个时间级差 $\Delta t = 0.5s$，则按式（7-8）计算本级保护动作时限，得

$$t_1 = t_3 + 2\Delta t = (1 + 2 \times 0.5)s = 2s$$

10kV 线路保护动作相关整定值见表 7-1。

表 7-1　10kV 线路保护动作相关整定值

名称	动作电流一次整定值/A	动作电流二次整定值/A	保护动作灵敏度		动作时间/s
			规定值	计算值	
	$I_{op \cdot 1}$	$I_{op \cdot 2}$	K_{sen}		t
无时限电流速断保护	4800	60	1.5	0.88	0
限时电流速断保护	2000	25	1.5	2.1	0.5
过电流保护	347	4.3	1.5	12.1	2

第四节　三段式定时限过电流保护

一、三段式定时限过电流保护的基本原理

三段式电流保护由电流Ⅰ段、电流Ⅱ段、电流Ⅲ段组成，三段保护构成"或"逻辑出口跳闸、电流Ⅰ段、电流Ⅱ段为线路的主保护，本线路故障时切除时间为数十毫秒（电流Ⅰ段固有动作时间）至 0.5% 。电流Ⅲ段保护为后备保护，为本线路提供近后备作用，同时也为相邻线路提供远后备作用。电流保护一般采用不完全星形联结。

电流Ⅰ段保护按躲过本线路末端最大运行方式下三相短路电流整定以保证选择性，快速性好，但灵敏性差，不能保护本线路全长。

电流Ⅱ段保护整定时与下一线路电流Ⅰ段保护配合，由动作电流、动作时限保证选择性，动作时限为 0.5s，动作电流躲过下一线路Ⅰ段保护动作电流，快速性较Ⅰ段保护差，但灵敏性较好，能保护本线路全长。

电流Ⅲ段保护按阶梯特性整定动作时限以保证选择性，动作电流按正常运行时不起动、外部故障切除后可靠返回的原则整定，快速性差，但灵敏性好，能保护下一线路全长。

图 7-9 所示为三段式电流保护的保护区，当线路 NQ 上出现故障，保护 P2 或断路器

QF2 拒动时，需要由保护 P1 提供远后备作用，跳开 QF1 以切除故障。

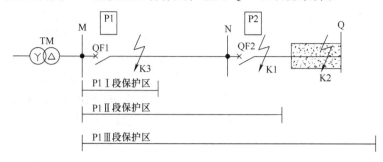

图 7-9 远后备保护方式

后备保护分为远后备、近后备两种方式。近后备是当主保护拒动时，由本电力设备或线路的另一套保护实现的后备保护，如 K3 处故障，P1 Ⅰ 段拒动，由 Ⅱ 段跳动 QF1；远后备是当主保护或断路器拒动时，由相邻电力设备或线路的保护来实现的后备，如 K1 处故障，P2 或 QF2 拒动，P1 Ⅱ 段跳开 QF1。

不难看出，Ⅰ 段保护不能保护本线路全长，无后备保护作用；Ⅱ 段保护具有对本线路 Ⅰ 段保护的近后备作用以及对下一线路保护部分的远后备作用。对于图 7-9 中 K2 处故障，若 P2 或 QF2 拒动，保护 P1 Ⅱ 段无法反应，故障将不能被切除，这是不允许的，因此，必须设立 Ⅲ 段保护提供完整的远后备作用，显然 Ⅲ 段应能保护下一线路全长。

综上所述，Ⅲ 段保护与后备保护，既是本线路主保护的近后备保护又是下一线路的远后备保护，Ⅲ 段保护区应伸出下一线路范围。

二、电流保护归总式原理图与展开图

1. 概述

三段式电流保护归总式原理如图 7-10a 所示，归总式原理展开如图 7-10b 所示。

归总式原理图绘出了设备之间的连接方式，将继电器等元件绘制为一个整体，便于说明保护装置的基本工作原理。展开式原理图中各元件不画在一个整体内，以回路为单元说明信号流向，便于施工接线及检修。

2. 归总式原理图

由图 7-10a 可见，三段式电流保护构成如下：

1）Ⅰ 段保护测量元件由 1KA、2KA 组成，电流继电器动作后起动 1KS 发 Ⅰ 段保护动作信号并由出口继电器 KCO 接通 QF 跳闸回路。

2）Ⅱ 段保护测量元件由 3KA、4KA 组成，电流继电器动作后起动时间继电器 1KT、1KT 经延时起动 2KS 发 Ⅱ 段保护动作信号并由出口继电器 KCO 接通 QF 跳闸回路，1KT 延时整定值为电流 Ⅱ 段动作时限。Ⅰ、Ⅱ 段保护共同构成主保护。

3）Ⅲ 段保护测量元件由 5KA、6KA、7KA 组成，电流继电器动作后起动时间继电器 2KT，2KT 经延时起动 3KS 发 Ⅲ 段保护动作信号，并由出口继电器 KCO 接通 QF 跳闸回路，2KT 延时整定值为电流 Ⅲ 段动作时限，Ⅲ 段保护为后备保护。

3. 展开式原理图

图 7-10b 中，按交流电流（电压）、直流逻辑、信号、出口（控制）回路分别绘制。

1）交流回路：由于没有使用交流电压，这里只有电流回路。由图可以清楚地看到，1KA、3KA、5KA 测量 A 相电流，而 2KA、4KA、6KA 测量 C 相电流。

2）直流逻辑回路：由 1KA、2KA 以或逻辑构成 I 段保护，无延时起动信号继电器 1KS、中间出口继电器 KCO。3KA、4KA 构成 Ⅱ 段保护，起动时间元件 1KT，1KT 延时起动 2KS、KCO。5KA、6KA、7KA 构成 Ⅲ 段保护，起动时间元件 2KT，2KT 延时起动 3KS、KCO。

3）信号回路：1KS、2KS、3KS 触头闭合发出相应的保护动作信号，根据中央信号回路不同，具体的接线也不同（例如信号继电器触头可以启动灯光信号、音响信号等），图 7-10 中未画出具体回路。

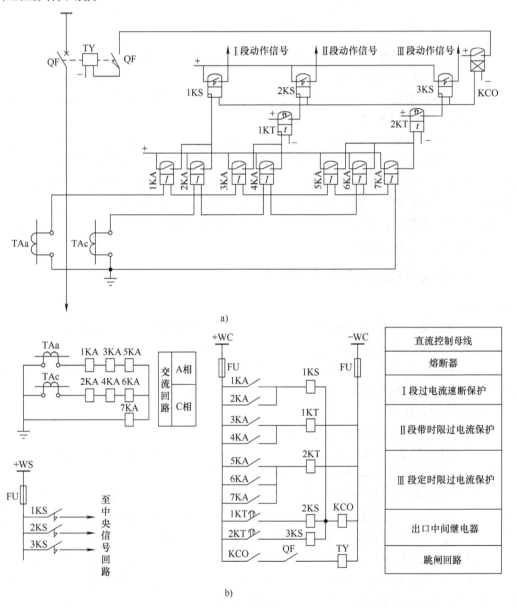

图 7-10　三段式电流保护原理接线

a）归总式原理图　b）展开式原理图

4）出口回路：出口中间继电器触头接通断路器跳闸回路，完整的出口回路应与实际的断路器控制电路相适应，图 7-10 中为出口回路示意图。

三、三段式定时限过电流保护动作值的整定计算

1. I 段无时限过电流保护

1）动作电流整定计算：I 段无时限过电流保护动作电流整定计算式为

$$
\left.
\begin{aligned}
I_{\text{op}\cdot1}^{\text{I}} &= K_{\text{rel}}^{\text{I}} I_{\text{K}}^{(3)} \\
I_{\text{op}\cdot2}^{\text{I}} &= \frac{I_{\text{op}\cdot1}^{\text{I}}}{n_{\text{TA}}}
\end{aligned}
\right\}
\tag{7-9}
$$

式中　$I_{\text{op}\cdot1}^{\text{I}}$——I 段保护动作电流整定值，单位为 A；

　　$K_{\text{rel}}^{\text{I}}$——I 段保护可靠系数，取 1.2 ~ 1.3；

　　$I_{\text{K}}^{(3)}$——最大运行方式时，被保护的本线路末端三相短路电流有效值，单位为 A；

　　n_{TA}——电流互感器电流比。

2）校验保护动作灵敏度：保护动作灵敏度，求出最大、最小保护范围。

在最大运行方式时，三相短路时的保护线长度及其百分比计算式为

$$
\left.
\begin{aligned}
L_{\max} &= \frac{1}{X_0}\left(\frac{U_{\text{ph}}}{I_{\text{op}}^{\text{I}}} - Z_{\text{S}\cdot\min}\right) \\
L_{\max}\% &= \frac{L_{\max}}{L}\times100\% > 50\%
\end{aligned}
\right\}
\tag{7-10}
$$

式中　$L_{\max}$——被保护线路最大长度，单位为 km；

　　$L_{\max}\%$——被保护线路最大长度百分比；

　　L——被保护本线路长度，单位为 km；

　　X_0——线路单位长度电抗，单位为 Ω/km；

　　U_{ph}——线路额定相电压，单位为 kV；

　　I_{op}^{I}——本线路 I 段无时限过电流保护整定值，单位为 A；

　　$Z_{\text{S}\cdot\min}$——最大运行方式时，系统最小电抗，单位为 Ω。

10kV 系统最大运行方式时，三相短路电流一般为 $I_{\text{K}\cdot\max}^{(3)} = 30\text{kA}$，三相短路容量为 $S_{\text{K}} = \sqrt{3}U_{\text{N}}I_{\text{K}}^{(3)} = \sqrt{3}\times10.5\times30\text{MVA} = 545.58\text{MVA}$，系统最小阻抗为 $Z_{\text{S}\cdot\min} = U_{\text{N}}^2/S_{\text{K}} = 10.5^2/545.58\,\Omega = 0.2\,\Omega$。

在最小运行方式下，两相短路时保护线路长度及其百分比计算式为

$$
\left.
\begin{aligned}
L_{\min} &= \frac{1}{X_0}\left(\frac{U_{\text{ph}}}{I_{\text{op}}^{\text{I}}}\times\frac{\sqrt{3}}{2} - Z_{\text{S}\cdot\max}\right) \\
L_{\min}\% &= \frac{L_{\min}}{L}\times100\% > 15\%
\end{aligned}
\right\}
\tag{7-11}
$$

式中　$L_{\min}$——被保护线路最小长度，单位为 km；

　　$L_{\min}\%$——被保护线路最小长度百分比；

　　$Z_{\text{S}\cdot\max}$——10kV 系统最小运行方式时，系统最大阻抗，一般为 0.3Ω。

式中其他符号含义与式（7-10）中的符号含义相同。

10kV 系统最小运行方式时，三相短路电流一般为 $I_{K \cdot min}^{(3)} = 20kA$，三相短路容量为 $S_K = \sqrt{3} U_N I_K^{(3)} = \sqrt{3} \times 10.5 \times 20MVA = 363.72MVA$，系统最大阻抗为 $Z_{S \cdot max} = U_N^2 / S_K = 10.5^2 / 363.72 \Omega = 0.3\Omega$。

3）动作时限：保护动作为保护固加动作时间，整定值 $t = 0s$。

2. Ⅱ 段带时限过电流保护

1）动作电流整定计算：保护动作电流整定计算式为

$$\left.\begin{array}{l} I_{op \cdot 1}^{II} = K_{rel}^{II} I_{op \cdot 2}^{I} = K_{rel}^{II} K_{rel}^{I} I_K^{(3)} \\[2mm] I_{op \cdot 2}^{II} = \dfrac{I_{op \cdot 1}^{II}}{n_{TA}} \end{array}\right\} \tag{7-12}$$

式中　$I_{op \cdot 1}^{II}$——本线路Ⅱ段保护一次动作电流，单位为 A；

$I_{op \cdot 2}^{II}$——本线路Ⅱ段保护二次动作电流，单位为 A；

K_{rel}^{I}——Ⅰ段过电流保护可靠系数，取 1.25；

K_{rel}^{II}——Ⅱ段过电流保护可靠系数，取 1.1；

$I_{op.2}^{I}$——相邻线路Ⅰ段保护动作电流整定值，单位为 A；

$I_K^{(3)}$——相邻线路末端三相短路电流有效值，单位为 A；

n_{TA}——电流互感器电流比。

2）动作灵敏度的校验：动作灵敏度校验式为

$$K_{sen} = \frac{I_K^{(2)}}{I_{op \cdot 1}^{II}} > 1.3 \tag{7-13}$$

式中　K_{sen}——Ⅱ段保护动作灵敏度，应大于 1.3；

$I_K^{(2)}$——最小运行方式下，本线路末端母线处发生两相短路电流，单位为 A；

$I_{op \cdot 1}^{II}$——本线路Ⅱ段过电流保护一次动作电流整定值，单位为 A。

3）动作时限的整定：动作时限应比相邻线路保护的Ⅰ段动作时限高一个时限级差 Δt，即

$$t_1^{II} = t_2^{I} + \Delta t \tag{7-14}$$

式中　t_1^{II}——本线路Ⅱ段保护动作时限，单位为 s；

t_2^{I}——相邻线路Ⅰ段保护动作时限，为 0s；

Δt——时限级差，取 0.5s。

3. Ⅲ 段定时限过电流保护

1）动作电流整定计算：动作电流按躲过本线路可能流过的最大负荷电流来整定，即

$$\left.\begin{array}{l} I_{op \cdot 1}^{III} = \dfrac{K_{rel}^{III} K_{Me}}{K_r} I_{L \cdot max} \\[3mm] I_{op \cdot 2}^{III} = \dfrac{I_{op \cdot 1}^{III}}{n_{TA}} \end{array}\right\} \tag{7-15}$$

式中　$I_{op \cdot 1}^{III}$——本线路Ⅲ段保护一次动作电流，单位为 A；

$I_{op \cdot 2}^{III}$——本线路Ⅲ段保护二次动作电流，单位为 A；

K_{rel}^{III}——Ⅲ段保护可靠系数，取 1.15～1.25；

K_r——返回系数，取 $0.95 \sim 0.98$；

K_{Me}——电动机自起动系数，它决定于网络接线和负荷性质，一般取 $1.5 \sim 3$；

n_{TA}——电流互感器电流比；

$I_{L \cdot max}$——线路最大负荷电流，单位为 A。

2）动作灵敏度的校验：

① 作近后备保护：利用最小运行方式下本线路末端母线处两相金属性短路时流过保护的电流校验灵敏度，即

$$K_{sen}^{\text{Ⅲ}} = \frac{I_K^{(2)}}{I_{op \cdot 1}^{\text{Ⅲ}}} > 1.5 \tag{7-16}$$

式中　$K_{sen}^{\text{Ⅲ}}$——Ⅲ段保护动作灵敏度；

$I_K^{(2)}$——本线路末端母线处两相短路电流，单位为 A；

$I_{op \cdot 1}^{\text{Ⅲ}}$——本线路Ⅲ段保护一次动作电流整定值，单位为 A。

② 作远后备保护：利用处于最小运行方式时，下一相邻线路末端发生两相金属性短路时，流过保护的电流校验灵敏度为

$$K_{sen}^{\text{Ⅲ}} = \frac{I_K^{(2)}}{I_{op \cdot 1}^{\text{Ⅲ}}} > 1.2 \tag{7-17}$$

式中　$K_{sen}^{\text{Ⅲ}}$——Ⅲ段保护动作灵敏度；

$I_K^{(2)}$——相邻线路末端两相短路电流，单位为 A；

$I_{op \cdot 1}^{\text{Ⅲ}}$——本线路Ⅲ段保护一次动作电流，单位为 A。

3）过电流保护动作时限整定：无时限电流速断保护和限时电流速断的保护动作电流都是按某点的短路电流整定的。定时限过电流保护要求保护区较长，其动作电流按躲过最大负荷电流整定，一般动作电流较小，其保护范围伸出相邻线路末端。

电流Ⅰ段的动作选择性由动作电流保证，电流Ⅱ段的选择性由动作电流与动作时限共同保证，而电流Ⅲ段是依靠动作时限的所谓"阶梯特性"来保证的。

阶梯特性如图 7-11 所示，实际上就是实现指定的跳闸顺序，距离故障点最近的（也是距离电源最远的）保护先跳闸。阶梯的起点是电网末端，每个"台阶"是 Δt，一般为 $0.5s$，Δt 的考虑与Ⅱ段保护动作时限一样。

图 7-11 中Ⅲ段保护动作时限整定满足以下关系：$t_1^{\text{Ⅲ}} > t_2^{\text{Ⅲ}} > t_3^{\text{Ⅲ}}$，$t_3^{\text{Ⅲ}}$ 最短，可取 $0.5s$ 级，Δt 一般为 $0.5s$。图 7-11 中 K 点出现故障时，由于Ⅲ段保护起动电流较小，可能保护 P1、P2、P3 Ⅲ段保护均起动，P3 经 $t_3^{\text{Ⅲ}}$ 跳开 QF3 后，故障切除，而保护 P1、P2 均未达到动作时而返回。

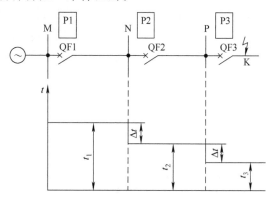

图 7-11　Ⅲ段保护动作时限阶梯特性

Ⅲ段过电流保护动作时限整定式为

$$t_1^{\text{Ⅲ}} = t_2^{\text{Ⅲ}} + \Delta t = t_3^{\text{Ⅲ}} + 2\Delta t \tag{7-18}$$

式中　t_1^{III}——本线路Ⅲ段保护动作时限，单位为 s；

　　　t_2^{III}——相邻线路Ⅲ段保护动作时限，单位为 s；

　　　t_3^{III}——下一相邻线路Ⅲ段保护动作时限，单位为 s；

　　　Δt——时限级差，取 0.5s。

第五节　三段式过电流保护的整定计算实例

某变电所 10kV 配电系统三段式过电流保护配置如图 7-12 所示，断路器 QF1、QF2、QF3 均装设三段式电流保护 P1、P2、P3。等效电源的系统阻抗为：最大运行方式时，最小系统阻抗 $Z_{\text{S·min}}=0.2\Omega$，最小运行方式时，最大系统阻抗 $Z_{\text{S·max}}=0.3\Omega$；AB 线路长度 $L_1=$ 10km，BC 线路长度 $L_2=15\text{km}$，线路单位长度电抗为 $X_0=0.4\Omega/\text{km}$。断路器 QF1 流过的最大负荷电流 $I_{\text{L·max}}=150\text{A}$，电流互感器电流比 $n_{\text{TA}}=200/5=40$，保护 P3 Ⅲ段过电流保护动作时限为 $t_3^{\text{III}}=0.5\text{s}$，各段可靠系数取 $K_{\text{rel}}^{\text{I}}=1.25$，$K_{\text{rel}}^{\text{II}}=1.1$，$K_{\text{rel}}^{\text{III}}=1.2$，自起动系数 $K_{\text{MS}}=$ 1.5，继电器返回系数 $K_{\text{r}}=0.95$。试计算三段式过电流保护相关整定值。

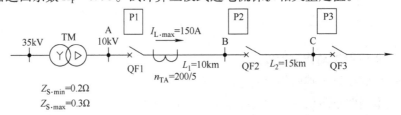

图 7-12　10kV 配电系统三段式过电流保护配置

1. 短路电流计算

1）等效电抗的计算：

① 10kV 线路 L_1 电抗按式（3-22）计算，得

$$X_{\text{L1}}=X_{\text{0L}}L_1=0.4\times10\ \Omega=4\Omega$$

② 10kV 线路 L_2 电抗按式（3-22）计算，得

$$X_{\text{L2}}=X_{\text{0L}}L_2=0.4\times15\ \Omega=6\Omega$$

10kV 短路系统电抗等效电路如图 7-13 所示。

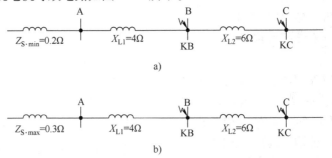

图 7-13　10kV 短路系统电抗等效电路

a）最大运行方式　b）最小运行方式

2）最大运行方式时短路电流的计算：

① 母线 B 处三相短路电流按式（3-47）计算，得

$$I_{KB}^{(3)} = \frac{U_{ph}}{\sum X} = \frac{U_N}{\sqrt{3}(X_{S \cdot min} + X_{L1})} = \frac{10.5}{\sqrt{3} \times (0.2 + 4)} kA$$
$$= 1.44kA$$

② 母线 B 处两相短路电流按式（3-50）计算，得

$$I_{KB}^{(2)} = \frac{\sqrt{3}}{2} I_{KB}^{(3)} = \frac{\sqrt{3}}{2} \times 1.44kA = 1.25kA$$

③ 母线 C 处短路电流计算，即

$$I_{KC}^{(3)} = \frac{U_{ph}}{\sum X} = \frac{U_N}{\sqrt{3} \times (X_{S \cdot min} + X_{L1} + X_{L2})}$$
$$= \frac{10.5}{\sqrt{3} \times (0.2 + 4 + 6)} kA$$
$$= 0.6kA$$

$$I_{KC}^{(2)} = \frac{\sqrt{3}}{2} \times I_{KC}^{(3)} = \frac{\sqrt{3}}{2} \times 0.6kA = 0.52kA$$

3）最小运行方式时短路电流的计算：按同样的计算方法，最小运行方式时，短路电流为 $I_{KB}^{(3)} = 1.41kA$，$I_{KB}^{(2)} = 1.22kA$，$I_{KC}^{(3)} = 0.59kA$，$I_{KC}^{(2)} = 0.51kA$。

10kV 系统短路电流计算值见表 7-2。

表 7-2　10kV 系统短路电流计算值

最大运行方式 $X_{S \cdot min} = 0.2\Omega$	$I_{KB}^{(3)}$	$I_{KB}^{(2)}$	$I_{KC}^{(3)}$	$I_{KC}^{(2)}$
	1.44	1.25	0.6	0.52
最小运行方式 $X_{S \cdot max} = 0.3\Omega$	1.41	1.22	0.59	0.51

2. 保护 P1 电流 I 段整定计算

1）动作电流整定计算：保护动作电流整定按式（7-9）计算，为

$$I_{op \cdot 1}^{I} = K_{rel}^{I} I_{KB}^{(3)} = 1.25 \times 1.44kA = 1.8kA$$

$$I_{op \cdot 2}^{I} = \frac{I_{op \cdot 1}^{I}}{n_{TA}} = \frac{1.8 \times 10^3}{40} A = 45A$$

2）校验灵敏度：在最大运行方式时，按式（7-10）校验保护线路的长度及保护长度百分比，即

$$L_{max} = \frac{1}{X_0} \left(\frac{U_{ph}}{I_{op \cdot 1}^{I}} - Z_{S \cdot min} \right)$$
$$= \frac{1}{0.4} \times \left(\frac{10.5}{\sqrt{3} \times 1.8} - 0.2 \right) km$$
$$= 7.92km$$

$$L_{max}\% = \frac{L_{max}}{L_1} \times 100\%$$
$$= \frac{7.92}{10} \times 100\%$$
$$= 79.2\% > 50\%$$

故保护长度满足要求。

在最小运行方式时，按式（7-11）校验保护线路的长度及保护长度百分比，得

$$L_{\min} = \frac{1}{X_0} \left(\frac{U_{\mathrm{ph}}}{I_{\mathrm{op} \cdot 1}^{\mathrm{I}}} \times \frac{\sqrt{3}}{2} - Z_{\mathrm{S} \cdot \max} \right)$$

$$= \frac{1}{0.4} \times \left(\frac{10.5}{\sqrt{3} \times 1.8} \times \frac{\sqrt{3}}{2} - 0.3 \right) \mathrm{km}$$

$$= 6.54 \mathrm{km}$$

$$L_{\min}\% = \frac{L_{\min}}{L_1} \times 100\%$$

$$= \frac{6.54}{10} \times 100\%$$

$$= 65.4\% > 15\%$$

故保护长度满足要求。

3）动作时限：保护 P1 电流 Ⅰ 段保护动作时限为保护设备固有动作时间，整定值 $t_1^{\mathrm{I}} = 0\mathrm{s}$。

3. 保护 P1 电流 Ⅱ 段整定计算

1）动作电流整定计算：保护动作电流按式（7-12）整定计算，得

$$I_{\mathrm{op} \cdot 1}^{\mathrm{II}} = K_{\mathrm{rel}}^{\mathrm{II}} K_{\mathrm{rel}}^{\mathrm{I}} I_{\mathrm{K} \cdot \mathrm{C}}^{(3)}$$

$$= 1.1 \times 1.25 \times 0.6 \mathrm{kA}$$

$$= 0.83 \mathrm{kA}$$

$$I_{\mathrm{op} \cdot 2}^{\mathrm{II}} = \frac{I_{\mathrm{op} \cdot 1}^{\mathrm{II}}}{n_{\mathrm{TA}}} = \frac{0.83 \times 10^3}{40} \mathrm{A} = 20.75 \mathrm{A}$$

整定值取 $I_{\mathrm{op} \cdot 1} = 830 \mathrm{A}$，$I_{\mathrm{op} \cdot 2}^{\mathrm{II}} = 21 \mathrm{A}$

2）校验灵敏度：灵敏度按式（7-13）校验，得

$$K_{\mathrm{sen}} = \frac{I_{\mathrm{KB}}^{(2)}}{I_{\mathrm{op} \cdot 1}^{\mathrm{II}}} = \frac{1.25}{0.83} = 1.5 > 1.3$$

3）动作时限的整定：动作时限按式（7-14）整定计算，得

$$t_1^{\mathrm{II}} = t_2^{\mathrm{I}} + \Delta t = (0 + 0.5)\mathrm{s} = 0.5\mathrm{s}$$

4. 保护 P1 电流 Ⅲ 段整定计算

1）动作电流整定计算：保护 P1 电流 Ⅲ 段动作电流按式（7-15）整定计算，得

$$I_{\mathrm{op} \cdot 1}^{\mathrm{III}} = \frac{K_{\mathrm{rel}}^{\mathrm{III}} K_{\mathrm{MS}}}{K_{\mathrm{r}}} I_{\mathrm{L} \cdot \max}$$

$$= \frac{1.2 \times 1.5}{0.95} \times 0.15 \mathrm{kA}$$

$$= 0.28 \mathrm{kA}$$

$$I_{\mathrm{op} \cdot 2}^{\mathrm{III}} = \frac{I_{\mathrm{op} \cdot 1}^{\mathrm{III}}}{n_{\mathrm{TA}}} = \frac{0.28 \times 10^3}{40} \mathrm{A} = 7\mathrm{A}$$

2）校验灵敏度：

① 作近后备保护时，按式（7-16）校验，得

$$K_{sen} = \frac{I_{KB}^{(2)}}{I_{op \cdot 1}^{III}} = \frac{1.22}{0.28} = 4.36 > 1.5$$

故灵敏度满足要求。

② 作远后备保护时，按式（7-17）校验，得

$$K_{sen} = \frac{I_{KC}^{(2)}}{I_{op \cdot 1}^{III}} = \frac{0.51}{0.28} = 1.82 > 1.2$$

故灵敏度满足要求。

3）动作时限的整定：动作时限按式（7-18）整定，得

$$t_1^{III} = t_3^{III} + 2\Delta t = (0.5 + 2 \times 0.5)s = 1.5s$$

保护 P1 处三段保护整定值见表 7-3。

表 7-3 保护 P1 处三段保护整定值

保护段	动作电流/A		动作时限 /s	灵敏度 K_{sen}	线路保护长度及百分比			
	$I_{op \cdot 1}$	$I_{op \cdot 2}$			L_{max}/km	L_{max}（%）	L_{min}/km	L_{min}（%）
I 段保护	1800	45	0		7.92	79.2% > 50%	6.54	65.4% > 15%
II 段保护	830	21	0.5	1.5 > 1.3				
III 段保护	280	7	1.5	4.36 > 1.5 近后备保护				
				1.82 > 1.2 远后备保护				

第八章

变电所电气设备选择计算

第一节　高压电气设备选择计算

1. 按额定电压选择

额定电压是保证断路器正常长期工作的电压。产品铭牌上标明的额定电压为正常工作的线电压。通常采用的额定电压等级有：3、6、10、20、35、66、110、220、330、500kV 等。

选择的电气设备上标明的额定电压应大于或等于采用的标称额定电压等级。

2. 按最高电压选择

考虑到输电线始端与末端的电压可能不同，以及电力系统调压的要求，因此，对电器又规定了与各级额定电压相应的最高工作电压。

高压电器应能长期在此电压下正常工作。

选用的电器允许最高工作电压 U_{max} 不得低于该回路的最高运行电压 U_g，即

$$U_{max} \geq U_g \tag{8-1}$$

三相交流 3kV 及以上设备的最高电压见表 8-1。

表 8-1　额定电压与设备最高电压

受电设备或系统额定电压/kV	设备最高电压/kV
3	3.6
6	7.2
10	12
35	40.5
110	126
220	252
330	363
500	550

3. 按额定电流选择

选用的高压电器在规定的环境温度下，能长时间允许通过的额定电流，当长期通过额定电流时，高压电器导电回路部分的温升均不得超过规定值。高压电气设备的额定电流标准有200、400、630、1250、1600、2000、2500、3150、4000、5000、6300、8000、10000、12500、16000、20000A 等。

由于变压器短时过载能力很大，双回路出线的工作电流变化幅度也较大，故其计算工作电流应根据实际需要确定。

高压电器没有明确的过载能力，所以在选择其额定电流时，应满足各种可能运行方式下回路持续工作电流的要求。

选用的电器额定电流 I_e 不得低于所在回路在各种可能运行方式下的持续工作电流 I_g，即

$$I_e \geq I_g \tag{8-2}$$

式中 I_e——选用电气设备的额定电流，单位为 A；

I_g——选用电气设备通过的持续工作电流，单位为 A。

不同回路的持续工作电流可按表8-2中所列原则计算。

表8-2　回路持续工作电流

回路名称		计算工作电流	说明
出线	带电抗器出线	电抗器额定电流	
	单回路	线路最大负荷电流	包括线路损耗与事故时转移过来的负荷
	双回路	（1.2~2）倍一回线的正常最大负荷电流	包括线路损耗与事故时转移过来的负荷
	环形与一台半断路器接线回路	两个相邻回路正常负荷电流	考虑断路器事故或检修时，一个回路加另一最大回路负荷电流的可能
	桥型接线	最大元件负荷电流	桥回路尚需考虑系统穿越功率
变压器回路		1.05倍变压器额定电流	① 根据在0.95额定电压以上时其容量不变；② 带负荷调压变压器应按变压器的最大工作电流
		（1.3~2.0）倍变压器额定电流	若要求承担另一台变压器事故或检修时转移的负荷
母线联络回路		一个最大电源元件的计算电流	—
母线分段回路		分段电抗器额定电流	① 考虑电源元件事故跳闸后仍能保证该段母线负荷；② 分段电抗器一般发电厂为最大一台发电机额定电流的50%~80%，变电所应满足用户的一级负荷和大部分二级负荷
旁路回路		需旁路的回路最大额定电流	—

4. 按额定开断电流选择

在选择高压断路器时，在额定电压下，断路器能保证可靠地开断三相短路电流周期分量有效值，即

$$I_{K \cdot op} \geq I_K^{(3)} \tag{8-3}$$

式中 $I_K^{(3)}$——三相短路电流周期分量有效值，单位为 kA；

$I_{K \cdot op}$——断路器额定短路开断电流，单位为 kA。

5. 按绝缘水平选择

选择的高压电气设备绝缘水平必须满足 GB 311.1—1997 国家标准规定的要求。

6. 按环境条件选择

（1）按海拔选择　海拔≤1000m 低海拔地区，海拔>1000m 高原地区。

（2）按环境温度选择 环境最高温度为 40℃，最低温度为 0 ～ -40℃，年平均温度为 20℃、25℃、30℃。

（3）按环境污染条件选择 变电所周围环境污染等级及电气设备的爬电距离见表 8-3。

表 8-3 变电所环境污染等级及电气设备爬电距离

污染等级	污染程度	盐密/(mg/cm^3)	爬电距离/(mm/kV)
I	大气轻度污染区	≤0.06	16
II	大气中度污染区	>0.06～0.10	20
III	大气较严重污染区	>0.10～0.25	25
IV	大气特别严重污染区	>0.25～0.35	31

7. 动稳定校验

（1）三相短路冲击电流峰值动稳定校验 选择高压电气设备允许通过动稳定电流峰值，应大于该电气设备所在回路三相短路冲击电流峰值，即

$$i_{\text{imp}} \leqslant i_{\text{max}} \tag{8-4}$$

式中 i_{imp}——三相短路冲击电流峰值，单位为 kA；

i_{max}——电气设备允许通过的最大动稳定电流，单位为 kA。

（2）三相短路全电流最大有效值动稳定校验 选择高压电器设备允许通过的动稳定电流有效值，应大于该电气设备所在回路三相短路电流最大有效值，即

$$I_{\text{imp}} \leqslant I_{\text{max}} \tag{8-5}$$

式中 I_{imp}——三相短路全电流最大有效值，单位为 kA；

I_{max}——电气设备允许通过的最大动稳定电流有效值，单位为 kA，可取额定短路开断电流的 1.5 倍，或查其说明书。

8. 热稳定校验

电气设备热稳定校验可按式（8-6）、式（8-7）校验，即

$$I_t^2 t \geqslant I_\infty^2 t_e \tag{8-6}$$

$$I_t \geqslant I_\infty \tag{8-7}$$

式中 I_t——电气设备短路热稳定电流，单位为 kA，查电气设备样本。

I_∞——系统短路热稳定电流，单位为 kA；

t_e——短路的等效持续时间，单位为 s。

变电所的继电保护装置配置有二套速动主保护、近接地后备保护、断路器失灵保护和自动重合闸时，t_e 可按式（8-8）取值

$$t_e \geqslant t_m + t_f + t_o \geqslant t_m + t_o \tag{8-8}$$

式中 t_m——主保护动作时间，单位为 s；

t_f——断路器失灵保护动作时间，单位为 s；

t_o——断路器开断时间，单位为 s。

变电所的继电保护装置配置有一套速动主保护、近或远（或远近结合的）后备保护和自动重合闸，有或无断路器失灵保护时，t_e 可按式（8-9）取值

$$t_e \geqslant t_o + t_r \tag{8-9}$$

式中 t_r——第一级后备保护的动作时间，单位为 s。

【例8-1】 某农村35kV变电所，安装SZ9—6300/35型主变压器两台，35kV为户外配电装置，35kV侧母线短路电流计算值见表8-4，环境污秽Ⅲ级，试选择35kV侧断路器的型号规格及技术参数。

表8-4　35kV侧母线短路电流计算值

短路点电压	短路点平均电压	短路电流周期分量		短路冲击电流		短路容量
		有效值	稳定值	有效值	最大值	
U_e/kV	U_{av}/kV	$I_K^{(3)}/kA$	I_∞/kA	I_b/kA	i_b/kA	S_K/MVA
35	37	2.81	2.81	3.06	5.17	179

解：

1）断路器类型的选择。查表8-6，选择LW16—35型SF₆断路器。

2）按额定电压选择。选择断路器额定电压为35kV，满足要求。

3）按最高工作电压选择。该变电所系统标称电压为35kV，查表8-6，选择断路器最高工作电压为40.5kV，满足要求。

4）按额定电流选择。该变电所最大运行方式为2×6300kVA，其额定电流为208A，根据表8-2变压器回路持续工作电流为1.05倍变压器额定电流的规定，则该变电所的持续工作电流为$1.05\times208A=218.4A$。选择断路器的额定电流1600A，满足要求。

5）按额定短路开断电流选择。查表8-6，选择断路器额定开断电流$I_{Ke}=31.5$kA，大于短路电流周期分量有效值$I_K^{(3)}=2.81$kA，满足要求。

6）动稳定校验。按式（8-4）、式（8-5）进行动稳定校验，即
$i_b=5.17kA<i_{max}=63kA$，满足要求。

7）热稳定校验。按式（8-7）进行热稳定校验，即
$I_t=I_4=25kA>I_\infty=2.81kA$ 满足要求。

选择LW16—35型SF₆断路器主要技术参数见表8-6，满足该变电所35kV断路器运行、控制和保护的要求。

8）按海拔高度选择。由于该变电所处于长江以南低海拔地区，故选择电器设备环境使用条件海拔高度为1000m。

9）按环境污秽等级选择。该变电所环境污秽为Ⅲ级，查表8-3得断路器外绝缘爬电比距取25mm/kV，则断路器瓷套管几何爬电距离$=25\times40.5$mm$=1012.5$mm，选择断路器瓷套管几何爬电距离1040mm，满足要求。

常用的高压电气设备型号及主要技术参数见表8-5～表8-14。

表8-5　常用的GIS组合电气型号及主要技术参数

序号	型号	额定电压 U_N/kV	额定电流 I_N/A	额定开断电流 I_{op}/kA	额定短时耐受电流 $I_{k/s}/kA$	额定峰值耐受电流 i_{imp}/kA
1	ZFW20—252	252	3150	50	50	125
2	8D3—245	245	3150	40	40	100
3	SSCB02—126	126	2500	40	40	80
4	ZF10—126	126	2000	31.5	31.5	80

表 8-6　常用的断路器型号及主要技术参数

序号	型号	最高电压 U_N/kV	额定电流 I_N/A	额定开断电流 I_{op}/kA	额定短时耐受电流 $I_{k/s}$/kA	额定峰值耐受电流 i_{imp}/kA
1	GL314—Z45	245	3150	40	40	100
2	GL312—145	145	3150	40	40	100
3	LW36—126	126	2500、3150	31.5、40	31.5、40	80
4	3API—FG—145	145	3150、4000	40	40	100
5	LW8—35	40.5	1600、2000	31.5	25	63
6	FP4025F—40.5	40.5	2500	31.5	31.5	80
7	ZN72—40.5	40.5	1250、2500	25	25	63
8	ZN28—12	12	1250~2000	31.5	31.5	80
9	VS1—12	12	630~3150	40	40	125
10	VD4—12	12	630~3150	40	40	125

表 8-7　220kV 隔离开关型号及主要技术参数

序号	型号	额定电压 U_N/kV	额定电流 I_N/A	动稳定电流 i_{imp}/kA	热稳定电流 I_∞/kA/3s
1	SPOT—252	252	1600	100	40
2	SPO2T—252	252	1600	100	40
3	SPV—252	252	1600	100	40
4	SPVT—252	252	1600	100	40
5	STB—252	252	630	100	40

表 8-8　110kV 隔离开关型号及主要技术参数

序号	型号	额定电压 U_N/kV	额定电流 I_N/A	动稳定电流 i_{imp}/kA	热稳定电流 I_∞/kA/4s
1	GW4—126DW	126	630、1250	50	125
2	GW4—126ⅡDW	126	630、1250	50	125
3	GW16A—126W	126	630、1250	50	125
4	GW16A—126DW	126	630、1250	50	125
5	JW2—126	126	630	50	125

表 8-9　35kV 隔离开关型号及主要技术参数

序号	型号	额定电压 U_N/kV	额定电流 I_N/A	动稳定电流 i_{imp}/kA	热稳定电流 I_∞/kA/4s
1	GW4—35DW	40.5	630~1250	80~100	31.5
2	GN27—35D	40.5	630~2000	80~100	31.5

表 8-10   10kV 隔离开关型号及主要技术参数

序号	型号	额定电压 U_N/kV	额定电流 I_N/A	动稳定电流 i_{imp}/kA	热稳定电流 I_∞/kA/4s
1	GN22—3150	10	2000 ~ 3150	100 ~ 125	40 ~ 50
2	GN19—1000	10	1000	80	31.5

表 8-11   高压成套开关柜型号及主要技术参数

序号	型号	额定电压 U_N/kV	额定电流 I_N/A	额定开断电流 I_{op}/kA	额定动稳定电流 i_{imp}/kA	额定热稳定电流 I_∞/kA/s
1	GG1—A—12	12	1250 ~ 3150	31.5	100	31.5
2	KYN79—12	12	1250 ~ 4000	40	100	31.5
3	JGN2B—40.5	40.5	1600 ~ 2500	31.5	80	31.5
4	KYN10—40.5	40.5	630 ~ 2000	31.5	80	31.5

表 8-12   电流互感器的型号及主要技术参数

序号	型号	额定电压 U_N/kV	额定电流 I_N/A	准确级别	主要用途
1	LB7—220W	220	$2 \times 750/S$	5P30/ 5P30/ 5P30/ 0.5/ 0.2S	纵差、过电流 纵差、过电流 母差 测控 计量
2	LB7—110W	110	$2 \times 300/S$ $2 \times 600/S$	10P30/ 10P30/ 10P30/ 0.2S	纵差、过电流 纵差、过电流 母差 计量
3	LZZB9—35D	35	2000/S	10P20/ 10P20/ 0.5/ 0.2S	纵差、过电流 纵差、过电流 测控 计量
4	LRB—35	35	200、600/S	10P	保护
5	LMZB6—10	10	1500 ~ 4000/S	0.2/0.5/10P/0.5 0.2/0.5	保护、计量
6	LQZBJ—10	10	50 ~ 5000/S	0.2S/0.2 0.2/0.2 0.2/3 0.5/3	保护、计量

表 8-13　电压互感器型号及主要技术参数

序号	型号	参数
1	WVB220—10（H）	220kV，母线型，0.2/0.5/3P 级 $(220/\sqrt{3})/(0.1/\sqrt{3})/(0.1/\sqrt{3}) \sim 0.1$kV
2	WVL220—5（H）	220kV，线路型，0.5/3P 级 $(220/\sqrt{3})/(0.1/\sqrt{3}) \sim 0.1$kV
3	TYD220/$\sqrt{3}$-20（H）	$220/\sqrt{3}/0.1/\sqrt{3}/0.1/\sqrt{3} \sim 0.1$kV
4	WVB110—20（H）	110kV，母线型，0.2/0.5/3P 级 $(110/\sqrt{3})/(0.1/\sqrt{3})/(0.1/\sqrt{3}) \sim 0.1$kV
5	WVL110—10（H）	110kV，线路型，0.2/0.5/3P 级 $(110/\sqrt{3})/(0.1/\sqrt{3})/(0.1/\sqrt{3}) \sim 0.1$kV
6	TYD110/$\sqrt{3}$-0.02H	$110/\sqrt{3}/0.1/\sqrt{3} \sim 0.1$kV
7	JDZXF9—35	35kV，用于电压测量、电能计量、保护 $(35/\sqrt{3})/(0.1/\sqrt{3})/(0.1/\sqrt{3})/(0.1/\sqrt{3})$kV
8	JDZ11—12	10kV，用于电压测量、电能计量、保护 $(10/\sqrt{3})/(0.1/\sqrt{3})/(0.1/\sqrt{3})$kV

表 8-14　无间隙电站型和配电型避雷器的电气特性

序号	型号	系统额定电压（有效值）/kV	避雷器额定电压(有效值)/kV	避雷器持续运行电压（有效值）/kV	陡波冲击电流下残压(峰值)不大于/kV	雷电冲击电流下残压(峰值)不大于/kV	操作冲击电流下残压(峰值)不大于/kV	直流 1mA 参考电压不小于/kV
1	Y10W5—200/520	220	200	146	582	520	442	290
2	Y10W5—100/260	110	100	73	291	260	221	145
3	Y1.5W—72/186	110	72	58	279	250	212	73
4	YH5WZ4—51/134	35	51	40.5	154	134	114	73
5	Y5WZ4—51/134	35	51	40.5	154	134	114	73
6	YH5WZ2—17/50	10	17	8.6	57.5	50	42.5	25

第二节　低压电器的选择计算

一、低压电器选择的一般原则

1）首先应选用技术先进的低压电气设备，设备类型应符合安装条件、保护性能及操作方式的要求。

2）额定电压应不小于控制回路电源额定电压。

3）额定电流应不小于控制回路计算负荷电流。

4）额定短路通断能力应不小于控制回路最大计算短路电流。

5）短时热稳定电流应不小于控制回路计算稳态电流，即三相短路电流有效值。

二、低压断路器的选择

1）低压断路器首先应满足低压电气设备选择的一般原则要求。

2）配电变压器低压侧低压断路器应具有长延时和瞬时动作的特性，其脱扣器的动作电流应按下列原则选择。

① 瞬时脱扣器的动作电流，一般为变压器低压侧额定电流的 6 ~ 10 倍。

② 长延时脱扣器的动作电流可根据变压器低压侧允许的过负荷电流确定。

3）出线回路低压断路器脱扣器的动作电流应比上一级脱扣器的动作电流至少低一个级差。

① 瞬时脱扣器，应躲过回路中短时出现的尖峰负荷，即

对于综合性负荷回路

$$I_{op} \geq K_{rel}(I_{Mst} + \sum I_L - I_{MN}) \tag{8-10}$$

对于照明回路

$$I_{op} \geq K_c \sum I_L \tag{8-11}$$

式中　I_{op}——瞬时脱扣器的动作电流，单位为 A；

　　　K_{rel}——可靠系数，取 1.2；

　　　I_{Mst}——回路中最大一台电动机的起动电流，单位为 A；

　　$\sum I_L$——回路正常最大负荷电流，单位为 A；

　　　I_{MN}——回路中最大一台电动机的额定电流，单位为 A；

　　　K_c——照明计算系数，取 6。

② 长延时脱扣器的动作电流，可按回路最大负荷电流的 1.1 倍确定。

4）低压断路器的校验。

① 低压断路器的分断能力应大于安装处的三相短路电流（周期分量有效值）。

② 低压断路器灵敏度应满足式（8-12）要求：

$$K_{sen} = \frac{I_{K \cdot min}^{(2)}}{I_{op}} \geq 1.5 \tag{8-12}$$

式中　$I_{K \cdot min}^{(2)}$——被保护线段的最小短路电流，单位为 A；对于 TT、TN – C 系统，为单相短路电流（一般单相短路电流小，得难满足要求，可用长延时脱扣器作后备保护），对于 IT 系统为两相短路电流；

　　　I_{op}——瞬时脱扣器的动作电流，单位为 A；

　　　K_{sen}——动作系数，取 1.5。

③ 长延时脱扣器在 3 倍动作电流时，其可返回时间应大于回路中出现的尖峰负荷持续的时间。

Emax 系列断路器共同特性参数见表 8-15，各项技术参数见表 8-16。

表 8-15　共同特性参数

名称		特性参数	名称	特性参数
电压	额定工作电压 U_e/V	690	贮存温度/℃	– 40 ~ 70
	额定绝缘电压 U_i/V	1000	频率 f/Hz	50、60
	额定冲击耐受电压 U_{imp}/kV	12	极数	3、4
运行温度/℃		– 25 ~ 70	型式	固定式，抽出式

表 8-16　Emax 系列断路技术参数

名称		技术参数						
性能水平		E1			E2			
		B	N	S	B	N	S	L
电流：额定不间断电流（40℃）/A		800	800	800	1600	1000	800	1250
		1000	1000	1000	2000	1250	1000	1600
		1250	1250	1250	—	1600	1250	—
		1600	1600	—	2000	1600	—	
		—	—	—	—	2000		
4 极断路器的 N 极容量/%I_U		100	100	100	100	100	100	100
额定极限短路分断能力/kA	220/230/380/400/415V ~	42	50	65	42	65	85	130
额定运行短路分断能力/kA	220/230/380/400/415V ~	42	50	65	42	65	85	130
额定短时耐受电流能力/kA	（1s）	42	50	65	42	55	65	10
	（3s）	36	36	65	42	42	42	—
额定短路合闸能力（峰值）/kA	220/230/380/400/415V ~	88.2	105	143	88.2	143	187	286
用于交流的电子脱扣器		√	√	√	√	√	√	√
性能水平		E3				
		N	S	H	V	L
电流：额定不间断电流（40℃）/A		2500	1000	800	800	2000
		3200	1250	1000	1250	2500
		—	1600	1250	1600	—
		—	2000	1600	2000	—
		—	2500	2000	2500	—
		—	3200	2500	3200	—
		—	—	3200		
4 极断路器的 N 极容量/%I_U		100	100	100	100	100
额定极限短路分断能力/kA	220/230/380/400/415V ~	65	75	100	130	130
额定运行短路分断能力/kA	220/230/380/400/415V ~	65	75	85	100	130
额定短时耐受电流能力/kA	（1s）	65	75	75	85	15
	（3s）	65	65	65	65	—
额定短路合闸能力（峰值）/kA	220/230/380/400/415 ~	143	165	220	286	286
用于交流的电子脱扣器		√	√	√	√	√

Emax 系列断路电子脱扣器，PR121/P 型保护功能及参数设定见表 8-17。

【例 8-2】　某工厂配电所 10kV 电源供电，安装一台 SBH11—M—1250 型配电变压器，额定容量 S_N = 1250kVA，额定电压 U_{N1} = 10kV、U_{N2} = 0.4kV，低压侧选用 TMY—120 × 10 型铜母线，长度 L = 3m，配电变压器 0.4kV 侧母排处短路电流的计算值见表 8-18，试选择该配电变压器低压侧断路器的型号规格。

表 8-17 PR121/P 型保护功能及参数设定

功能	脱扣门限值	脱扣时间	可否被关闭	相关值 $t=f(I)$
L 过载保护	$I_1 = (0.4, 0.425, 0.45, 0.475, 0.5, 0.525, 0.55, 0.575, 0.6, 0.625, 0.65, 0.675, 0.7, 0.725, 0.75, 0.775, 0.8, 0.825, 0.85, 0.875, 0.9, 0.925, 0.95, 0.975, 1) I_n$	电流 $I = 3I_1$ $t_1 = (3, 12, 24, 36, 48, 72, 108, 144)$ s[①]	—	$t = k/I^2$
容许偏差[②]	在 $1.05I_1$ 和 $1.2I_1$ 之间脱扣	$\pm 10\%\ I_g \leqslant 4I_n$ $\pm 20\%\ I_g > 4I_n$		
S 选择性短路保护	$I_2 = (1, 1.5, 2, 2.5, 3, 3.5, 4, 5, 6, 7, 8, 8.5, 9, 9.5, 10) I_n$	电流 $I > I_2$ $t_2 = (0.1, 0.2, 0.3, 0.4, 0.5, 0.6, 0.7, 0.8)$ s	√	$t = k$
容许偏差[②]	$\pm 7\%,\ I_g \leqslant 4I_n$ $\pm 10\%,\ I_g > 4I_n$	两个数据中较好者： $\pm 10\%$ 或 ± 40ms		
	$I_2 = (1, 1.5, 2, 2.5, 3, 3.5, 4, 5, 6, 7, 8, 8.5, 9, 9.5, 10) I_n$	电流 $I = 10I_n$ $t_2 = (0.1, 0.2, 0.3, 0.4, 0.5, 0.6, 0.7, 0.8)$ s	√	$t = k/I^2$
容许偏差[②]	$\pm 7\%,\ I_g \leqslant 4I_n$ $\pm 10\%,\ I_g > 4I_n$	$\pm 15\%,\ I_g \leqslant 4I_n$ $\pm 20\%,\ I_g > 4I_n$		
I 短路瞬时保护	$I_3 = (1.5, 2, 3, 4, 5, 6, 7, 8, 9, 10, 11, 12, 13, 14, 15) I_n$	瞬时	√	$t = k$
容许偏差[②]	$\pm 10\%$	$\leqslant 30$ms		
G 接地故障保护	$I_4 = (0.2, 0.3, 0.4, 0.6, 0.8, 0.9, 1) I_n$	电流 $I = 4I_4$ $t_4 = (0.1, 0.2, 0.4, 0.8)$ s	√	$t = k/I^2$
容许偏差[②]	$\pm 7\%$	$\pm 15\%$		
	$I_4 = (0.2, 0.3, 0.4, 0.6, 0.8, 0.9, 1) I_n$	电流 $I > I_4$ $I_4 = (0.1, 0.2, 0.4, 0.8)$ s	√	$t = k$
允许偏差[②]		$\pm 10\%$ 或 $\pm 40\%$		

① 最小脱扣时间是 1s，不管设定类型。

② 以上误差适用于以下使用条件：在满负荷下的供电情况（不包括起始阶段）；两相或三相电源供电情况；设定脱扣时间不大于 100ms。

表 8-18 配电变压器 0.4kV 侧母排处短路电流的计算值

短路点	三相短路				两相短路
	有效值 I_K/kA	稳态值 I_∞/kA	冲击值 i_{imp}/kA	最大有效值 I_{imp}/kA	有效值 I_K/kA
0.4kV 侧母排处	37.24	37.24	79.29	45.81	32.25

解:

1. 断路器型号的选择

选择 Emax—E3—V 型，3 极固定式断路器。选用 PR121/P 保护脱扣器。

2. 断路器额定电压的选择

断路器的额定电压 $U_N = 415V$，大于系统的额定电压 $U_N = 400V$，满足要求。

3. 断路器额定电流的选择

配电变压器低压侧额定电流按式（4-4）计算，得

$$I_{N2} = \frac{S_N}{\sqrt{3} U_{N2}} = \frac{1250}{\sqrt{3} \times 0.4} A = 1804A$$

电流互感器的电流比取 $n_{TA} = 3000/5 = 1500$。

查表 8-16，选择断路器额定电流 $I_N = 2500A$，大于配电变压器低压侧额定电流 $I_{N2} = 1806A$，满足要求。

4. 额定极限短路分断能力的选择

查表 8-16，当 $U_N = 415V$ 时，断路器额定极限短路分断能力 $i_{CU} = 130kA$，大于三相短路冲击电流计算值 $i_{imp} = 79.29kA$，满足要求。

5. 额定运行短路分断电流的选择

查表 8-16，当 $U_N = 415V$ 时，断路器额定运行短路分断电流 $I_{CU} = 100kA$，大于三相短路电流计算值 $I_K = I_\infty = 37.24kA$，满足要求。

6. 额定短时耐受电流的选择

查表 8-16，断路器额定短时耐受电流 $i_{CU} = 85kA$，大于三相短路冲击电流计算值 $i_{imp} = 79.29kA$。

7. 额定短路合闸峰值电流的选择

查表 8-16，当 $U_N = 415V$ 时，断路器额定短路合闸峰值电流 $i_{CU} = 286kA$，大于三相短路冲击值 $i_{imp} = 79.29kA$，满足要求。

8. PR121/P 过载保护的整定

查表 8-17，L 过载保护动作电流整定值为

$$I_{op} = KI_{N2} = 1.2 \times 1804A = 2164.8A$$

断路器脱扣时间 $t = 3s$。

9. 短路瞬时保护的整定

查表 8-17，I 短路瞬时保护动作整定电流为

$$I_{op} = KI_{n2} = 10I_N = 10 \times 1804A = 18040A$$

断路器瞬时脱扣动作时间 $t \leqslant 30ms$。

10. 保护动作灵敏度的校验

保护动作灵敏度按式（8-12）校验，即

$$K_{sen} = \frac{I_K^{(2)}}{I_{op}} = \frac{32.25}{18.04} \approx 1.8 > 1.5$$

故断路器动作灵敏度满足要求。

Emax—E3—V 型断路器的技术参数及控制回路的计算值见表 8-19。

选择的断路器各项技术参数满足要求。

表 8-19　Emax—E3—V 型断路器的技术参数及控制回路的计算值

名称	断路器额定值	计算值
额定电压/V	415	400
断路器额定电流/A	2500	1804
额定极限分断电流/kA	130	79.29
额定运行短路分断电流/kA	100	37.24
额定短时耐受电流/kA	85	79.29
额定短路合闸电流/kA	286	79.29
过载保护整定电流/A	$1.2I_{N2}/n_{TA}$	2164.8/1.44
过载保护动作时间/s	3	3
短路瞬时保护动作电流/A	$10I_N/n_{TA}$	18040/12.04
短路瞬时保护动作时间/ms	≤30	30
断路器动作灵敏度	1.5	1.8

三、低压熔断器的选择

1）低压熔断器应满足低压电器设备选择的一般原则要求。

2）配电变压器低压熔断器的额定电流可按式（8-13）计算，即

$$I_N = KI_{N2} \tag{8-13}$$

式中　I_N——熔断器熔体的额定电流，单位为 A；

　　　K——保险系数，一般取 1.2；

　　　I_{N2}——配电变压器低压侧的额定电流，单位为 A。

3）综合性负荷回路熔体电流的选择如下：

对于综合性负荷回路保护熔体电流可按式（8-14）选择，即

$$I_N \geq I_{max \cdot st} + (\sum I_{max} - I_{max \cdot N}) \tag{8-14}$$

式中　I_N——熔体额定电流，单位为 A；

　　$I_{max \cdot st}$——回路中最大一台电动机的起动电流，单位为 A；

　　$\sum I_{max}$——回路正常最大负荷电流，单位为 A；

　　$I_{max \cdot N}$——回路中最大一台电动机的额定电流，单位为 A。

4）熔体熔断能力的校验如下：

一般熔体熔断能力按两相短路电流周期分量校验，即

$$K_{sen} = \frac{I_{K \cdot min}^{(2)}}{I_N} \geq 10 \tag{8-15}$$

式中　$I_{K \cdot min}^{(2)}$——两相短路电流，单位为 A；

　　　I_N——熔体的额定电流，单位为 A。

熔断器的极限分断能力，应大于被保护线路三相短路电流周期分量有效值，即

$$I_{1f} \geq I_K^{(3)} \tag{8-16}$$

式中 I_{1f}——熔断器极限分断能力，单位为 A；

$\quad\quad I_K^{(3)}$——三相短路电流有效值，单位为 A。

【例 8-3】 某农村安装一台 SBH11—M—160/10 型配电变压器，试选择配电变压器低压侧保护熔断器的型号规格。

解：

查表 4-9，配电变压器的额定容量 $S_N = 160\text{kVA}$ 时的阻抗值 $Z_T = 40\text{m}\Omega$，按式（3-47）计算三相短路电流有效值，得

$$I_K^{(3)} = \frac{U_{av}}{\sqrt{3}Z_T} = \frac{400}{\sqrt{3} \times 40}\text{kA} = 5.77\text{kA}$$

两相短路电流按式（3-50）计算，得

$$I_K^{(2)} = \frac{\sqrt{3}}{2}I_K = \frac{\sqrt{3}}{2} \times 5.77\text{kA} = 5\text{kA}$$

配电变压器低压侧的额定电流按式（4-4）计算，得

$$I_{N2} = \frac{S_N}{\sqrt{3}U_{N2}} = \frac{160}{\sqrt{3} \times 0.4}\text{A} = 230.9\text{A}$$

熔断器熔体的额定电流按式（8-13）计算，得

$$I_N = KI_{N2} = 1.2 \times 230.9\text{A} = 277\text{A}$$

选择 NT2 型熔断器，额定电压 $U_N = 500\text{V}$，大于配电变压器低压侧的额定电压 $U_N = 400\text{V}$，选择额定电流 $I_N = 400\text{A}$，大于配电电变压器低压侧的额定电流 $I_{N2} = 230.9\text{A}$。

熔断器熔体的熔断灵敏度按式（8-15）校验，得

$$K_{sen} = \frac{I_{K \cdot min}^{(2)}}{I_N} = \frac{5000}{400} = 12.5 > 10$$

满足灵敏度要求。

第三节　电气设备绝缘配合标准选择计算

一、电气设备绝缘水平

电气设备的标准绝缘水平见表 8-20。

表 8-20　电压范围 I （$1\text{kV} < U_m \leqslant 252\text{kV}$）的设备的标准绝缘水平

系统标称电压（有效值）/kV	设备最高电压（有效值）/kV	额定雷电冲击耐受电压(峰值)/kV		额定短时工频耐受电压(有效值)/kV
		系列 I	系列 II	
3	3.5	20	40	18
6	6.9	40	60	25
10	11.5	60	75 95	30/42[③]；35
15	17.5	75	95 105	40，45
20	23.0	95	125	50，55

（续）

系统标称电压 （有效值）/kV	设备最高电压 （有效值）/kV	额定雷电冲击耐受电压（峰值）/kV		额定短时工频耐受 电压（有效值）/kV
		系列 I	系列 II	
35	40.5	185/200①		80/95③，85
66	72.5	325		140
110	126	450/480①		185，200
220	252	(750)②		(325)②
		850		360
		950		395
		(1050)②		(460)②

注：系统标称电压 3～15kV 所对应设备的系列 I 的绝缘水平，在我国仅用于中性点直接接地系统。

① 该栏斜线下之数据仅用于变压器类设备的内绝缘。

② 220kV 设备，括号内的数据不推荐选用。

③ 为设备外绝缘在干燥状态下之耐受电压。

二、全波冲击绝缘水平

电气设备在标准全波（1.2/50μs）冲击电压作用下耐受电压的能力，用规定的雷电冲击全波耐受电压（或全波冲击耐受电压）来表示。在我国，根据运行经验和技术经济比较，电气设备的全波冲击绝缘水平分内绝缘和外绝缘两方面分别确定。

内绝缘全波冲击绝缘水平，220kV 及以下电压等级的变压器其确定方法如下：

1）试验中绕组带工频励磁时，其全波冲击耐受电压（kV）为

$$U = 1.1(1.1U_5 + 15) \tag{8-17}$$

式中　　　　U_5——避雷器 5kA 残压，单位为 kV；

括号内的系数 1.1——考虑避雷器与变压器间的振荡而使变压器上的电压有所升高以及来波波头小于避雷器残压试验用的 10μs 波头所引起的电压升高而增加的系数；

括号内 15——考虑避雷器连线及接地电阻上压降的影响而增加的数值；

括号外的系数 1.1——累积系数。其他电气设备的累积效应较变压器的小，但它与避雷器相距较远，其全波冲击耐受电压仍可按式（8-17）决定。

2）试验中绕组不带工频励磁时，应适当增大全波冲击耐受电压的幅值，以便考虑等效工频电压的叠加作用，其等效性以绕组首端匝间绝缘承受电压相等为依据。此时，全波冲击耐受电压的幅值（kV）为

$$U = 1.1(1.1U_5 + 15) + \frac{U_n}{2} \tag{8-18}$$

式中　U_n——额定线电压，单位为 kV。

外绝缘全波冲击绝缘水平　外绝缘可不考虑累积效应，但受大气条件的影响较大，对海拔 1000m 及以下地区的电气设备，需取空气密度和湿度的综合修正系数为 0.84。220kV 及以下电压等级电气设备外绝缘全波冲击耐受电压（kV）为

$$U = \frac{1.1U_5 + 15}{0.84} \qquad (8\text{-}19)$$

330～500kV 变压器外绝缘全波冲击耐受电压（kV）为

$$U = \frac{1.05 \times 1.1U_{10}}{0.84} \qquad (8\text{-}20)$$

式中　1.05——间隔系数；

　　　1.1——距离系数，其他输电设备的距离系数取 1.15；

　　　U_{10}——避雷器在 10kA 时的残压，单位为 kV。

国家标准 GB 311.1—1997《高压输变电设备的绝缘配合》中规定了 3～220kV 输变电设备的全波耐受电压值见表 8-21。

表 8-21　各类设备的雷电冲击耐受电压

系统标称电压（有效值）/kV	设备最高电压（有效值）/kV	额定雷电冲击（内、外绝缘）耐受电压（峰值）/kV						截断雷电冲击耐受电压（峰值）/kV
		变压器	并联电抗器	耦合电容器、电压互感器	高压电力电缆[②]	高压电器	母线支柱绝缘子、穿墙套管	高压器类设备的内绝缘
3	3.5	40	40	40	—	40	40	45
6	6.9	60	60	60	—	60	60	65
10	11.5	75	75	75	—	75	75	85
15	17.5	105	105	105	105	105	105	115
20	23.0	125	125	125	125	125	125	140
35	40.5	185/200[①]	185/200[①]	185/200[①]	200	185	185	220
66	72.5	325	325	325	325	325	325	360
		350	350	350	350	350	350	385
110	126	450/480[①]	450/480[①]	450/480[①]	450	450	450	530
		550	550	550	550			
220	252	850	850	850	850	850	935	950
		950	950	950	950 1050	950	950	1050

① 斜线下之数据仅用于该类设备的内绝缘。

② 对高压电力电缆是指热状态下的耐受电压值。

三、截波冲击绝缘水平

电气设备在截波（1.2/2～5μs）冲击电压作用下耐受电压的能力，用规定的雷电冲击截波耐受电压（或截波冲击耐受电压）表示。截波的产生是由于变电所的外绝缘闪络，以及雷击进线段导线闪络，侵入变电所的雷电波陡度较大，此时变压器上的电压波形具有明显的高频振荡，相当于受到截波的作用。在我国，根据运行经验和技术经济比较，电气设备的截波冲击耐受电压按内绝缘和外绝缘两方面分别确定。

内绝缘雷电冲击截波耐受电压（kV）为

$$U_i = 1.25 \times 1.15(1.1U_5 + 15) \tag{8-21}$$

式中　1.15——累积系数；

　　　1.25——截波系数；

　　　U_5——避雷器在 5kA 时的残压，单位为 kV；

　　　1.1——考虑避雷器与变压器间的振荡而使变压器上的电压有所升高以及来波波头小
　　　　　　于避雷器残压试验用的 10μs 波头而引起的电压升高而增加的系数；

　　　15——考虑避雷器连线及接地电阻上的压降而增加的数值。

外绝缘雷电冲击截波耐受电压（kV）为

$$U_o = \frac{1.25(1.1U_5 + 15)}{0.84} \tag{8-22}$$

外绝缘可不计累积效应，但要考虑大气条件的影响，对海拔 1000m 及以下地区的电气
设备，取空气密度和湿度的综合修正系数为 0.84。

国家标准 GB 311.1—1997《高压输变电设备的绝缘配合》中规定了不同电压等级的电
气设备的冲击截波耐受电压值见表 8-21。

四、操作冲击绝缘水平

电气设备在标准波形的操作过电压作用下耐受电压的能力，用规定的操作冲击耐受电压
表示。操作冲击耐受试验用的标准波为 250/2500μs。220kV 及以下的电气设备，在一定程
度上可用交流工频电压试验代替操作波冲击试验。

内绝缘的操作冲击绝缘水平　内绝缘为油纸绝缘的电气设备，若带电部分完全被固体绝缘
物覆盖时，操作冲击波与雷电冲击波的耐受电压之比为 1.0，或稍低于 1.0。处于变压器油
中相向布置的裸电极间以及沿油表面的操作冲击波与雷电冲击波耐受电压之比为 0.6~0.8。
当处于油中的裸露导体用固体绝缘物覆盖，或在导体间插入层压板作屏蔽时，上述比值可大
于 0.83。

一般高压电气设备内绝缘操作冲击绝缘水平（SIL）与避雷器操作冲击保护水平 U_s 相
配合，其值为

$$U_s = \frac{SIL}{1.15} \tag{8-23}$$

式中　1.15——间隔系数；

　　　U_s——避雷器操作保护水平，应考虑避雷器操作冲击保护水平的分散性，取其上
　　　　　　限值。

外绝缘的操作冲击绝缘水平　在以绝缘子和空气间隙为主的外绝缘结构中，间隙长度超
过 2m 后，操作冲击波放电电压随间隙距离的增加呈现饱和倾向。在各种不同的电场结构
中，正极性操作冲击波的放电电压都比负极性低。棒-板间隙（导线对地、导线对构架等）
在正极性操作冲击波作用下的 50% 放电电压与波前时间的关系曲线呈"U"型。某种波前
操作波作用下的放电电压甚至比工频放电电压的幅值还低。

电气设备外绝缘操作冲击绝缘水平为

$$U_{out} = \frac{SIL}{0.93} \tag{8-24}$$

式中　0.93——海拔在 1000m 及以下地区外绝缘在操作过电压作用下的空气密度和湿度综合修正系数。

对断路器、隔离开关同极断口间外绝缘要考虑反极性工作电压的叠加，即要在 U_{out} 上再加 $0.9\sqrt{2}U_{\text{p}}$，U_{p} 为系统的最高运行相电压。

计算操作冲击绝缘水平的各种系数是结合我国的运行经验，经技术经济比较确定的。选择较合理的输配电设备的操作冲击绝缘水平，将明显影响设备造价、运行维护费用和供电可靠性。

五、工频耐受电压

电气设备所能耐受的工频电压，分短时（1min）工频耐受电压和长时（1~2h）工频耐受电压两种。电气设备在运行中要承受工作电压、工频过电压、操作过电压及雷电过电压的作用。为考验绝缘耐受各种电压的能力，通常除了型式试验要进行雷电冲击和操作冲击试验外，一般只作短时工频耐受试验。因为在某种程度上，操作或雷电冲击电压对绝缘的作用可用工频电压来代替，并且可使试验工作方便可行，所以通常以短时工频耐受电压代表绝缘对操作过电压、雷电过电压总的耐受水平。

根据运行经验和技术经济比较，电气设备的工频耐受电压分内绝缘和外绝缘两方面分别确定。

内绝缘工频耐受电压的确定　先以操作过电压水平为基础，计算工频耐受电压（有效值）（kV），即

$$U_{\text{in}\cdot 50\sim} = \frac{1.1K_0U_{\text{p}}}{1.3\sim 1.35} = (0.56\sim 0.54)K_0U_{\text{n}} \tag{8-25}$$

式中　K_0——计算用操作过电压倍数；

　　　U_{p}——系统最高运行相电压，单位为 kV；

　　　U_{n}——系统额定线电压，$U_{\text{p}} = 1.15U_{\text{n}}/\sqrt{3}$，单位为 kV；

　　　1.1——内绝缘的累积系数；

1.3~1.35——内绝缘的操作冲击系数，是承受操作过电压能力与承受短时工频电压能力的比值，对 60kV 及以下设备取 1.3，110kV 及以上设备取 1.35。

再以雷电过电压为基础计算，即

$$U_{\text{out}\cdot 50\sim} = \frac{1.1(1.1U_5 + 15)}{1.48\sqrt{2}} \tag{8-26}$$

式中　　　U_5——避雷器 5kA 时的残压，单位为 kV；

1.1（$1.1U_5 + 15$）——电气设备全波冲击绝缘水平；

　　　$1.48\sqrt{2}$——内绝缘的雷电冲击系数。

选择 $U_{\text{in}\cdot 50\sim}$ 和 $U_{\text{out}\cdot 50\sim}$ 中较大值为内绝缘短时工频耐受电压值。

外绝缘工频耐受电压的确定　在干燥状态下外绝缘所应耐受的电压称外绝缘工频干耐受电压（kV），可按下式确定，即

$$U_{\text{od}\cdot 50\sim} = \frac{1.1K_0U_{\text{n}}}{0.84\sqrt{3}} \approx 0.76K_0U_{\text{n}} \tag{8-27}$$

式中　0.84——海拔1000m及以下地区考虑空气密度和湿度的综合修正系数。

在淋雨条件下外绝缘应耐受的电压称外绝缘工频湿耐受电压（kV），可按式（8-28）确定：

$$U_{\mathrm{ow}\cdot 50\sim} = \frac{1.1K_0 U_{\mathrm{n}}}{1.015\sqrt{3}} \approx 0.63 K_0 U_{\mathrm{n}} \tag{8-28}$$

式中　1.015——综合考虑大气条件、雨水状态和污秽情况等各种因素影响的修正系数。

外绝缘工频耐受电压主要是工频湿耐受电压，工频干耐受电压只对室内电气设备的外绝缘适用。

国家标准GB 311.1—1997《高压输变电设备的绝缘配合》中规定了3~220kV输配电设备的1min工频耐受电压值见表8-22。

表8-22　各类设备的短时（1min）工频耐受电压（有效值）

系统标称电压（有效值）/kV	设备最高电压（有效值）/kV	内、外绝缘（干试验与湿试验）/kV				母线支柱绝缘子/kV	
		变压器	并联电抗器	耦合电容器、高压电器、电压互感器和穿墙套管	高压电力电缆	湿试	干试
1	2	3[①]	4[①]	5[②]	6[②]	7	8
3	3.5	18	18	18/25	—	18	25
6	6.9	25	25	23/30	—	23	32
10	11.5	30/35	30/35	30/42	—	30	42
15	17.5	40/45	40/45	40/55	40/45	40	57
20	23.0	50/55	50/55	50/65	50/55	50	68
35	40.5	80/85	80/85	80/95	80/85	80	100
66	72.5	140	140	140	140	140	165
		160	160	160	160	160	185
110	126.0	185/200	185/200	185/200	185/200	185	265
220	252.0	360	360	360	360	360	450
		395	395	395	395	395	495
		—	—	—	460	—	—

① 该栏中斜线下的数据为该类设备的内绝缘和外绝缘干状态之耐受电压。
② 该栏中斜线下的数据为该类设备的外绝缘干耐受电压。

电力变压器中性点绝缘水平见表8-23。

表8-23　电力变压器中性点绝缘水平

系统标称电压（有效值）/kV	设备最高电压（有效值）/kV	中性点接地方式/kV	雷电冲击全波和截波耐受电压（峰值）/kV	短时工频耐受电压（有效值）（内、外绝缘，干试验与湿试验）/kV
35	40.5	不接地经消弧线圈接线	180	85
110	126	不固定接地	250	95
220	252	固定接地	185	85
		不固定接地	400	200

电力变压器更换绕组交流试验电压值及操作波试验电压值见表8-24。

表 8-24　电力变压器更换绕组交流试验电压值及操作波试验电压值

额定电压/kV	最高工作电压/kV	线端交流试验电压值/kV		中性点交流试验电压值/kV		线端操作波试验电压值/kV	
		全部更换绕组	部分更换组或交接时	全部更换绕组	部分更换组或交接时	全部更换绕组	部分更换组或交接时
<1	≤1	3	2.5	3	2.5	—	—
3	3.5	18	15	18	15	35	30
6	6.9	25	21	25	21	50	40
10	11.5	35	30	35	30	60	50
15	17.5	45	38	45	38	90	75
20	23.0	55	47	55	47	105	90
35	40.5	85	72	85	72	170	145
110	126.0	200	170（195）	95	80	375	319
220	252.0	360 395	306 336	85 （200）	72 （170）	750	638

注：1. 括号内数值适用于不固定接地或经小电抗接地系统；

　　2. 操作波的波形为，波头大于 20μs，90% 以上幅值持续时间大于 200μs，波长大于 500μs；负极性三次。

开关设备的交流耐压试验电压见表 8-25。

表 8-25　开关设备的交流耐压试验电压

额定电压/kV	1min 工频耐受电压有效值/kV			
	相对地	相间	断路器断口	隔离断口
3.6	25	25	25	27
7.2	32	32	32	36
12	42（28）	42（28）	42（28）	48（35）
40.5	95	95	95	118
126	200	200	200	225
252	360	360	360	415
550	630	630	790	790

注：当 12kV 系统中性点为有效接地时，绝缘水平采用括号中的数值。

第四节　避雷器的选择计算

一、按额定电压选择

选择的避雷器额定电压应大于或等于所在保护回路的标称额定电压，见式（8-29）。

$$U_{bN} \geqslant U_{sN} \qquad (8\text{-}29)$$

式中　U_{bN}——避雷器的额定电压，单位为 kV；

　　　U_{sN}——系统标称额定电压，单位为 kV。

氧化锌避雷器的额定电压应大于或等于避雷器的工频过电压，见式（8-30）。

$$U_{bN} \geqslant U_g \qquad (8\text{-}30)$$

式中　U_g——氧化锌避雷器工频参考电压，单位为 kV。

在中性点有效接地系统，避雷器的额定电压一般与避雷器的直流 1mA 参考电压接近或相等。而在中性点非有效接地时，选择氧化锌避雷器的直流 1mA 参考电压应为额定电压的 1.2 ~ 1.4 倍。

连接于自耦变压器的高、中压绕组出口的避雷器，在选择额定电压时要考虑两侧避雷器的配合。高压侧进波，若中压侧先于高压侧动作，可能会因为中压侧避雷器允许的通流容量较小而损坏，故尚应满足式（8-31）要求，即

$$U_{zbN} > \frac{U_{gbN}}{N} \tag{8-31}$$

式中　U_{zbN}——中压侧氧化锌避雷器的额定电压，单位为 kV；

　　　U_{gbN}——高压侧氧化锌避雷器的额定电压，单位为 kV；

　　　N——自耦变压器高、中压绕组之间的电压比。

无间隙金属氧化物避雷器持续运行电压和额定电压见表 8-26。

表 8-26　无间隙金属氧化物避雷器持续运行电压和额定电压

系统接地方式		持续运行电压/kV		额定电压/kV	
		相地	中性点	相地	中性点
有效接地	110kV	$U_m/\sqrt{3}$	$0.45U_m$	$0.75U_m$	$0.57U_m$
	220kV	$U_m/\sqrt{3}$	$0.13U_m$（$0.45U_m$）	$0.75U_m$	$0.17U_m$（$0.57U_m$）
不接地	3 ~ 20kV	$1.1U_m$	$0.64U_m$	$1.38U_m$	$0.8U_m$
	35kV、66kV	U_m	$U_m/\sqrt{3}$	$1.25U_m$	$0.72U_m$
消弧线圈		U_m	$U_m/\sqrt{3}$	$1.25U_m$	$0.72U_m$
低电阻		$0.8U_m$	—	U_m	—
高电阻		$1.1U_m$	$1.1U_m/\sqrt{3}$	$1.38U_m$	$0.8U_m$

注：1. 220kV 括号外、内数据分别对应变压器中性点经接地电抗器接地和不接地。

　　2. U_m 表示系统最高电压，单位为 kV。

二、按持续运行电压选择

为了保证选择的避雷器具有一定的使用寿命，长期施加于避雷器上的运行电压不得超过避雷器的持续运行电压，见式（8-32）。

$$U_{by} \geq U_{xg} \tag{8-32}$$

式中　U_{by}——金属氧化物避雷器的持续运行电压有效值，单位为 kV；

　　　U_{xg}——系统最高相电压有效值，单位为 kV。

对于电容器组的电压应为电容器组的额定电压，因为电容器组回路中串联有电抗器。它使得电容器的端电压高于系统的最高相电压。

三、按雷电冲击残压选择

避雷器的额定电压 U_{bN} 选定之后，避雷器在流过标称放电电流而引起的雷电冲击残压 U_{ble} 便是一个确定的数值。它与设备绝缘的全波雷电冲击耐压水平（*BIL*）比较，应满足绝缘配合的要求，见式（8-33）。

实用电气计算

$$U_{\text{ble}} \leqslant \frac{BIL}{K_c} \tag{8-33}$$

式中　U_{ble}——避雷器额定雷电冲击电流下残压峰值，单位为 kV；

　　　BIL——各类设备绝缘全波雷电冲击耐压水平，单位为 kV，由表 3-14 中查取；

　　　K_c——雷电冲击绝缘配合因数，根据 GB 311.1—1997 国家标准规定取 $K_c = 1.4$。

四、按标称放电电流选择

10kV 配电设备过电压保护选用的氧化锌避雷器标称放电电流一般选择 5kA；35kV 的一般选用 5kA、10kA；110kV 的一般选用 5kA、10kA；220kV 的一般选用 10kA。35kV 级变压器中性点过电压保护选用的氧化锌避雷器标称放电电流选择 1.5kA、5kA；110kV 的选择 1kA、1.5kA；220kV 的选择 1.5kA。

五、校核陡波冲击电流下的残压

避雷器应满足截断雷电冲击耐受峰值电压的配合，见式（8-34）。

$$U'_{\text{ble}} \leqslant \frac{BIL'}{K_c} = \frac{1.15BIL}{K_c} \tag{8-34}$$

式中　U'_{ble}——避雷器陡波冲击电流下残压（峰值），单位为 kV；该值由表 8-14 避雷器电气特性中查取；

　　　BIL'——变压器类设备内绝缘截断雷电冲击耐受电压（峰值），单位为 kV，由表 8-21 中查取；

　　　BIL——各类设备额定雷电冲击（内、外绝缘）耐受电压（峰值），单位为 kV，查表 8-21；

　　　K_c——雷电冲击绝缘配合因数，根据 GB 311.1—1997 国家标准规定取 $K_c = 1.4$。

六、按操作冲击残压选择

220kV 及以下氧化锌避雷器操作冲击残压按式（8-35）选择，即

$$U_s \leqslant \frac{SIL}{K_c} = \frac{1.35U_{\text{gs}}}{K_c} \tag{8-35}$$

式中　U_s——避雷器操作冲击电流下残压（峰值），单位为 kV，查表 8-14，及有关避雷器的电气特性中查取；

　　　SIL——变压器线端操作波试验电压，单位为 kV，由表 8-24 中查取；

　　　U_{gs}——各类电气设备短时（1mn）工频试验电压，单位为 kV，由表 8-22 中查取；

　　　1.35——内绝缘冲击系数；

　　　K_c——操作冲击绝缘配合因数，根据 GB 311.1—1997 国家标准规定取 $K_c = 1.15$。

【例 8-4】　220kV 变电所电源进线侧电压为 220kV，试选择 220kV 过电压保护的氧化锌避雷器的型号规格。

解：

（1）按额定电压选择

220kV 系统最高电压为 252kV，查表 8-26，取避雷器相对地电压为 $0.75U_m = 0.75 \times$

252 = 189kV，取避雷器的额定电压为 200kV，故满足额定电压的要求。

（2）按持续运行电压选择

220kV 系统相电为 252/$\sqrt{3}$ = 145kV，查表 8-14，选 Y10W5—200/520 型无间隙氧化锌避雷器持续运行电压有效值为 146kV，故满足持续运行电压的要求。

（3）按标称放电电流选择

220kV 氧化锌避雷器标称放电电流选 10kA。

（4）按雷电冲击残压选择

查表 8-21，得 220kV 变压器额定雷电冲击（内、外绝缘）耐受电压（峰值）850kV，按式（8-33）计算避雷器标称放电电流引起的雷电冲击残压为

$$U_{\text{ble}} \leqslant \frac{BIL}{K_{\text{c}}} = \frac{850}{1.4}\text{kV} = 607\text{kV}$$

查表 8-14，得 Y10W5—200/520 型氧化锌避雷器雷电冲击电流下残压（峰值）不大于 520kV，该值小于 607kV，故选择的氧化锌避雷器满足雷电冲击残压的要求。

（5）校核陡波冲击电流下的残压

查表 8-21，得 220kV 变压器类设备的内绝缘截断雷电冲击耐受电压（峰值）为 950kV，按式（8-34）计算陡波冲击电流下的残压为

$$U'_{\text{ble}} = \frac{BIL'}{K_{\text{c}}} = \frac{950}{1.4}\text{kV} = 678\text{kV}$$

查表 8-14，得 Y10W5—200/520 型氧化锌避雷器陡波冲击电流下残压（峰值）不大于 582kV，该值小于 678kV，故满足陡波冲击电流下的残压要求。

（6）按操作冲击残压选择

查表 8-24，得 220kV 变压器线端操作波试验电压值 SIL = 750kV，根据 GB 311.1—1997 国标取操作冲击因数 K_{c} = 1.15，按式（8-35）计算操作冲击电流下残压为

$$U_{\text{s}} = \frac{SIL}{K_{\text{c}}} = \frac{750}{1.15}\text{kV} = 652\text{kV}$$

查表 8-14，得 Y10W5—200/520 型无间隙氧化锌避雷器操作冲击电流下残压（峰值）不大于 442kV，该值小于 652kV，故满足操作冲击电流下残压的要求。

（7）查表 8-14，选择 Y10W5—200/520 型氧化锌避雷器能满足主变压器 220kV 侧过电压保护的要求

变电所常用的氧化锌避雷器型号见表 8-27。

表 8-27 变电所常用的氧化锌避雷器型号

电压/kV	名称	避雷器型号	电压/kV	名称	避雷器型号
10	10kV 母线	YH5WZ—17/45	110	110kV 主变压器进线	Y10W5—100/260
10	10kV 电容器	YH5WR—17/45	110	110kV 母线	Y10W5—100/260
35	35kV 母线、PT 间隔	YH5WZ—53/134	110	110kV 出线	Y10W5—100/260
35	35kV 进出线	YH5WZ—53/134	110	110kV 变压器中性点	YH1.5W—73/200
35	35kV 出线	YH5WZ—53/134	220	220kV 主变压器进线	Y10W5—200/520
35	35kV 变压器中性点	YH1.5W—30/85	220	220kV 主母线	Y10W5—200/520

第五节　无功功率补偿的计算

一、电容值的计算

电容器的电容值计算式为

$$C = \frac{Q_{\text{C}} \times 10^3}{2\pi f U_{\text{C}}^2} \tag{8-36}$$

式中　C——电容值，单位为 μF；

　　　Q_{C}——电容器容量，单位为 kvar；

　　　U_{C}——电容器电压，单位为 kV；

　　　f——电源频率，50Hz。

二、电容器额定电流的计算

1. 单相电容器额定电流的计算

单相电容器的接线原理如图 8-1 所示。

单相电容器的额定电流计算式为

$$I_{\text{NC}} = 2\pi f C U_{\text{NC}} \times 10^{-3} \tag{8-37}$$

式中　U_{NC}——电容器的额定电压。

2. 三相电容器星形联结额定电流的计算

三相电容器星形联结原理如图 8-2 所示。

三相电容器星形联结时的额定电流计算式如下：

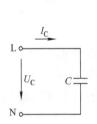

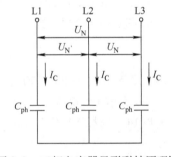

图 8-1　单相电容器的接线原理图　　　图 8-2　三相电容器星形联结原理图

$$I_{\text{NC}} = \frac{Q_{\text{NC}}}{3U_{\text{ph}}} \tag{8-38}$$

式中　I_{NC}——电容器的额定线电流，单位为 A；

　　　Q_{NC}——三相电容器的额定容量，单位为 kvar；

　　　U_{ph}——电容器的额定相电压，单位为 kV。

$$I_{\text{NC}} = 2\pi f C_{\text{ph}} U_{\text{ph}} \times 10^{-3} \tag{8-39}$$

式中　I_{NC}——电容器的额定线电流，单位为 A；

　　　f——电源频率，50Hz；

　　　C_{ph}——三相电容器每相电容值，为三相电容值的 1/3，单位为 μF；

　　　U_{ph}——相电压，单位为 kV。

【例8-5】 三相电容器型号为 BZMJ0.69—50—3 型，额定电压 $U_{NC} = 0.69kV$，额定容量 $Q_{NC} = 50kvar$，电容值 $C = 995\mu F$，星形联结，计算电容器的额定线电流。

解：

三相电容器的额定线电流按式（8-38）计算，得

$$I_{NC} = \frac{Q_{NC}}{\sqrt{3}U_{NC}} = \frac{50\sqrt{3}}{3 \times 0.69}A = 41.83A$$

或按式（8-39）计算，得

$$I_{NC} = 2\pi fC_{ph}U_{ph} \times 10^{-3} = 2 \times 3.14 \times 50 \times \frac{995}{3} \times \frac{0.69}{\sqrt{3}} \times 10^{-3}A = 41.49A$$

或查表 8-28 得额定线电流 $I_{NC} = 41.7A$。

3. 三相电容器三角形联结额定电流的计算

三相电容器三角形联结原理如图 8-3 所示。

三相电容器三角形联结时的额定电流计算式为

$$I_{NC} = \frac{Q_{NC}}{\sqrt{3}U_{NC}} \tag{8-40}$$

或

$$I_{NC} = \frac{2\pi fCU_{NC} \times 10^{-3}}{\sqrt{3}} \tag{8-41}$$

三相电容器三角形联结时的相电流计算式为

$$I_{NCph} = \frac{I_{NC}}{\sqrt{3}} = \frac{2\pi fCU_{NC} \times 10^{-3}}{3} \tag{8-42}$$

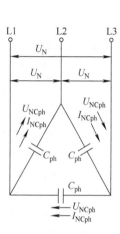

图 8-3　三相电容器
三角形联结原理图

三、电容器额定容量的计算

1. 单相电容器额定容量的计算

单相电容器的额定容量计算式为

$$Q_{NC} = U_{NC}I_{NC} = 2\pi fCU_{NC}^2 \times 10^{-3} \tag{8-43}$$

式中　　Q_{NC}——电容器的额定容量，单位为 kvar；

$\quad\quad U_{NC}$——电容器的额定电压，单位为 kV；

$\quad\quad I_{NC}$——电容器的额定电流，单位为 A；

$\quad\quad f$——电源频率，50Hz；

$\quad\quad C$——电容值，单位为 μF。

2. 三相电容器星形联结额定容量的计算

三相电容器星形联结时的额定容量计算式为

$$Q_{NC} = \sqrt{3}U_{NC}I_{NC} \tag{8-44}$$

或

$$Q_{NC} = \sqrt{3}U_{NC}\frac{2\pi fCU_{NC} \times 10^{-3}}{\sqrt{3}} = 2\pi fCU_{NC}^2 \times 10^{-3} \tag{8-45}$$

3. 三相电容器三角形联结额定容量的计算

三相电容器三角形联结时的额定容量计算式为

$$Q_{NC} = \sqrt{3} U_{NC} I_{NC} \qquad (8\text{-}46)$$

或

$$Q_{NC} = \sqrt{3} U_{NC} I_{NC} = \sqrt{3} U_{NC} \frac{2\pi f C U_{NC} \times 10^{-3}}{\sqrt{3}}$$

$$= 2\pi f C U_{NC}^2 \times 10^{-3} \qquad (8\text{-}47)$$

【例 8-6】 一台三相 BZMJ0.4—50—3 型的电容器，额定电压 $U_{NC} = 0.4\text{kV}$，额定容量 $Q_{NC} = 50\text{kvar}$，电容器三角形联结，试计算该电容器的电容值及电容器的额定电流。

解:

电容器的电容值按式 (8-36) 计算，得

$$C = \frac{Q_{NC} \times 10^3}{2\pi f C U_{NC}^2} = \frac{50 \times 10^3}{2 \times 3.14 \times 50 \times 0.4^2} \mu\text{F} = 995 \mu\text{F}$$

或查电容器铭牌电容值 $C = 995 \mu\text{F}$，频率 $f = 50\text{Hz}$。

电容器的额定电流按式 (8-40) 或式 (8-41) 计算，得

$$I_C = \frac{Q_{NC}}{\sqrt{3} U_{NC}} = \frac{50}{\sqrt{3} \times 0.4} \text{A} = 72.17\text{A}$$

$$I_C = \frac{2\pi f C U_{NC} \times 10^{-3}}{\sqrt{3}} = \frac{2 \times 3.14 \times 50 \times 995 \times 0.4 \times 10^{-3}}{\sqrt{3}} \text{A} = 72.15\text{A}$$

BZMJ 系列电容器的技术参数见表 8-28。

表 8-28　BZMJ 系列电容器的技术参数

型号规格	额定电压 /kV	额定输出 /kvar	相数（联结）	额定线电流 /A	额定电容量 /μF
BZMJ0.4—5—1	0.4		单相（全并）	12.5	
BZMJ0.4—5—3	0.4	5	三相（△）	7.2	100
BZMJ0.69—5—3	0.69		三相（Y）	4.2	
BZMJ0.4—7.5—1	0.4		单相（全并）	18.8	
BZMJ0.4—7.5—3	0.4	7.5	三相（△）	10.8	149
BZMJ0.69—7.5—3	0.69		三相（Y）	6.3	
BZMJ0.4—10—1	0.4		单相（全并）	25.0	
BZMJ0.4—10—3	0.4	10	三相（△）	14.4	199
BZMJ0.69—10—3	0.69		三相（Y）	8.3	
BZMJ0.4—12—1	0.4		单相（全并）	30.0	
BZMJ0.4—12—3	0.4	12	三相（△）	17.3	239
BZMJ0.69—12—3	0.69		三相（Y）	10.0	
BZMJ0.4—14—1	0.4		单相（全并）	35.0	
BZMJ0.4—14—3	0.4	14	三相（△）	20.2	279
BZMJ0.69—14—3	0.69		三相（Y）	11.7	
BZMJ0.4—15—1	0.4		单相（全并）	37.5	
BZMJ0.4—15—3	0.4	15	三相（△）	21.7	299
BZMJ0.69—15—3	0.69		三相（Y）	12.5	

型号规格	额定电压 /kV	额定输出 /kvar	相数（联结）	额定线电流 /A	额定电容量 /μF
BZMJ0.4—16—1	0.4		单相（全并）	40.0	
BZMJ0.4—16—3	0.4	16	三相（△）	23.1	318
BZMJ0.69—16—3	0.69		三相（丫）	13.3	
BZMJ0.4—20—1	0.4		单相（全并）	50.0	
BZMJ0.4—20—3	0.4	20	三相（△）	28.9	398
BZMJ0.69—20—3	0.69		三相（丫）	16.7	
BZMJ0.4—25—1	0.4		单相（全并）	62.5	
BZMJ0.4—25—3	0.4	25	三相（△）	36.1	498
BZMJ0.69—25—3	0.69		三相（丫）	20.8	
BZMJ0.4—30—1	0.4		单相（全并）	75.0	
BZMJ0.4—30—3	0.4	30	三相（△）	43.3	597
BZMJ0.69—30—3	0.69		三相（丫）	25.0	
BZMJ0.4—40—1	0.4		单相（全并）	100.0	
BZMJ0.4—40—3	0.4	40	三相（△）	57.7	796
BZMJ0.69—40—3	0.69		三相（丫）	33.3	
BZMJ0.4—50—1	0.4		单相（全并）	125.0	
BZMJ0.4—50—3	0.4	50	三相（△）	72.2	995
BZMJ0.69—50—3	0.69		三相（丫）	41.7	

四、按变压器的额定容量计算无功功率补偿容量

变压器无功功率补偿前的功率因数 $\cos\varphi_1 = 0.78$，补偿到 $\cos\varphi_2 = 0.90$ 时，无功功率补偿容量可近似计算式为

$$Q_C = (20\% \sim 40\%) S_N \tag{8-48}$$

式中　Q_C——无功补偿容量，单位为 kvar；

　　　S_N——变压器容量，单位为 kVA。

配电变压器的无功功率补偿容量可按表 8-29 选择。主变压器无功补偿容量可取 $20\% S_N$。

表 8-29　配电变压器的无功功率补偿容量

序号	变压器容量/kVA	无功功率补偿容量/kvar	序号	变压器容量/kVA	无功功率补偿容量/kvar
1	315	100	6	1250	400
2	400	128	7	1600	512
3	500	160	8	2000	640
4	630	210	9	2500	800
5	800	256	—	—	—

五、按提高功率因数计算无功功率补偿容量

用户为了提高用电负荷的功率因数，增加配电变压器的有功功率，降低损耗，提高运行电压，进行无功补偿。

如果电力用户的最大负荷月的平均有功功率为 P_{av}，补偿前的功率因数为 $\cos\varphi_1$，补偿后欲将功率因数提高到 $\cos\varphi_2$，则补偿容量计算式为

$$Q_C = P_{av}(\tan\varphi_1 - \tan\varphi_2) \tag{8-49}$$

或

$$Q_C = P_{av}\left(\sqrt{\frac{1}{\cos^2\varphi_1} - 1} - \sqrt{\frac{1}{\cos^2\varphi_2} - 1}\right) \tag{8-50}$$

式中　Q_C——所需要补偿容量，单位为 kvar；

P_{av}——最大负荷月平均有功功率，单位为 kW；

$\tan\varphi_1$——补偿前的功率因数角正切值；

$\tan\varphi_2$——补偿后的功率因数角正切值；

$\cos\varphi_1$——补偿前的功率因数；

$\cos\varphi_2$——补偿后的功率因数。

在考虑补偿容量时，$\cos\varphi_1$ 应采用最大负荷月平均功率因数，$\cos\varphi_2$ 的选取要适当。通常，将功率因数从 0.9 提高到 1 所需的补偿容量，与将功率因数从 0.72 提高到 0.90 所需的补偿容量相当，因此，在高功率因数下进行补偿其效果将显著下降。

六、按每千瓦有功负荷计算无功功率补偿容量

为了简化计算，根据各类用户经济功率因数值见表 8-30，再根据补偿前、后的功率因数值，可直接查表 8-31 得每千瓦有功负荷所需无功功率补偿容量。无功功率补偿容量计算式为

$$Q_C = Q_0 P_{av} \tag{8-51}$$

式中　Q_C——无功功率补偿容量，单位为 kvar；

Q_0——每千瓦有功负荷所需无功功率补偿容量，单位为 kvar/kW；

P_{av}——最大负荷月平均负荷，单位为 kW。

表 8-30　各类用户经济功率因数值

负荷类型	I	II	III
经济功率因数	0.85 ~ 0.90	0.90 ~ 0.95	0.90 ~ 0.95

表 8-31　每千瓦有功负荷所需无功功率补偿容量　　　　（单位：kvar/kW）

补偿前 $\cos\varphi_1$	补偿后 $\cos\varphi_2$												
	0.80	0.86	0.90	0.91	0.92	0.93	0.94	0.95	0.96	0.97	0.98	0.99	1
0.60	0.584	0.733	0.849	0.878	0.905	0.939	0.971	1.005	1.043	1.083	1.131	1.192	1.334
0.61	0.549	0.699	0.815	0.843	0.870	0.904	0.936	0.970	1.008	1.048	1.096	1.157	1.299
0.62	0.515	0.665	0.781	0.809	0.836	0.870	0.902	0.936	0.974	1.014	1.062	1.123	1.265

（续）

补偿前	补偿后											
$\cos\varphi_1$	$\cos\varphi_2$											
	0.80	0.86	0.90	0.91	0.92	0.93	0.94	0.95	0.96	0.97	0.98	0.99	1
0.63	0.483	0.633	0.749	0.777	0.804	0.838	0.870	0.904	0.942	0.982	1.030	1.091	1.233
0.64	0.450	0.601	0.716	0.744	0.771	0.805	0.837	0.871	0.909	0.949	0.997	1.058	1.200
0.65	0.419	0.569	0.685	0.713	0.740	0.774	0.806	0.840	0.878	0.918	0.966	1.007	1.169
0.66	0.388	0.538	0.654	0.682	0.709	0.743	0.775	0.809	0.847	0.887	0.935	0.996	1.138
0.67	0.358	0.508	0.624	0.652	0.679	0.713	0.745	0.779	0.817	0.857	0.905	0.966	1.108
0.68	0.329	0.478	0.595	0.623	0.650	0.684	0.716	0.750	0.788	0.828	0.876	0.937	1.079
0.69	0.299	0.449	0.565	0.593	0.620	0.654	0.686	0.720	0.758	0.798	0.840	0.907	1.049
0.70	0.270	0.420	0.536	0.536	0.563	0.597	0.629	0.663	0.701	0.741	0.783	0.850	0.992
0.72	0.213	0.364	0.479	0.507	0.534	0.568	0.600	0.634	0.672	0.712	0.754	0.821	0.963
0.73	0.186	0.336	0.452	0.480	0.507	0.541	0.573	0.607	0.645	0.685	0.727	0.794	0.936
0.74	0.159	0.309	0.425	0.453	0.480	0.514	0.546	0.580	0.618	0.658	0.700	0.767	0.909
0.75	0.132	0.282	0.398	0.426	0.453	0.487	0.519	0.553	0.591	0.631	0.673	0.740	0.882
0.76	0.105	0.255	0.371	0.399	0.426	0.460	0.492	0.526	0.564	0.604	0.652	0.713	0.855
0.77	0.079	0.229	0.345	0.373	0.400	0.434	0.466	0.500	0.538	0.578	0.620	0.687	0.829
0.78	0.053	0.202	0.319	0.347	0.374	0.408	0.440	0.474	0.512	0.552	0.594	0.661	0.803
0.79	0.026	0.176	0.292	0.320	0.347	0.381	0.413	0.447	0.485	0.525	0.567	0.634	0.776
0.80		0.150	0.266	0.294	0.321	0.355	0.387	0.421	0.459	0.499	0.541	0.608	0.750
0.81		0.124	0.240	0.268	0.295	0.329	0.361	0.395	0.433	0.473	0.515	0.582	0.724
0.82		0.098	0.214	0.242	0.269	0.303	0.335	0.369	0.407	0.447	0.489	0.556	0.698
0.83		0.072	0.188	0.216	0.243	0.277	0.309	0.343	0.381	0.421	0.463	0.530	0.672
0.84		0.046	0.162	0.190	0.217	0.251	0.283	0.317	0.355	0.395	0.437	0.504	0.645
0.85		0.020	0.136	0.164	0.191	0.225	0.257	0.291	0.329	0.369	0.417	0.478	0.620
0.86			0.109	0.140	0.167	0.198	0.230	0.264	0.301	0.343	0.390	0.450	0.593
0.87			0.083	0.114	0.141	0.172	0.204	0.238	0.275	0.317	0.364	0.424	0.567
0.88			0.054	0.085	0.112	0.143	0.175	0.209	0.246	0.288	0.335	0.395	0.538
0.89			0.028	0.059	0.086	0.117	0.149	0.183	0.230	0.262	0.309	0.369	0.512
0.90				0.031	0.058	0.089	0.121	0.155	0.192	0.234	0.281	0.341	0.484

七、补偿电容器台数的计算

补偿电容器台数计算式为

$$n = \frac{Q_{\text{C}}}{Q_{\text{CO}}} \tag{8-52}$$

式中　n——补偿电容器台数；

　　Q_{C}——补偿电容器容量，单位为 kvar；

　　Q_{CO}——单台电容器的额定容量，单位为 kvar，一般取 30kvar 及以下。

八、补偿后增加的有功功率计算

配电变压器无功功率补偿后增加的有功功率计算式为

$$\Delta P = P_2 - P_1 = S\cos\varphi_2 - S\cos\varphi_1 = \frac{P_1}{\cos\varphi_1}\cos\varphi_2 - P_1 = P_1\left(\frac{\cos\varphi_2}{\cos\varphi_1} - 1\right) \tag{8-53}$$

式中　P_1——补偿前的有功功率，单位为 kW；

$\cos\varphi_1$——补偿前的功率因数；

$\cos\varphi_2$——补偿后的功率因数。

【例 8-7】　某工厂安装一台 S11—1000/10 型配电变压器，额定容量 $S_N = 1000\text{kVA}$，月平均最大负荷 $P_{av} = 950\text{kW}$，由自然功率因数 $\cos\varphi_1 = 0.8$ 提高到 $\cos\varphi_2 = 0.95$，计算无功功率补偿容量。

解：

无功功率补偿容量按式（8-50）计算，得

$$Q_C = P_{av}\left(\sqrt{\frac{1}{\cos\varphi_1^2} - 1} - \sqrt{\frac{1}{\cos\varphi_2^2} - 1}\right)$$

$$= 950 \times \left(\sqrt{\frac{1}{0.8^2} - 1} - \sqrt{\frac{1}{0.95^2} - 1}\right)\text{kvar}$$

$$= 950 \times 0.4213\text{kvar} = 400\text{kvar}$$

或查表 8-31，得功率因数 $\cos\varphi_1 = 0.80$ 提高到功率因数 $\cos\varphi_2 = 0.95$ 时，每千瓦有功负荷所需补偿的无功功率 $Q_0 = 0.421\text{kvar/kW}$，按式（8-51）计算所需无功功率补偿容量，得

$$Q_C = Q_0 P_{av} = 0.421 \times 950\text{kvar} = 400\text{kvar}$$

选择无功功率补偿总容量 $Q_C = 400\text{kvar}$。

选择每台电容器的额定容量 $Q_N = 20\text{kvar}$，选用电容器台数按式（8-52）估算，得

$$n = \frac{Q_C}{Q_N} = \frac{400}{20}\text{台} = 20\text{ 台}$$

查表 8-28，选择 BZMJ0.4—20—3 型电容器 20 台。

配电变压器增加的有功功率按式（8-53）计算，得

$$\Delta P = P_2 - P_1 = S\cos\varphi_2 - S\cos\varphi_1 = (1000 \times 0.95 - 1000 \times 0.8)\text{kW} = (950 - 800)\text{kW} = 150\text{kW}$$

第六节　35/10kV 变电所电气设备选择举例

一、工程规模

1. 概况

某集镇工业、农业、居民、村民等用电负荷达 5000kW 左右，新建 35/10kV 变电所一座，第一期工程安装主变压器一台，容量为 6300kVA，最终建设规模为安装主变压器 2 台，主变压器总容量为 $2 \times 6300\text{kVA}$。

2. 出线回路

变电所 35kV 侧双电源供电，每回出线长 15km，采用 LGJ—120 型导线。10kV 出线共 5 回。

3. 电气主接线

35kV 采用单母线不分段接线方式，10kV 采用单母线分段接线方式，选用真空断路器分段。

二、短路电流计算

1. 系统短路电抗标幺值计算

该变电所由 220kV 变电所 35kV 母线主供电源，短路容量为 $S_K = 363\text{MVA}$，取基准容量 $S_j = 100\text{MVA}$。

按式（3-39）计算系统短路电抗标幺值，即

$$X_{S \cdot *} = \frac{S_j}{S_K} = \frac{100}{363} = 0.2754$$

2. 线路电抗标幺值计算

查表 3-7 得 35kV LGJ—120 型导线每千米电抗标幺值 $X_{0 \cdot *} = 0.0277$，则 15km 线路电抗标幺值为

$$X_{L \cdot *} = X_{0 \cdot *}L = 0.0277 \times 15 = 0.4155$$

3. 变压器电抗标幺值计算

SZ9—6300/35 型变压器电抗标幺值为 $X_{T \cdot *} = 1.1864$。

作短路系统电抗标幺值等效电路如图 8-4 所示。

4. K1 点短路电流计算

35kV K1 点短路处电抗标幺值为

$$\sum X_{K1 \cdot *} = X_{S \cdot *} + X_{L \cdot *} = 0.2754 + 0.4155 = 0.6909$$

基准容量为 $S_j = 100\text{MVA}$，基准电压 $U_j = 37\text{kV}$，则基准电流 $I_j = 1.56\text{kA}$。按式（3-53）计算 K1 点三相短路电流周期分量有效值，即

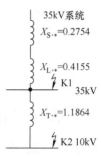

图 8-4 35kV/10kV 变电所短路
系统电抗标幺值等效电路图

$$I_{K1}^{(3)} = I_j I_{K1 \cdot *}^{(3)} = \frac{I_j}{\sum X_{K1 \cdot *}} = \frac{1.56}{0.6909}\text{kA} = 2.25\text{kA}$$

计算短路容量，即

$$S_{K1} = \sqrt{3}U_{av}I_{K1}^{(3)} = \sqrt{3} \times 37 \times 2.25\text{MVA} = 144\text{MVA}$$

取短路电流冲击系数 $K'_{imp} = 1.51$，按式（3-65）计算短路全电流有效值，即

$$I_{imp} = 1.51 I_{K1}^{(3)} = 1.51 \times 2.25\text{kA} = 3.39\text{kA}$$

按式（3-61）计算短路全电流冲击值，即

$$i_{imp} = 2.55 I_{K1}^{(3)} = 2.55 \times 2.25\text{kA} = 5.73\text{kA}$$

5. K2 点短路电流计算

计算 10kV K2 点短路处电抗标幺值，即

$$\begin{aligned}
\sum X_{K2 \cdot *} &= X_{S \cdot *} + X_{L \cdot *} + X_{T \cdot *} \\
&= 0.2754 + 0.4155 + 1.1864/2 \\
&= 1.2841
\end{aligned}$$

查表 3-11，10kV 基准电流 $I_j = 5.5\text{kA}$。按式（3-53）计算 K2 点三相短路电流周期分量有效值，即

$$I_{K2}^{(3)} = I_j I_{K2 \cdot *}^{(3)} = \frac{I_j}{\sum X_{K2 \cdot *}} = \frac{5.5}{1.2841}\text{kA} = 4.28\text{kA}$$

计算短路容量，即

$$S_{K2} = \sqrt{3} U_{av} I_{K2}^{(3)} = \sqrt{3} \times 10.5 \times 4.28\text{MVA} \approx 77\text{MVA}$$

按式（3-65）计算 K2 点短路全电流有效值，即

$$I_{imp} = 1.51 I_{K2}^{(3)} = 1.51 \times 4.28\text{kA} = 6.46\text{kA}$$

按式（3-61）计算 K2 点短路全电流冲击值，即

$$i_{imp} = 2.55 I_{K2}^{(3)} = 2.55 \times 4.28\text{kA} = 10.91\text{kA}$$

三相短路电流计算结果见表 8-32。

表 8-32　35/10kV 变电所三相短路电流计算值

短路点	短路点额定电压 U_N/kV	短路点平均工作电压 U_{av}/kV	短路电流周期分量		短路冲击电流		短路容量 S_K/MVA
			有效值 $I_K^{(3)}$/kA	稳态值 I_∞/kA	有效值 I_b/kA	冲击值 i_b/kA	
K1	35	37	2.25	2.25	3.39	5.73	144
K2	10	10.5	4.28	4.28	6.46	10.91	77

三、电气设备选择

1. 主变压器的选择

查表 4-12 选择 SZ9—6300/35 型主变压器一台，额定电压（35 ± 3 × 2.5%/10.5）kV，联结组标号 Yd11，阻抗电压百分比 $u_K\% = 7.5\%$。选择的主变压器容量能满足用电负荷的需要。

2. 断路器的选择

1）初步选择断路器的型号规格。查表 8-6，选择 LW8—35/2000 型 SF$_6$ 断路器，配弹簧操动机构。额定电压 35kV，最高工作电压 40.5kV，额定电流 2000A，额定短路开断电流 31.5kA，额定短路关合电流峰值 80kA，额定短时 4s 耐受电流 31.5kA，额定耐受峰值电流 80kA。

2）按最高工作电压选择。35kV 线路平均工作电压为 37kV，断路器最高电压 40.5kV，满足要求。

3）按工作电流选择。按 2 台 6300kVA 主变压器同时运行的条件选择，工作电流为 196.8A，断路器的额定电流 1600A，故满足要求。

4）按开断电流选择。K1 点三相短路电流周期分量有效值为 2.25kA，小于选择断路器额定开断电流 31.5kA，故满足要求。

5）按额定短路关合电流选择。断路器额定短路关合电流 63kA，大于系统短路全电流冲击值 5.73kA，满足要求。

6）动稳定校验。断路器额定峰值耐受电流 $i_{max} = 80\text{kA} > i_{imp} = 5.73\text{kA}$，$I_{max} = 47\text{kA} > I_{imp} = 3.39\text{kA}$，满足要求。

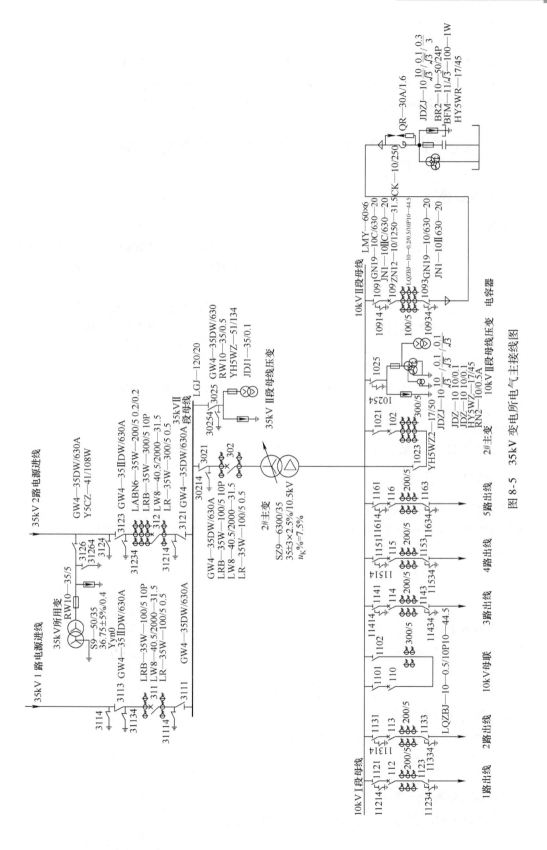

图 8-5 35kV 变电所电气主接线图

7）热稳定校验。断路器短路 4s 耐受电流 25kA，大于短路电流周期分量稳态值 2.25kA，满足要求。

8）10kV 选用 ZN28—10/1250A 型真空断路器，额定开断电流 31.5kA。

9）10kV 开关柜的选择。选用 10kV GG—1A（F）型固定式开关柜。

10）其他电气设备的选择。变电所相关的电气设备型号规格如图 8-5 所示。

第七节　110/10kV 变电所电气设备选择举例

一、工程规模

1. 概况

某县市集镇一家民营水泥厂，用电负荷达 20000kW，采用 110kV/10kV 电压供电，安装主变压器 1 台，容量为 25000kVA，阻抗电压 $u_K\% = 10.5\%$，发展规划为 $2 \times 25000kVA$。

2. 出线回路

110kV 进线电源 1 回，由 220kV 变电所 110kV 母线出线供电，架空线路长 5km，采用 LGJ—185 型导线。10kV 出线 5 回，其中厂用电 4 回，备用进线电源 1 回。10kV 开关间隔 10 个。

3. 电气主接线

110kV 单电源进线，由断路器、隔离开关进行控制保护，发展规划为内桥接线。10kV 采用单母线分段接线。

4. 配电装置

110kV 为户外配电装置，10kV 为户内配电装置。

二、短路电流计算

1. 系统短路电抗标幺值计算

该变电所由 220kV 变电所 110kV 母线主供电源，短路容量为 $S_K = 1279MVA$，取基准容量 $S_j = 100MVA$。

按式（3-39）计算系统短路电抗标幺值，即

$$X_{S.*} = \frac{S_j}{S_K} = \frac{100}{1279} = 0.078$$

2. 电力线路电抗标幺值

查表 3-7，110kV 架空线路 LGJ—185 型导线每千米电抗标幺值 $X_{0.*} = 0.00299$，则线路电抗标幺值为

$$X_{L.*} = X_{0.*}L = 0.00299 \times 5 = 0.015$$

3. 变压器电抗标幺值

SFZ9—25000/110 型变压器电抗标幺值按式（3-43）计算，即

$$X_{T.*} = \frac{u_K\% S_j}{S_N} = \frac{10.5 \times 100}{100 \times 25} = 0.42$$

4. 电抗标幺值等效电路图

变电所短路系统电抗标幺值等效电路如图 8-6 所示。

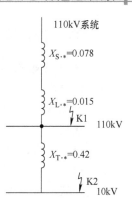

5. K1 点短路电流计算

根据图 8-6，K1 点处电抗标幺值为

$$\sum X_{K1 \cdot *} = X_{S \cdot *} + X_{L \cdot *} = 0.078 + 0.015 = 0.093$$

查表 3-11，110kV 基准电流 $I_j = 0.50\text{kA}$，按式（3-53）计算 K1 点三相短路电流周期分量有效值，即

$$I_{K1}^{(3)} = I_j I_{K1 \cdot *} = \frac{I_j}{\sum X_{K1 \cdot *}} = \frac{0.50}{0.093}\text{kA} = 5.38\text{kA}$$

短路容量为

$$S_{K1} = \sqrt{3} U_{av} I_{K1}^{(3)} = \sqrt{3} \times 115 \times 5.38\text{MVA} = 1071\text{MVA}$$

取三相短路电流冲击系数 $K_{imp} = 1.8$，按式（3-65）计算三相短路全电流有效值，即

$$I_{imp} = 1.51 I_{K1}^{(3)} = 1.51 \times 5.38\text{kA} = 8.12\text{kA}$$

按式（3-61）计算三相短路全电流冲击值，即

$$i_{imp} = 2.55 I_{K1}^{(3)} = 2.55 \times 5.38\text{kA} = 13.72\text{kA}$$

图 8-6 110/10kV 变电所短路系统电抗标幺值等效电路图

6. K2 点短路电流计算

K2 点短路系统电抗标幺值为

$$\sum X_{K2 \cdot *} = X_{S \cdot *} = X_{L \cdot *} + \frac{X_{T \cdot *}}{2} = 0.78 + 0.015 + 0.42/2 = 0.303$$

查表 3-11 得 10kV 短路基准电流 $I_j = 5.50\text{kA}$，按式（3-53）计算 10kV K2 点三相短路电流周期分量有效值，即

$$I_{K2}^{(3)} = I_j I_{K2 \cdot *}^{(3)} = \frac{I_j}{\sum X_{K2 \cdot *}} = \frac{5.50}{0.303}\text{kA} = 18.15\text{kA}$$

三相短路容量为

$$S_{K2} = \sqrt{3} U_{av} I_{K2}^{(3)} = \sqrt{3} \times 10.5 \times 18.15\text{MVA} = 330\text{MVA}$$

按式（3-65）计算短路全电流有效值，即

$$I_{imp} = 1.51 I_{K2}^{(3)} = 1.51 \times 18.15\text{kA} = 27.40\text{kA}$$

按式（3-61）计算短路全电流冲击值，即

$$i_{imp} = 2.25 I_{K2}^{(3)} = 2.25 \times 18.15\text{kA} = 40.81\text{kA}$$

110/10kV 变电所三相短路电流计算结果见表 8-33。

表 8-33 110/10kV 变电所三相短路电流计算结果

短路点	短路点额定电压 U_N/kV	短路点平均工作电压 U_{av}/kV	短路电流周期分量		短路全电流		短路容量 S_K/MVA
			有效值 $I_K^{(3)}$/kA	稳态值 I_∞/kA	有效值 I_{imp}/kA	冲击值 i_{imp}/kA	
K1	110	115	5.38	5.38	8.12	13.72	1071
K2	10	10.5	18.15	18.15	27.40	40.81	330

三、电气设备选择

1. 环境污秽等级选择

水泥厂环境污秽比较严重，故环境污秽取Ⅲ级，爬电比距 2.5cm/kV。

2. 主变压器的选择

由于该厂用电负荷为 20000kW，故选择 SFZ9—25000 型主变压器，额定电压为（110 ± 3 × 2.5%/10.5）kV，联结组标号 YN d11，阻抗电压百分比 $u_K\% = 10.5\%$，每相附套管电流互感器，LR—110—110 ~ 300/5A 1 只，LRB—110—200 ~ 600/5A 2 只，变压器中性点电流互感器为 LRB—60—300/5A 1 只，爬电比距 ≥ 2.5cm/kV。

3. 110kV 断路器的选择

1）型号选择。查表 8-6，选择 LW36—126 型 SF_6 断路器，弹簧操动机构，额定电压 $U_N = 126kV$，额定电流 $I_N = 2500A$，额定短路开断电流 $I_{Ke} = 31.5kA$，额定峰值耐受电流 $i_{max} = 80kA$，额定短时耐受电流 31.5kA，爬电距离 3150mm。

2）110kV 断路器动稳定校验。断路器额定峰值耐受电流 $i_{max} = 80kA > i_{imp} = 13.72kA$，故满足要求。

3）110kV 断路器热稳定校验。断路器短时耐受电流 $I_t = 31.5kA$，大于三相短路电流稳态值 $I_\infty^{(3)} = I_{K1}^{(3)} = 5.38kA$，故断路器满足热稳定要求。

4）10kV 断路器的选择。根据 10kV 母线出线工作电流及短路电流，选择 ZN28—12 型真空断路器，额定电压 12kV，额定工作电流 1250A、2000A，额定开断电流 31.5kA，极限通过电流峰值 $i_{max} = 80kA$，t_S 热稳定耐受电流 31.5kA，满足要求。

110kV、10kV 断路器选择见表 8-34。

表 8-34　断路器选择表

计算值								断路器保证值							
短路点编号	额定电压 U_N/kV	额定电流 I_N/A	三相短路周期分量有效值 $I_K^{(3)}$/kA	短路全电流有效值 I_b/kA	短路全电流冲击值 i_b/kA	t_S 热稳定电流 I_t/kA	短路容量 S_K/MVA	断路器型号	额定电压 U_N/kV	最高工作电压 U_{max}/kV	额定工作电流 I_N/A	额定开断电流 I_{Ke}/kA	极限通过电流峰值 i_b/kA	t_S 热稳定电流 I_t/kA	额定开断容量 S_K/MVA
K1	110	262	5.38	8.12	13.72	5.38	1073	LW36—126	110	126	2500	31.5	80	31.5	5994
K2	10	1445	18.15	27.40	40.81	18.15	329	ZN28—10	12	12	1250 2000	31.5	80	31.5	653

4. 隔离开关的选择

1）110kV 主变压器进线隔离开关。选择 GW4—126 Ⅳ（DW）型单接地开关一台，GW4—126 Ⅳ（ⅡDW）型双接地开关一台。隔离开关最高工作电压 126kV，额定电流 630A，耐受峰值电流 50kA，4s 短时耐受电流 20kA。

2）变压器中性点隔离开关。选择 GW13—63 型变压器中性点隔离开关，额定电压为 63kV，最高工作电压为 69kV，额定工作电流 630A，极限通过峰值电流 55kA，t_S 热稳定电流 16kA。

5. 电流互感器的选择

选择 LB7—110（GYW₂）型电流互感器，额定一次电流 2×150A，额定二次电流 5A，级次组合 10P20/10P/20/0.5/0.2S，额定动稳定电流 115kA，短时 3s 热电流 45kA。该电流互感器，满足 110kV 侧额定工作电流和短路电流的要求。

6. 电压互感器的选择

查表 8-13，选用电容式电压互感器。型号 TYD110/$\sqrt{3}$—0.02H，最高电压 126kV，交流工频试验电压 200kV，标准雷电冲击耐受电压 480kV，额定一次、二次电压比 110/$\sqrt{3}$/0.1/$\sqrt{3}$/0.1/$\sqrt{3}$/0.1，额定负载/准确等级 150VA/0.2 级、150VA/0.5 级、100VA/3P 级，额定电容 0.02μF，选择的 110kV 电压互感器满足要求。

7. 110kV 侧避雷器的选择

1）按额定电压选择。110kV 系统最高电压为 126kV，相对地最高电压为 126kV/$\sqrt{3}$ = 73kV，根据表 8-26 选择氧化锌避雷器的额定电压为 0.75U_m = 0.75×126kV = 94.5kV，取氧化锌避雷器的额定电压为 100kV。

2）按持续运行电压选择。110kV 系统相对地最高电压为 126kV/$\sqrt{3}$ = 73kV，故选择氧化锌避雷器持续运行电压为 73kV。

3）标称放电电流的选择。110kV 氧化锌避雷器标称放电电流选 10kA。

4）雷电冲击残压的选择。查表 8-21 得 110kV 变压器额定雷电冲击外绝缘耐受峰值电压为 450kV，内绝缘耐受峰值电压为 480kV，按式（8-33）计算避雷器标称放电引起的雷电冲击残压为

$$U_{ble} \leqslant \frac{BIL}{K_c} = \frac{450}{1.4}kV = 321kV$$

选择氧化锌避雷器雷电冲击电流下残压（峰值）不大于 260kV。

5）校核陡波冲击电流下的残压。查表 8-21 变压器 110kV 侧内绝缘截断雷电冲击耐受电压为 530kV，按式（8-34）计算陡波冲击电流下的残压为

$$U'_{ble} = \frac{BIL'}{K_c} = \frac{530}{1.4}kV = 378kV$$

选择氧化锌避雷器陡波冲击电流下残压（峰值）不大于 291kV。

6）操作冲击电流下残压的选择。查表 8-24 得 110kV 级变压器线端操作波试验电压值 SIL = 375kV，按式（8-35）计算操作冲击电流下残压为

$$U_s = \frac{SIL}{K_c} = \frac{375}{1.15}kV = 326kV$$

取氧化锌避雷器操作冲击电流下残压（峰值）不大于 221kV。

7）根据上述选择校验，查表 8-14 选择 Y10W5—100/260 型氧化锌避雷器满足变压器 110kV 侧过电压保护的要求。

8）110kV 变压器中性点过电压保护选择 Y1.5W—72/186 型氧化锌避雷器。10kV 选用 YH5WZ2—17/50 型氧化锌避雷器。

8. 10kV 配电装置电气设备的选择

10kV 配电装置选用 GG—1A（F1）型固定式真空断路器开关柜，选用 ZN28—10 型真空

断路器。

110kV/10kV 变电所主要电气设备的型号规格技术参数见表8-35，其中，110kV 变电所电气主接线如图8-7 所示。

表 8-35　某民营水泥厂 110kV/10kV 变电所主要电气设备的规格型号技术参数

序号	器材名称	规格型号	单位	数量	说明
1	电力变压器	SFZ9—25000—110 ± 3 × 2.5%/10.5kV，YNd11，$u_K\%$ = 10.5%，附套管 CT（每相）：LR—110—（100—300/5A）1 只，LRB—110（200—600/5A）2 只。中性点 CT：LRB—60—（100—300/5A）1 只。爬电比距≥2.8cm/kV	台	1	—
2	SF$_6$ 断路器	SF$_6$—110，110kV，1600A，31.5kA，附弹簧操动机构，分合闸线圈电压：DC110V，储能电动机电压：AC380V，爬电距离≥3528mm	台	1	—
3	隔离开关	GW4—126Ⅱ/630，110kV，630A，配电动操动机构，爬电距离≥3528mm	组	2	—
4	隔离开关	GW8—66/400，66kV，400A，爬电距离≥2320mm	组	1	—
5	电流互感器	LB7—110，2 × 150/5A（2 × 75/5A）10P20/10P20/0.5/0.2S，带金属膨胀器，爬电距离≥3528mm	台	3	—
6	电容式电压互感器	TYD110（110/$\sqrt{3}$）/（0.1/$\sqrt{3}$）/（0.1/$\sqrt{3}$）－0.1kV，母线型，0.2/0.5/6P，爬电距离≥3528mm	台	3	—
7	氧化锌避雷器	Y10W5—100/260W，附漏电流显示及放电记录器，爬电距离≥3528mm	只	3	—
8	氧化锌避雷器	Y1.5W—72/186 附漏电流显示及放电记录器，爬电距离≥2320mm	只	1	—
9	氧化锌避雷器	HY5WZ2—17/50，附漏电流显示及放电记录器，爬电距离≥336mm	只	3	—
10	GG—1A（F）固定式真空高压开关柜	10kV，主变次总柜，2000A，31.5kA，对地及相间距离：全空气绝缘：≥125mm，复合绝缘空气间隙：≥30mm，爬电距离：瓷质套管≥240mm，有机套管≥240mm	面	1	详见主接线图，本柜母线侧隔离开关需与 10kV 联络柜母线侧隔离开关机械联锁，只能合上两台隔离开关中的一台

序号	器材名称	规格型号	单位	数量	说明
11	GG—1A（F）固定式真空高压开关柜	10kV，所变柜，对地及相间距离：全空气绝缘：≥125mm，复合绝缘空气间隙：≥30mm 爬电距离：瓷质套管≥240mm，有机套管≥240mm	面	1	详见主接线图
12	GG—1A（F）固定式真空高压开关柜	10kV，出线柜，1250A，25kA，对地及相间距离：全空气绝缘：≥125mm，复合绝缘空气间隙：≥30mm，爬电距离：瓷质套管≥240mm，有机套管≥240mm	面	4	详见主接线图
13	GG—1A（F）固定式真空高压开关柜	10kV，电容器出线柜，1250A，25kA，对地及相间距离：全空气绝缘：≥125mm，复合绝缘空气间隙：≥30mm，爬电距离：瓷质套管≥240mm，有机套管≥240mm	面	1	详见主接线图
14	GG—1A（F）固定式真空高压开关柜	10kV，PT柜，1250A，25kA，对地及相间距离：全空气绝缘：≥125mm，复合绝缘空气间隙：≥30mm，爬电距离：瓷质套管≥240mm，有机套管≥240mm	面	1	详见主接线图
15	GG—1A（F）固定式真空高压开关柜	10kV，联络柜，1250A，25kA，对地及相间距离：全空气绝缘：≥125mm，复合绝缘空气间隙：≥30mm，爬电距离：瓷质套管≥240mm，有机套管≥240mm	面	1	详见主接线图，本柜母线侧隔离开关需与10kV主变次总柜母线侧隔离开关机械连锁，只能合上两台隔离开关中的一台
16	GG—1A（F）固定式真空高压开关柜	10kV，备用电源进线柜，1250A，25kA，对地及相间距离：全空气绝缘：≥125mm，复合绝缘空气间隙：≥30mm，爬电距离：瓷质套管≥240mm，有机套管≥240mm	面	1	详见主接线图

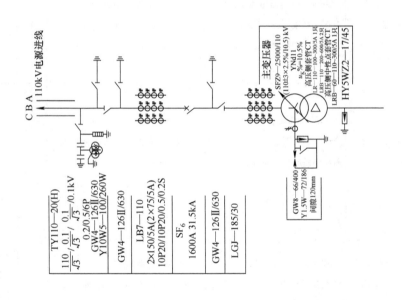

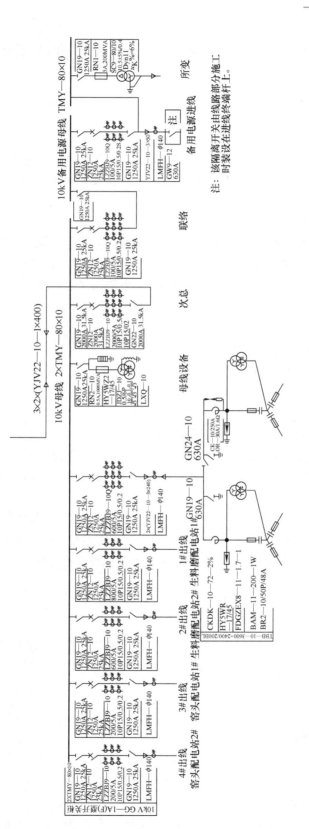

图 8-7　110kV 变电所电气主接线图

第八节　110/35/10kV 变电所电气设备选择举例

一、工程规模

1. 概况

某县市集镇地方工业、民营企业、农业、居民及村民用电负荷达 30000kW 以上，为提高电能质量，满足该镇地方经济发展用电的需要，2022 年新建 110kV 变电所一座，供电电压为 110/35/10kV 级。

2. 主变压器容量及台数

该 110kV 变电所第一期工程安装主变压器一台，容量为 31500kVA，最终建设规模为 2 × 31500kVA。查表 4-14，选择 SFSZ9—31500/110 型变压器，额定容量为 31500kVA，额定电压为（110 ± 8 × 1.25%/38.5 ± 2 × 2.5%/11）kV，短路阻抗电压百分比为 $u_{K1-2}\%$ = 10.5%、$u_{K1-3}\%$ = 17.5%、$u_{K2-3}\%$ = 6.5%。

3. 出线回路数

该变电所由两座 220kV 变电所的两回 110kV 出线供电。

35kV 出线本期 6 回，最终 8 回。

10kV 出线本期 6 回，最终 12 回。

4. 电气主接线

变电所 110kV 采用内桥接线方式，一次建成。

35kV 采用单母线分段带旁路方式，计有 15 台开关柜（本期 12 台），其中出线 8 台（本期 6 台），PT 与避雷器柜 2 台（本期 1 台）；次总柜 2 台（本期 2 台），母联柜 2 台，旁路柜 1 台。

10kV 采用单母线分段带旁路出线的接线方式，计有 23 台开关柜（本期 13 台），其中次总柜 2 台（本期 1 台）、出线柜 12 台（本期 6 台）、PT 与避雷器柜 2 台（本期 1 台）、电容器控制柜 2 台（本期 1 台）、母联柜 2 台、旁路柜 1 台、消弧线圈控制柜 2 台（本期 1 台）。

二、短路电流计算

1. 选择基准值

取基准电压 U_{j1} = 115kV，U_{j2} = 37kV，U_{j3} = 10.5kV，基准容量 S_j = 100MVA，基准电流为 I_{j1} = 0.5kA，I_{j2} = 1.56kA，I_{j3} = 5.5kA。

2. 系统电抗标幺值计算

110kV 系统短路电流取 I_K = 20kA，则短路容量为 $S_K = \sqrt{3}\,U_{av}I_K = \sqrt{3} \times 115 \times 20$MVA $\approx$ 3984MVA，系统电抗标幺值按式（3-39）计算，即

$$X_{S\cdot *} = \frac{S_j}{S_K} = \frac{100}{3984} = 0.025$$

3. 变压器绕组电抗标幺值

查表 4-1，得 SFSZ9—31500/110 型变压器绕组电抗标幺值为 $X_{T1\cdot *}$ = 0.3413，$X_{T2\cdot *}$ =

-0.0079，$X_{T3 \cdot *} = 0.2143$。

作短路系统电抗标幺值等效电路如图 8-8 所示。

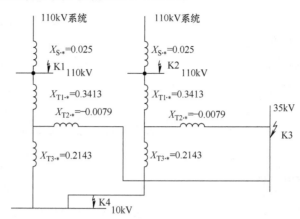

图 8-8　110/35/10kV 变电所短路系统电抗标幺值等效电路图

4. 短路电流计算

（1）K1、K2 点短路电流的计算

三相短路电流周期分量有效值按式（3-53）计算，即

$$I_{K1}^{(3)} = I_{K2}^{(3)} = \frac{I_{j1}}{\sum X_{S \cdot *}} = \frac{0.5}{0.025} kA = 20kA$$

三相短路电流周期分量稳态值为

$$I_{K1 \cdot \infty}^{(3)} = I_{K2 \cdot \infty}^{(3)} = I_{K1}^{(3)} = 20kA$$

短路冲击电流最大值按式（3-61）计算，即

$$i_b = 2.55 I_{K1}^{(3)} = 2.55 I_{K2}^{(3)} = 2.55 \times 20kA = 51.00kA$$

短路冲击电流有效值按式（3-65）计算，即

$$I_b = 1.51 I_{K1}^{(3)} = 1.51 I_{K2}^{(3)} = 1.51 \times 20kA = 30.2kA$$

计算三相短路容量为

$$S_{K1} = S_{K2} = \sqrt{3} U_N I_{K1}^{(3)} = \sqrt{3} U_N I_{K2}^{(3)} = \sqrt{3} \times 110 \times 20MVA = 3810MVA$$

（2）K2 点短路电流的计算

K2 点短路电抗总标幺值为

$$\sum X_{K3 \cdot *} = X_{S \cdot *} + \frac{X_{T1 \cdot *}}{2} + \frac{X_{T2 \cdot *}}{2}$$

$$= 0.025 + \frac{1}{2} \times 0.3413 - \frac{1}{2} \times 0.0079$$

$$= 0.1917$$

则 K3 点三相短路电流各值为

$$I_{K3}^{(3)} = \frac{I_{j2}}{\sum X_{K3 \cdot *}} = \frac{1.56}{0.1917} kA = 8.13kA$$

$$I_{K3 \cdot *}^{(3)} = I_{K3}^{(3)} = 8.13kA$$

$$i_b = 2.55 I_{K3}^{(3)} = 2.55 \times 8.13 \text{kA} = 20.73 \text{kA}$$

$$S_{K3} = \sqrt{3} U_N I_{K3}^{(3)} = \sqrt{3} \times 35 \times 8.13 \text{MVA} = 492 \text{MVA}$$

$$I_b = 1.51 I_{K3}^{(3)} = 1.51 \times 8.13 \text{kA} = 12.27 \text{kA}$$

（3）K4 点短路电流的计算

K4 点短路电抗总标幺值为

$$\sum X_{K4 \cdot *} = X_{S \cdot *} + \frac{1}{2} X_{T1 \cdot *} + \frac{1}{2} X_{T3 \cdot *}$$

$$= 0.025 + \frac{1}{2} \times 0.3413 + \frac{1}{2} \times 0.2143$$

$$= 0.5806$$

则 K4 点三相短路电流各值为

$$I_{K4}^{(3)} = \frac{I_{j3}}{\sum X_{K4 \cdot *}} = \frac{5.5}{0.5806} \text{kA} = 9.47 \text{kA}$$

$$I_{K4 \cdot *}^{(3)} = I_{K4}^{(3)} = 9.47 \text{kA}$$

$$i_b = 2.55 I_{K4}^{(3)} = 2.55 \times 9.47 \text{kA} = 24.15 \text{kA}$$

$$I_b = 1.51 I_{K4}^{(3)} = 1.51 \times 9.47 \text{kA} = 14.30 \text{kA}$$

$$S_{K4} = \sqrt{3} U_N I_{K4}^{(3)} = \sqrt{3} \times 10.5 \times 9.47 \text{MVA} = 172 \text{MVA}$$

110kV 变电所主变压器三侧三相短路电流计算值见表 8-36。

表 8-36   110kV 31.5MVA 变压器三相短路电流计算值

短路点编号	短路点额定电压	短路点平均电压	短路电流周期分量		短路冲击电流		短路容量
			有效值	稳态值	有效值	最大值	
	U_N/kV	U_{av}/kV	$I_K^{(3)}$/kA	I_∞/kA	I_b/kA	i_b/kA	S_K/MVA
K1、K2	110	115	20	20	30.20	51.00	3810
K3	35	37	8.13	8.13	12.27	20.73	492
K4	10	10.5	9.47	9.47	14.30	24.15	172

三、电气设备选择

1. 主变压器的选择

该变电所根据当地用电负荷情况，选用 SFSZ9—31500/110 型三相三绕组油浸风冷，有载调压，低损耗，中性点半绝缘的变压器。主变压器分接头选用（110 ± 8 × 1.25%/38.5 ± 2 × 2.5%/10）kV，联结组标号为 YNyn0d11，阻抗电压百分比为 $u_{K1-2}\% = 10.5\%$、$u_{K2-3}\% = 6.5\%$、$u_{K1-3}\% = 17.5\%$。

2. 断路器的选择

1）110kV 断路器的选择，详细介绍如下：

① 型号的选择。变电所 110kV 侧选用 3AP1—FG—145kV/3150A—40kA 型西门子（SIEMENS）高压开关。查表 8-6，得断路器的主要技术参数为额定电压 145kV，额定电流 3150A，额定短路开断电流 40kA，短时（3s）热稳定耐受电流 40kA，额定动稳定电流 i =

100kA，分闸时间 $t_0 = 0.03\text{s}$。

② 按额定电压选择。选择断路器的额定电压 145kV 大于系统额定电压 110kV。

③ 按额定电流选择。变电所按 2 台 31500kVA 主变压器运行时，则 110kV 侧额定负荷为 331A，选择断路器的额定电流为 3150A，故满足要求。

④ 按额定开断电流选择。选择断路器的额定开断电流 $I_0 = 40\text{kA}$，大于系统三相短路电流周期分量有效值 $I_{K1}^{(3)} = 20\text{kA}$，满足开断电流的要求。

⑤ 动稳定校验。选择断路器的额定动稳定电流 $i_{\max} = 100\text{kA} > i_{\text{imp}} = 51.00\text{kA}$，$I_{\max} = 60\text{kA} > I_{\text{imp}} = 30.2\text{kA}$ 满足动稳定要求。

⑥ 热稳定校验。断路器短时（3s）热稳定耐受电流 40kA，大于短路电流周期分量稳态值 $I_\infty = 20\text{kA}$，故选择的断路器满足热稳定要求。

⑦ 按短路容量选择。选择的断路器额定开断容量，即

$$S_N = \sqrt{3} U_N I_K = \sqrt{3} \times 145 \times 40 \text{MVA} = 10034 \text{MVA}$$

该值大于 110kV 侧三相短路容量 3806MVA，满足要求。

2）35kV 断路器选择。35kV 配电装置选用 JGN2B—35 型固定式开关柜，选用 ZN72—40.5 型真空断路器，查表 8-6 得断路器主要技术参数为额定电压 40.5kV，额定电流 1250A，额定短路开断电流 25kA，额定峰值耐受电流 63kA，4s 额定短时耐受电流 25kA。

选择的断路器额定电压 40.5kV 大于系统额定电压 35kV。

主变压器 35kV 侧额定电流为 520A，查表 8-2，按 1.3 倍选择主变压器 35kV 侧工作电流为 676A，选择断路器额定电流 1250A，满足负荷电流。

选择断路器额定开断电流 25kA 大于 35kV 侧短路电流周期分量有效值 8.13kA。

选择断路器的额定峰值耐受电流 63kA，大于 35kV 侧短路冲击电流最大值 20.73kA。

选择断路器 4s 额定短时耐受电流 25kA，大于三相短路稳态电流 $I_\infty = 20\text{kA}$，故满足热稳定要求。

3）10kV 断路器的选择。10kV 配电装置选用 GG—1A（F_1）—10 型固定式开关柜，选择 ZN28—10/3150—40 型、ZN28—10/2000—31.5 型 ZN28—10/1250—31.5 型真空断路器。主变压器 10kV 额定电流为 1820A，故满足主变压器 10kV 出线、母联及线路出线电流的要求。断路器额定电压 10kV，最高电压 11.5kV 满足 10kV 工作电压的要求。断路器额定开断电流分别为 40kA、31.5kA、20kA，大于 10kV 系统短路电流有效值 9.47kA。选择断路器额定动稳定电流分别为 100kA、80kA、50kA，大于 10kV 系统短路冲击电流 24.15kA。选择断路器额定短时耐受电流分别为 40kA、31.5kA、20kA，大于 10kV 系统短路稳态电流 9.47kA，故选择的 ZN28—10 型 10kV 真空断路器满足要求。

3. 隔离开关的选择

110kV 侧根据表 8-8 选择 GW4—126DW/630 型、GW4—126Ⅱ DW/630 型隔离开关的主要技术参数，额定电压 126kV，额定电流 630A，额定峰值耐受电流 50kA，额定短时（4s）耐受电流 125kA，满足表 8-36 中 110kV 侧三相短路电流计算值。

35kV 侧根据表 8-9 选择 GN27—35（D）型隔离开关的主要技术参数，额定电压 35kV，最高工作电压 40.5kV，额定电流 630A，4s 额定短时耐受电流 20kA，峰值耐受电流 80kA，满足表 8-36 中 35kV 侧三相短路电流计算值。

10kV 侧查表 8-10，选择 GN22—10/3150—50 型隔离开关，额定电压 10kV，最高工作

电压 11.5kV，额定电流 3150A，2s 热稳定电流 50kA，动稳定电流 125kA。

10kV 母线分段查表 8-10，选择 GN22—10/2000—40 型隔离开关，额定电压 10kV，最高工作电压 11.5kV，额定电流 2000A，2s 热稳定电流 40kA，动稳定电流 100kA。

10kV 出线查表 8-10，选择 GN19—10C$_1$/1000—31.5 型、GN19—10/1000—31.5 型隔离开关的主要技术参数，额定电压 10kV，最高工作电压 11.5kV，额定电流 1000A，4s 热稳定电流 31.5kA，峰值动稳定电流 80kA。

4. 电流互感器的选择

1）110kV 电流互感器。110kV 进线选用 LB7—110（GYW2）型电流互感器，主要技术参数为额定电流 2 × 300/5A，级次组合为 10P15/10P15/0.5/0.2，短时（3s）耐受电流 45kA，额定动稳定电流 115kA。

110kV 母联选用 LB7—110（GYW2）型电流互感器，主要技术参数为额定电流 2 × 300/5A，级次组合为 10P15/10P15/10P15/0.5 级，短时（3s）耐受电流 45kA，额定动稳定电流 115kA。

2）35kV 侧电流互感器。35kV 侧主变压器进线、母联、出线选用 LCZ—35（Q）型户内电流互感器，额定电流分别选择 1200A、600A、300A、200A，准确级分别选择 10P20/10P20、0.5/10P20。额定短时热电流分别为 48kA、48kA、24kA、18kA，额定动稳定电流分别为 120kA、120kA、60kA、45kA。选择的电流互感器满足正常运行及保护的要求。

3）10kV 侧电流互感器。10kV 进线选择 LMZB6—10 型电流互感器，额定电流 3000A/5A，级次组合 0.2/0.5/10P10/10P10，动稳定峰值电流 90kA，短时热稳定电流 150kA。

10kV 母线分段选择 LMZB6—10 型电流互感器，额定电流 2000A/5A，级次组合 0.5/10P10，动稳定峰值电流 90kA，短时热稳定电流 100kA。

10kV 出线选择 LQZBJ8—10 型电流互感器，额定电流根据出线负荷选择 600A、200A 等。级次组合 0.2/0.5/10P10/10P10，短时热稳定电流 20kA，额定动稳定电流 55kA。

上述选择的电流互感器技术参数能满足正常运行及继电器保护的要求。

5. 电压互感器的选择

1）110kV 电压互感器，查表 8-13，选用 WVB110—20（H）型电容式电压互感器，系统最高电压 126kV，额定绝缘水平 200/480kV，额定一次、二次电压比 110/$\sqrt{3}$/0.1/$\sqrt{3}$/0.1/$\sqrt{3}$/0.1kV，额定负载 150VA/150VA/100VA，准确级 0.2/0.5/3P。

2）35kV 电压互感器，查表 8-13，选择 JDZXF9—35 型电压互感器，额定电压 35/$\sqrt{3}$/0.1/$\sqrt{3}$/0.1/$\sqrt{3}$/0.1/$\sqrt{3}$kV，额定负载 100VA/150VA/300VA，准确级 0.2/0.5/6P。

3）10kV 电压互感器，查表 8-13，选择 JDZ11—12 型电压比 10/0.1kV，0.5 级；JDZ11—12 型，电压比 10kV/0.1kV，0.2/0.2；JDZX11—12 型，电压比 10/$\sqrt{3}$/0.1/$\sqrt{3}$/0.1/$\sqrt{3}$kV，0.5/6P。

6. 110kV 侧避雷器的选择

1）按额定电压选择。110kV 系统最高电压为 126kV，相对地最高电压为 126kV/$\sqrt{3}$ = 73kV，根据表 8-26，选择氧化锌避雷器的额定电压为 0.75U_m = 0.75 × 126kV = 94.5kV，取氧化锌避雷器的额定电压为 100kV。

2）按持续运行电压选择。110kV 系统相对地最高电压为 126kV/$\sqrt{3}$ = 73kV，故选择氧化锌避雷器持续运行电压为73kV。

3）标称放电电流的选择。110kV 氧化锌避雷器标称放电电流选 10kA。

4）雷电冲击残压的选择。查表 8-21，得 110kV 变压器额定雷电冲击外绝缘耐受峰值电压为 450kV，内绝缘耐受峰值电压为 480kV，按式（8-33）计算避雷器标称放电引起的雷电冲击残压为

$$U_{\text{ble}} \leqslant \frac{BIL}{K_{\text{c}}} = \frac{450}{1.4}\text{kV} = 321\text{kV}$$

选择氧化锌避雷器雷电冲击电流下残压（峰值）不大于 260kV。

5）校核陡波冲击电流下的残压。查表 8-21，变压器 110kV 侧内绝缘截断雷电冲击耐受电压为 530kV，按式（8-34）计算陡波冲击电流下的残压为

$$U'_{\text{ble}} = \frac{BIL'}{K_{\text{c}}} = \frac{530}{1.4}\text{kV} = 378\text{kV}$$

选择氧化锌避雷器陡波冲击电流下残压（峰值）不大于 291kV。

6）操作冲击电流下残压的选择。查表 8-24，得 110kV 级变压器线端操作波试验电压值为 $SIL = 375$kV，按式（8-35）计算操作冲击电流下残压为

$$U_{\text{s}} = \frac{SIL}{K_{\text{c}}} = \frac{375}{1.15}\text{kV} = 326\text{kV}$$

取氧化锌避雷器操作冲击电流下残压（峰值）不大于 221kV。

7）根据上述选择校验，查表 8-14，选择 Y10W5—100/260 型氧化锌避雷器满足变压器 110kV 侧过电压保护的要求。

7. 变压器 110kV 侧中性点避雷器的选择

1）按额定电压选择。主变压器 110kV 侧中性点为不固定接地，查表 8-26，得变压器中性点额定电压为 $0.57U_{\text{m}} = 0.57 \times 126\text{kV} = 71.82\text{kV}$，取避雷器额定电压为 72kV。

2）按持续运行电压选择。变压器 110kV 对地相电压为 $U_{\text{m}}/\sqrt{3} = 126\text{kV}/\sqrt{3} = 72.8\text{kV}$，故选择氧化锌避雷器额定电压 72kV 能满足持续运行电压的要求。

3）标称放电电流的选择。变压器 110kV 侧中性点氧化锌避雷器标称放电电流选择 1.5kA。

4）雷电冲击残压的选择。查表 8-23，得电力变压器 110kV 中性点雷电冲击全波和截波耐受峰值电压为 250kV，选择 110kV 氧化锌避雷器雷电冲击电流下残压 186kV，满足雷电冲击的要求。

5）操作冲击电流下残压的选择。查表 8-24，得电力变压器线端操作波试验电压为 375kV，按式（8-35）计算中性点受到的操作电流下的残压为

$$U_{\text{s}} = \frac{SIL}{K_{\text{c}}} = \frac{375}{1.15}\text{kV} = 326\text{kV}$$

选择 110kV 氧化锌避雷器操作冲击电流下峰值残压为 165kV，满足要求。

6）根据上述避雷器的选择计算与校检，查表 8-14，选择 Y1.5W—72/186 型氧化锌避雷器能满足变压器 35kV 侧中性点过电压保护。

8. 35kV 侧避雷器的选择

1）按额定电压选择。35kV 系统最高电压为 40.5kV，相对地电压为 $40.5/\sqrt{3} = 23.4\text{kV}$。

根据表8-26计算避雷器相对地电压为 $1.25U_m = 1.25 \times 40.5\text{kV} = 50.6\text{kV}$，取避雷器额定电压为51kV。

2）按持续运行电压选择。35kV系统相电压为 $40.5/\sqrt{3} = 23.4\text{kV}$，选择氧化锌避雷器持续运行电压40.5kV，此值大于23.4kV。

3）标称放电电流的选择。35kV氧化锌避雷器标称放电电流选择5kA。

4）雷电冲击残压的选择。查表8-21，得变压器35kV额定雷电冲击外绝缘峰值耐受电压为185kV，内绝缘耐受电压为200kV按式（8-33）计算避雷器标称放电电流引起的雷电冲击残压为

$$U_{\text{ble}} = \frac{BIL}{K_c} = \frac{185}{1.4}\text{kV} = 132\text{kV}$$

$$U_{\text{ble}} = \frac{BIL}{K_c} = \frac{200}{1.4}\text{kV} = 142\text{kV}$$

选择氧化锌避雷器雷电冲击电流下残压（峰值）为134kV。

5）校核陡波冲击电流下的残压。查表8-21，得35kV变压器类设备的内绝缘截断雷电冲击耐受电压（峰值）为220kV，按式（8-34）计算陡波冲击电流下的残压为

$$U'_{\text{ble}} = \frac{BIL'}{K_c} = \frac{220}{1.4}\text{kV} = 157\text{kV}$$

选择陡波冲击电流下残压（峰值）为154kV。

6）操作冲击电流下残压的选择。查表8-24，得35kV变压器线端操作波试验电压为170kV，按式（8-35）计算变压器35kV侧操作冲击电流下残压为

$$U_s = \frac{SIL}{K_c} = \frac{170}{1.15}\text{kV} = 147\text{kV}$$

选择35kV氧化锌避雷器操作冲击电流下峰值残压为114kV。

7）根据上述计算与校核，查表8-14，选择Y5WZ—53/134型氧化锌避雷器能满足变压器35kV侧的过电压保护要求。

9. 变压器35kV侧中性点避雷器的选择

1）按额定电压选择。变电所选用三绕组变压器，35kV侧中性点安装消弧线圈接地，查表8-26得变压器中性点额定电压为 $0.72U_m = 0.72 \times 40.5\text{kV} = 29.16\text{kV}$，选择氧化锌避雷器额定电压为51kV。

2）按持续运行电压选择。35kV相电压为 $40.5\text{kV}/\sqrt{3} = 23.4\text{kV}$，中性点额定电压为 $0.72U_m = 0.72 \times 40.5\text{kV} = 29.16\text{kV}$，故选择氧化锌避雷器持续运行电压为40.5kV。

3）标称放电电流的选择。变压器35kV侧中性点氧化锌避雷器标称放电电流选择5kA。

4）雷电冲击残压的选择。查表8-23，得变压器35kV侧中性点额定雷电冲击耐受峰值电压为180kV，选择35kV氧化锌避雷器雷电冲击电流下峰值残压为134kV，故满足雷电冲击要求。

5）校核陡波冲击电流下的残压。查表8-21，变压器35kV内绝缘截断雷电冲击耐受峰值电压为220kV，按式（8-34）计算陡波冲击电流下的残压为

$$U'_{\text{ble}} = \frac{BIL'}{K_c} = \frac{220}{1.4}\text{kV} = 157\text{kV}$$

选择 35kV 氧化锌避雷器陡波冲击电流下峰值残压为 154kV。

6）操作冲击电流下残压的选择。查表 8-24，得 35kV 变压器线端操作波试验电压为 170kV，按式（8-35）计算中性点操作冲击电流下残压为

$$U_s = \frac{SIL}{K_c} = \frac{170}{1.15}\text{kV} = 147\text{kV}$$

选择 35kV 氧化锌避雷器操作冲击电流下峰值残压为 114kV。

7）根据上述避雷器的选择计算与校核，查表 8-14 选择 Y5WZ—53/134 型氧化锌避雷器能满足变压器 35kV 侧中性点过电压保护。

10. 10kV 避雷器的选择

1）按额定电压选择。10kV 系统最高电压为 11.5kV，相对地最高电压为 $U_m/\sqrt{3}$ = 11.5kV/$\sqrt{3}$ = 6.6kV，根据表 8-26 选择氧化锌避雷器的额定电压为 $1.38U_m = 1.38 \times 11.5\text{kV}$ = 15.87kV，故选择 10kV 氧化锌避雷器的额定电压 17kV，满足要求。

2）按持续运行电压选择。10kV 系统相对地最高电压为 6.6kV，故选择氧化锌避雷器的持续运行额定电压 8.6kV，满足避雷器持续运行电压的要求。

3）标称放电电流的选择。10kV 氧化锌避雷器标称放电电流选 5kA。

4）雷电冲击残压的选择。查表 8-21 得变压器 10kV 侧额定雷电冲击外绝缘耐受峰值电压为 75kV，按式（8-33）计算避雷器标称放电引起的雷电冲击残压为

$$U_{\text{ble}} = \frac{BIL}{K_c} = \frac{75}{1.4}\text{kV} = 53\text{kV}$$

10kV 氧化锌避雷器雷电冲击电流下残压选择 50kV，满足要求。

5）校核陡波冲击电流下的残压。查表 8-21 得 10kV 变压器类设备的内绝缘截断雷电冲击耐受峰值电压为 85kV，按式（8-34）计算陡波冲击电流下的残压为

$$U'_{\text{ble}} = \frac{BIL'}{K_c} = \frac{85}{1.4}\text{kV} = 60.7\text{kV}$$

选择 10kV 氧化锌避雷器陡波冲击电流下残压 57.5kV，故选的氧化锌避雷器满足陡波冲击电流的要求。

6）操作冲击电流下残压的选择。查表 8-24 得 10kV 变压器线端操作波试验电压为 60kV，按式（8-35）计算变压器 10kV 侧操作冲击电流下残压为

$$U_s = \frac{SIL}{K_c} = \frac{60}{1.15}\text{kV} = 52.17\text{kV}$$

10kV 氧化锌避雷器操作冲击电流下残压选择 42.5kV，故满足要求。

7）根据上述计算与校核，查表 8-14 选择 YH5WZ2—17/50 型氧化锌避雷器能满足主变压器 10kV 侧的过电压保护要求。

110kV 变电所主要电气设备见表 8-37。

表 8-37　110kV 变电所主要电气设备

序号	名称	型号与规格	数量	单位	—
1	主变压器	SFSZ9—31500/110　YNyn0d11 （110±8×1.25%/38.5±2×2.5%/10.5）kV	2	台	—
2	110kV 内桥	二进二出（一次上全）	1	套	一期二进
3	35kV 高压开关柜（进线柜）	JGN2B—35Z（F）—02	2	个	35kV 进线柜
4	35kV 高压开关柜（出线柜）	JGN2B—35Z（F）—06	8	个	35kV 出线柜
5	35kV 高压开关柜（旁路柜）	JGN2B—35Z（F）—41	1	个	35kV 旁路柜
6	35kV 高压开关柜（PT 避雷器柜）	JGN2B—35Z（F）—14	2	个	35kV PT 避雷器柜
7	35kV 高压开关柜（分段柜）	JGN2B—35Z（F）—04	1	个	35kV 分段柜
8	35kV 高压开关柜（联络柜）	JGN2B—35Z（F）—37	1	个	35kV 联络柜
9	10kV 高压开关柜	GG—1A（F）—10—125	11	台	10kV 出线柜
10	10kV 高压开关柜	GG—1A（F）—10—127	1	台	10kV 旁路柜
11	10kV 高压开关柜	GG—1A（F）—10—07	4	台	10kV 消弧线圈、电容器柜
12	10kV 高压开关柜	GG—1A（F）—10—54	2	台	10kV PT 避雷器柜
13	10kV 高压开关柜	GG—1A（F）—10—121	1	台	10kV 所用变柜
14	10kV 高压开关柜	GG—1A（F）—10—25（改）	2	台	10kV 进线柜
15	10kV 高压开关柜	GG—1A（F）—10—09	1	台	10kV 分段柜
16	10kV 高压开关柜	GG—1A（F）—10—113	1	台	10kV 联络柜
17	隔离开关	GW8—66/400 电动机构	2	组	变压器中性点
18	避雷器	Y1.5W—72/186	2	组	变压器中性点
19	避雷器	Y5WZ—53/134	11	台	—
20	避雷器	HY5WZ2—17/45	2	组	—
21	并联电容器成套补偿装置	TBB23—(2100+2100)/200M—2B	2	套	—
22	消弧线圈自动调谐成套装置	XHK—Ⅱ型	2	套	—
23	35kV 所用变	S9—50/35　35±5/0.4kV	1	组	—
24	35kV 熔丝	RN2—35/5A	3	只	—

GG—1A（F）型开关柜内设备见表 8-38。

表 8-38　GG—1A（F）型 10kV 开关柜内设备

序号	设备名称	型号与规格	数量	单位	备　注
1	断路器	ZN12—10/3150—40	2	台	次总，联体机构，110V,DC
2	断路器	ZN12—10/2000—31.5	1	台	分段，联体机构，110V,DC
3	断路器	ZN12—10/1250—31.5	16	台	出线，联体机构，110V,DC
4	隔离开关	GN22—10/3150—50	4	台	次总
5	隔离开关	GN22—10/2000—40	2	台	分段

（续）

序号	设备名称	型号与规格	数量	单位	备　　注
6	隔离开关	GN19—10C/1000—75	18	台	—
7	隔离开关	GN19—10/1000—75	24	台	—
8	主母线	2X（TMY—100×10）	—	—	—
9	旁路母线	TMY—100×10	—	—	—
10	避雷器	HY5WZ2—17/45	2	组	—
11	熔断器	RN1—10/0.5A	4	组	—
12	电压互感器	JDZX11—10BC, $\frac{10}{\sqrt{3}}\left/\frac{0.1}{\sqrt{3}}\right/\frac{0.1}{3}$kV	2	组	0.5/6P1/1/1—12—12
13	电压互感器	JDZ11—10B, 10/0.1kV 0.2/0.2	2	台	—
14	电压互感器	JDZ11—10B, 10/0.1kV 0.5级	2	台	—
15	接地开关	JN1—10IC	19	台	—
16	接地开关	JN1—10I	17	台	—

第九节　220/110/35kV 变电所电气设备选择举例

一、工程规模

1. 概况

某县市新建一座 220kV 变电所，为该地区主供电源变电所之一，对改善电网结构、提高供电可靠性和经济性、促进地方经济的发展均具有十分重要意义。

2. 变电所规模

新建 220kV 变电所一座，本期安装主变压器一台，容量为 180MVA，最终建设规模为 3×180MVA。主变压器型号为 OSFS10—180000/220 型自耦变压器，电压等级为 $220^{+3}_{-1}\times$ 2.5%/118/37.5kV，接线组别为 YN，a0，yn0，d11，无载调压；容量比为 180000/18000/90000/40000kV·A。阻抗电压百分比为 $u_{K1-2}\%=9.06\%$、$u_{K1-3}\%=34.62\%$、$u_{K2-3}\%=23.56\%$。

110kV 变电所电气主接线如图 8-9（见全文后插页）所示。

3. 出线回路数

变电所 220kV 本期出线 5 回路，其中由 500kV 变电所主供电源线路 2 回路，双回送电线路长 27.23km，选用 2×LGJ—400/25 型导线；与 220kV 变电所联网 220kV 线路 1 回路，线路长 10km，导线选用 LGJ—400/25 型导线；与另 1 座 220kV 变电所联网 220kV 线路 1 回路，线路长 25.49km，选用 LGJ—400/25 型导线；与某抽水蓄能电站联网 220kV 线路 1 回路，选用 LGJ—400/25 型导线。变电所远期发展规划 220kV 出线 8 回路。

110kV 出线本期 5 回路，远期 12 回路。

35kV 出线本期 4 回路，远期 8 回路。

4. 电气主接线

220kV 选用双母线接线，一次建成；

110kV 选用双母线接线，一次建成；

35kV 选用单母线断路器分段接线，一次建成。

5. 配电装置型式

220kV 选用屋外管形母线，带内检修通道的中型布置；

110kV 选用屋外管形母线，带内检修通道的中型布置；

35kV 选用屋内单层双列固定式开关柜布置。

6. 无功补偿

本期装设电容器 $1 \times 6000\text{kvar} + 1 \times 12000\text{kvar}$，远期为 $2 \times 6000\text{kvar} + 2 \times 12000\text{kvar}$。

二、变电所回路电流的选择

根据表 8-2 中所列变电所回路电流选择原则，选择该变电所各回路电流。

220kV 主变压器进线持续穿越功率按单台主变压器容量 180MVA 计算，并考虑到 5% 过负荷运行，则 220kV 主变压器进线持续穿越功率为 189MVA，持续通过电流为 496A。

220kV 主母线按持续穿越功率为 720MVA，持续通过电流为 1890MVA。

110kV 主母线持续穿越功率按 $2 \times 180\text{MVA}$ 计算，则持续通过电流为 1890A。

110kV 主变压器进线持续穿越功率按单台主变压器容量 180MVA 计算，并考虑到 5% 过负荷运行，则 110kV 主变压器进线持续穿越功率为 189MVA，持续通过电流为 992A。

35kV 主母线及主变压器进线按单台主变压器容量 180MVA 的 50% 负荷，并考虑 5% 过负荷运行，则持续穿越功率为 95MVA，持续通过电流为 1569A。

220kV 变电所母线设计穿越功率和电流见表 8-39。

表 8-39　220kV 变电所母线设计穿越功率和电流

母线名称	持续穿越功率/MVA	持续穿越电流/A	母线名称	持续穿越功率/MVA	持续穿越电流/A
220kV 主母线	720	1890	110kV 主变进线	189	992
220kV 主变进线	189	496	35kV 主母线	95	1560
110kV 主母线	360	1890	35kV 主变进线	95	1560

三、短路电流计算

1. 选择基准值

取基准电压 $U_{j1} = 230\text{kV}$、$U_{j2} = 115\text{kV}$、$U_{j3} = 37\text{kV}$，基准容量 $S_j = 100\text{MVA}$，则基准电流为 $I_{j1} = 0.25\text{kA}$、$I_{j2} = 0.5\text{kA}$、$I_{j3} = 1.56\text{kA}$。

2. 系统电抗标幺值的计算

根据城市电力网规划设计导则，220kV 系统短路电流取 $I_K = 40\text{kA}$，则短路容量为

$$S_K = \sqrt{3}U_{av}I_K = \sqrt{3} \times 220 \times 40\text{MVA} \approx 15242\text{MVA}$$

按式（3-39）计算系统电抗标幺值，即

$$X_{S \cdot *} = \frac{S_j}{S_K} = \frac{100}{15242} = 0.00656$$

3. 变压器电抗标幺值的计算

根据该变压器阻抗电压值，查表4-2，得变压器电抗标幺值为 $X_{T1 \cdot *} = 0.05588$、$X_{T2 \cdot *} = -0.005555$、$X_{T3 \cdot *} = 0.1364$，作短路系统电抗标幺值等效电路如图8-10所示。

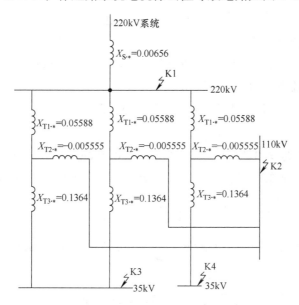

图8-10　短路系统电抗标幺值等效电路图

4. 短路电流的计算

1）K1点短路电流的计算。三相短路电流周期分量有效值按式（3-53）计算，即

$$I_{K1}^{(3)} = \frac{I_{j1}}{X_{S \cdot *}} = \frac{0.25}{0.00656} kA = 38.11 kA$$

三相短路电流周期分量稳态值为

$$I_{K1 \cdot *}^{(3)} = I_{K1}^{(3)} kA = 38.11 kA$$

三相短路冲击电流最大值按式（3-61）计算，即

$$i_b = 2.55 I_{K1}^{(3)} = 2.55 \times 38.11 kA = 97.18 kA$$

三相短路冲击电流有效值按式（3-65）计算，即

$$I_b = 1.5 I_{K1}^{(3)} = 1.51 \times 38.11 kA = 57.55 kA$$

三相短路容量为

$$S_K = \sqrt{3} U_N I_{K1}^{(3)} = \sqrt{3} \times 220 \times 38.11 MVA \approx 14521 MVA$$

2）K2点短路电流计算。首先计算K2点短路处电抗标幺值总和，即

$$\sum X_* = \frac{1}{3}(X_{T1 \cdot *} + X_{T2 \cdot *}) + X_{S \cdot *}$$

$$= \frac{1}{3}(0.05588 - 0.005555) + 0.00656$$

$$= 0.023335$$

三相短路电流周期分量有效值按式（3-53）计算，即

$$I_{K2}^{(3)} = \frac{I_{j2}}{\sum X_*} = \frac{0.5}{0.023335}kA = 21.42kA$$

三相短路电流周期分量稳态值为

$$I_\infty^{(3)} = I_{K2}^{(3)} = 21.42kA$$

三相短路冲击电流最大值为

$$i_b = 2.55I_{K2}^{(3)} = 2.55 \times 21.42kA = 54.62kA$$

三相短路冲击电流有效值为

$$I_{bK}^{(3)} = 1.51I_{K2}^{(3)} = 1.51 \times 21.42kA32.34kA$$

三相短路容量为

$$S_K = \sqrt{3}U_N I_{K2}^{(3)} = \sqrt{3} \times 110 \times 21.42MVA \approx 4081MVA$$

3）K3 点短路电流计算。按两台主变并联运行计算，则 K3 点处短路电抗标幺值，即

$$\sum X_* = X_{S \cdot *} + \frac{1}{2}(X_{T1 \cdot *} + X_{T3 \cdot *})$$

$$= 0.00656 + \frac{1}{2} \times (0.05588 + 0.1364)$$

$$= 0.1027$$

三相短路电流周期分量有效值按式（3-53）计算，即

$$I_{K3}^{(3)} = \frac{I_{j3}}{\sum X_*} = \frac{1.56}{0.1027}kA = 15.19kA$$

三相短路电流稳态值为

$$I_\infty^{(3)} = I_{K3}^{(3)} = 15.19kA$$

三相短路冲击电流最大值为

$$i_b = 2.55I_{K3}^{(3)} = 2.55 \times 15.19kA = 38.73kA$$

三相短路冲击电流有效值为

$$I_{bK}^{(3)} = 1.51I_{K3}^{(3)} = 1.51 \times 15.19kA = 22.93kA$$

三相短路容量为

$$S_K = \sqrt{3}U_N I_{K3}^{(3)} = \sqrt{3} \times 35 \times 15.19MVA \approx 921MVA$$

4）K4 点短路电流计算。K4 点短路电抗总标幺值为

$$\sum X_* = X_{S \cdot *} + X_{T1 \cdot *} + X_{T3 \cdot *} = 0.00656 + 0.05588 + 0.1364 = 0.1988$$

$$I_{K4}^{(3)} = \frac{I_{j3}}{\sum X_*} = \frac{1.56}{0.1988}kA = 7.85kA$$

$$I_{K4 \cdot *}^{(3)} = I_{K4}^{(3)} = 7.85kA$$

$$i_{bK4}^{(3)} = 2.55I_{K4}^{(3)} = 2.55 \times 7.85kA = 20kA$$

$$I_{bK4}^{(3)} = 1.51I_{K4}^{(3)} = 1.51 \times 7.85kA = 11.85kA$$

$$S_{K4} = \sqrt{3}U_N I_{K4}^{(3)} = \sqrt{3} \times 35 \times 7.85kA = 475MVA$$

变电所三相短路电流计算值见表8-40。

表 8-40　变电所三相短路电流计算值

短路点编号	短路点额定电压 U_N/kV	短路点平均电压 U_{av}/kV	短路电流周期分量有效值		短路冲击电流		短路容量 S_K/MVA
			有效值 $I_K^{(3)}$/kA	稳态值 $I_\infty^{(3)}$/kA	有效值 I_b/kA	最大值 i_b/kA	
K1	220	230	38.11	38.11	57.55	97.18	14521
K2	110	115	21.42	21.42	32.34	54.62	4081
K3	35	37	15.19	15.19	22.93	38.73	921
K4	35	37	7.85	7.85	11.85	20.00	475

四、主要电气设备选择

1. 概述

根据该县市环境条件，变电所母线绝缘子及主要电气设备的瓷绝缘按爬电比距≥25mm/kV（系统最高电压）的Ⅲ级防污秒等级要求选择。

2. 主变压器容量及台数的选择

在选择主变压器容量及台数时，应结合地区经济发展、用电量及用电负荷等情况，进行综合分析后选择主变压器的容量和台数。

某县市经济开发区，用电负荷实测为100MW，按容量比 $K = 1.8$，选择主变压器的台数及容量为 1×180MVA。

3. 断路器的选择

1）220kV断路器型号规格的选择。该变电所220kV选用阿尔斯通公司生产的LG314—245型 SF_6 断路器，查表8-6，该断路器主要技术参数为额定电压220kV，最高电压252kV，额定电流 $I_N = 3150$A，额定开断电流 $I_{Ke} = 40$kA，短时额定耐受电流 $I_{3s} = 40$kA，额定动稳定电流 $i_{imp} = 100$kA。

2）按额定电压选择。选择的断路器最高工作电压为252kV，大于变电所电源进线额定电压220kV，故满足额定电压要求。

3）按额定电流选择。根据表8-39提供的220kV主母线持续穿越功率为720MVA，持续穿越电流为1890A，主变压器进线持续穿越功率为189MVA，持续穿越电流为496A，选择 SF_6 断路器额定电流3150A，故满足额定电流的要求。

4）按额定开断电流选择。选择断路器的额定开断电流 $I_{Ke} = 40$kA，大于系统三相短路电流周期分量有效值 $I_{K1}^{(3)} = 38.11$kA

故满足要求。

5）动稳定校验。选择断路器的额定动稳定电流为 $i_{max} = 100$kA $> i_{imp} = 97.05$kA，故选择的 SF_6 断路器满足动稳定要求。

6）热稳定校验。断路器短时3s额定持续电流40kA，大于三相短路周期分量稳态值 $I_\infty = 38.11$kA，故选择的断路器满足热稳定要求。

7）短路容量的选择。SF_6 断路器的额定开断容量，即

$$S_N = \sqrt{3} U_N I_K = \sqrt{3} \times 220 \times 40 \text{MVA} = 15242 \text{MVA}$$

220kV侧计算短路容量，即

$$S_K = \sqrt{3} U_N I_{K1}^{(3)} = \sqrt{3} \times 220 \times 38.11 \text{MVA} = 14521 \text{MVA}$$

选择的断路器满足短路容量的要求。

8）110kV 侧选用阿尔斯通公司生产的 GL312—145 型 SF_6 断路器。额定电压 U_N = 110kV，最高电压 U_N = 145kV，额定电流 I_N = 3150A，额定短路开断电流 I_{Ke} = 40kA，额定动稳定电流 i_b = 100kA，短时热稳定电流 I_{3s} = 40kA。

9）主要技术参数的选择，分别为：

断路器额定电压 145kV 大于系统额定电压 110kV。

断路器额定电流 3150A 大于 110kV 主母线电流 1890A。

断路器额定开断电流 40kA 大于 110kV 侧三相短路电流周期分量有效值 21.42kA。

断路器额定动稳定电流 100kA 大于 110kV 侧三相短路冲击电流 54.62kA。

选择断路器短时 3s 热稳定电流 I_3 = 40kA，大于 110kV 侧三相短路电流周期分量稳态值 21.42kA，故选择的 110kV SF_6 断路器满足热稳定要求。

$$S_N = \sqrt{3} U_N I_K = \sqrt{3} \times 110 \times 40 \text{MVA} = 7612 \text{MVA}，110\text{kV 侧计算三相短路容量，即}$$

$$S_K = \sqrt{3} U_K I_K^{(3)} = \sqrt{3} \times 110 \times 21.42 \text{MVA} = 4081 \text{MVA}$$

从上述断路器主要技术参数满足 110kV 侧断路电流计算的各参数。

10）35kV 侧断路器的选择。35kV 侧选择阿尔斯通公司生产的 FP4025D 型奥索福乐（ORTHOFLUOR）户内 SF_6 断路器。

主变压器 35kV 侧选择户内式 SF_6 断路器，额定电压 35kV，最高工作电压 40.5kV，满足电网电压要求。

主变压器 35kV 侧进线、分段选择断路器额定电流 2000A，出线选择断路器额定电流 1250A。

选择断路器额定开断电流 25kA，大于 35kV 侧三相短路电流周期分量有效值 15.19kA。

选择断路器额定峰值耐受电流 63kA，大于 35kV 侧三相短路冲击电流 38.73kA。

选择断路器短时（4s）耐受电流 16kA，大于短路时热稳定电流 I_∞ = 15.19kA

选择断路器额定开断容量 1513MVA，大于 35kV 侧短路容量 921MVA。

4. 隔离开关的选择

1）隔离开关类型的选择。220kV 变电所 220kV 母线侧选用苏州阿尔斯通公司生产的隔离开关，选用的隔离开关主要技术参数见表 8-41。

表 8-41　220kV 隔离开关的主要技术参数

序号	型号	隔离开关名称	最高电压/ kV	额定电流/ A	动稳定电流/ kA	3s 热稳定电流/ kA
1	SPOT—252	水平伸缩开启单接地隔离开关	252 252	1600 2500	100 100	40 50
2	SPO2T—252	水平伸缩开启双接地隔离开关	252	1600	100	40
3	SPV—252	垂直开启不接地隔离开关	252	1600	100	40
4	SPVT—252	垂直开启单接地隔离开关	252	1600	100	40
5	STB—252	母线接地开关	252	630	100	50

2）220kV 隔离开关主要技术参数的选择与校验。由表 8-39 可知，220kV 主母线持续穿越电流为 1890A，220kV 主变压器进线电流为 496A，故选择：

隔离开关的额定电流 2500A、1600A，满足变电所 220kV 侧工作电流的要求。

选择隔离开关的最高工作电压 252kV，大于 220kV 工作额定电压。

220kV 母线侧三相短路电流周期分量稳态值为 38.11kA，选择隔离开关额定电流 2500A，3s 热稳定电流 50kA，额定电流 1600A，3s 热稳定电流为 40kA，故选择的隔离开关满足热稳定要求。极限通过峰值电流 100kA，大于短路电流冲击值 97.18kA，满足动稳定要求。

3）110kV 侧隔离开关的选择。110kV 侧隔离开关选用湖南长沙高压开关有限公司生产的 GW4—126DW、GW4—126ⅡD、GWI6A—126W，以及 GW16A—126DW 型设备，选用的隔离开关主要型号规格及技术参数见表 8-42。

表 8-42　110kV 隔离开关型号及主要技术参数

序号	型号	隔离开关名称	额定电压/kV	最高电压/kA	额定电流/A	动稳定电流/kA	3s 热稳定电流/kA
1	GW4—126DW	水平开启单接地隔离开关	110	126	1250	80	31.5
2	GW4—126ⅡD	水平开启双接地隔离开关	110	126	1250	80	31.5
3	GW16A—126W	垂直开启不接地隔离开关	110	126	1250	80	31.5
4	GW16A—126DW	垂直接地单接地隔离开关	110	126	1250	80	31.5
5	JW2—126	母线接地隔离开关	110	126	630	80	31.5

查表 8-39 得主变压器 110kV 侧进线工作电流为 992A，隔离开关的额定电流 1250A，满足要求。

选择隔离开关额定电压 110kV，最高电压 126kV，满足工作电压要求。

选择隔离开关动稳定电流 80kA，大于主变压器 110kV 侧三相短路冲击电流最大值 54.62kA，故选择的隔离开关满足动稳定要求。

选择隔离开关 3s 热稳定电流 31.5kA 大于主变压器 110kV 三相短路电流周期分量稳态值 21.42kA，故选择的隔离开关满足热稳定要求。

4）35kV 隔离开关的选择。35kV 选用 GW4—35DW 单接地户外式隔离开关，额定电流 35kV，最高工作电压 40.5kV，额定电流 2000A、1250A，极限通过电流峰值 100kA、80kA，4s 热稳定电流 40kA，31.5kA，各项参数皆能满足 35kV 侧短路电流的要求。

35kV 户内出线隔离开关查表 8-9 选用 GN27—35（C）（D）/1250 型，额定电压 35kV，最高工作电压 40.5kV，额定电流 1250A，4s 额定短时耐受电流 31.5kA，峰值耐受电流 80kA。

35kV 户内进线隔离开关查表 8-9 选用 GN27—35（D）/2000 型，额定电压 35kV，最高工作电压 40.5kV，额定电流 2000A，4s 额定短时耐受电流 40kA，峰值耐受电流 100kA，各项参数皆大于 35kV 侧短路电流值。

5. 电流互感器的选择

1）型号的选择。220kV 选择 LB7—220kV 型户外式电流互感器，110kV 选择 LB6—110W 型户外式电流互感器，35kV 选择 LZZB9—35D 型户内式电流互感器。

2）按额定电压选择。220kV 侧选择电流互感器最高工作电压为 252kV，大于系统平均工作电压 230kV，满足要求。

3）按额定电流选择。220kV 系统按最大运行方式时工作电流为 1418A，选择电流互感器一次额定电流为 2×750A，二次额定电流为 5A，满足要求。

4）电流互感器保护级次组合选择。220kV 主变压器继电保护由纵差、过电流 1，纵差、过电流 2，母差保护 3，测量控制 4，计量 5 组成配置。电流互感器级次组合为 5P/30/5P/30/5P/30/0.5/0.2S。

5）动稳定校验。选择 220kV 电流互感器动稳定电流为 $i_{max}=125kA$，大于三相短路冲击电流峰值 $i_b=97.18kA$，满足要求。

6）热稳定校验。选择 220kV 电流互感器 3s 短时热稳定电流 $I_e=50kA$，大于 220kV 三相短路电流周期分量稳态电流 $I_\infty=38.11kA$，满足热稳定要求。

6. 电压互感器的选择

1）类型的选择。220kV 选用 WVB220—10（H）电容式母线型电压互感器。

2）额定电压的选择。一次电压选择 $220/\sqrt{3}kV$；二次电压选择 $0.1/\sqrt{3}/0.1/\sqrt{3}/0.1kV$。

3）电压互感器的准确级选择。测量选择 0.2 级，计量选择 0.5 级，保护选择 3P 级。

4）电压互感器的负载容量选择。0.2 级 150VA，0.5 级 150VA，3P 级 100VA。

5）电容器容量的选择。额定电容选 0.01μF，高压电容选 0.01174μF，中压电容选 0.06750μF。

6）耐污等级选择。电容器耐污等级选Ⅲ级。

7）电容式电压互感器的型号规格。220kV 电容式电互感器型号规格为 WVB220—10（H），$220/\sqrt{3}/0.1/\sqrt{3}/0.1/\sqrt{3}-0.1kV$，0.2/0.5/3P，150/150/100VA。

按照上述选择电压互感器的同样原则与方法，根据不同用途与不同电压等级选择相应类型及规格的电压互感器见表 8-13。

7. 220kV 侧避雷器的选择

1）按额定电压选择。220kV 系统最高电压为 252kV，根据表 8-26 取避雷器相对地电压为 $0.75U_m=0.75\times252kV=189kV$，取避雷器的额定电压为 200kV，故满足额定电压的要求。

2）按持续运行电压选择。220kV 系统相电为 $252kV/\sqrt{3}=145kV$，查表 8-14 选 Y10W5—200/520 型无间隙氧化锌避雷器持续运行电压有效值为 146kV，故满足持续运行电压的要求。

3）标称放电电流的选择。220kV 氧化锌避雷器标称放电电流选 10kA。

4）雷电冲击残压的选择。查表 8-21 得 220kV 变压器额定雷电冲击（内、外绝缘）耐受电压（峰值）850kV，按式（8-33）计算避雷器标称放电电流引起的雷电冲击残压为

$$U_{ble}\le\frac{BIL}{K_c}=\frac{850}{1.4}kV=607kV$$

查表 8-14 得 Y10W5—200/520 型氧化锌避雷器雷电冲击电流下残压（峰值）不大于 520kV，该值小于 607kV，故选择的氧化锌避雷器满足雷电冲击残压的要求。

5）校核陡波冲击电流下的残压。查表 8-21 得 220kV 变压器类设备的内绝缘截断雷电冲击耐受电压（峰值）为 950kV，按式（8-34）计算陡波冲击电流下的残压为

$$U'_{ble}\le\frac{BIL'}{K_c}=\frac{950}{1.4}kV=678kV$$

查表 8-14 得 Y10W5—200/520 型氧化锌避雷器陡波冲击电流下残压（峰值）不大于 582kV，该值小于 678kV，故满足陡波冲击电流下的残压要求。

6）操作冲击电流下残压的选择。查表 8-24 得 220kV 变压器线端操作波试验电压值 $SIL = 750$kV，根据 GB 311.1—1997 国家标准取操作冲击因数 $K_c = 1.15$，按式（8-35）计算操作冲击电流下残压为

$$U_s = \frac{SIL}{K_c} = \frac{750}{1.15}\text{kV} = 652\text{kV}$$

查表 8-14 得 Y10W5—200/520 型无间隙氧化锌避雷器操作冲击电流下残压（峰值）442kV，该值小于 652kV，故满足操作冲击电流下残压的要求。

7）查表 8-14 选择 Y10W5—200/520 型氧化锌避雷器能满足主变压器 220kV 侧过电压保护的要求。

8. 110kV 侧避雷器的选择

1）按额定电压选择。110kV 系统最高电压为 126kV，相对地最高电压为 $126/\sqrt{3} = 73$kV，根据表 8-26，选择氧化锌避雷器的额定电压为 $0.75U_m = 0.75 \times 126\text{kV} = 94.5$kV，取氧化锌避雷器的额定电压为 100kV。

2）按持续运行电压选择。110kV 系统相对地最高电压为 $126/3 = 73$kV，故选择氧化锌避雷器持续运行电压为 73kV。

3）标称放电电流的选择。110kV 氧化锌避雷器标称放电电流选 10kA。

4）雷电冲击残压的选择。查表 8-21 得 110kV 变压器额定雷电冲击外绝缘耐受峰值电压为 450kV，内绝缘耐受峰值电压为 480kV，按式（8-33）计算避雷器标称放电引起的雷电冲击残压为

$$U_{ble} \leqslant \frac{BIL}{K_c} = \frac{450}{1.4}\text{kV} = 321\text{kV}$$

选择氧化锌避雷器雷电冲击电流下残压（峰值不大于 260kV）。

5）校核陡波冲击电流下的残压。查表 8-21 变压器 110kV 侧内绝缘截断雷电冲击耐受电压为 530kV，按式（8-34）计算陡波冲击电流下的残压为

$$U'_{ble} = \frac{BIL'}{K_c} = \frac{530}{1.4}\text{kV} = 378\text{kV}$$

选择氧化锌避雷器陡波冲击电流下残压峰值不大于 291kV。

6）操作冲击电流下残压的选择。查表 8-24 得 110kV 级变压器线端操作波试验电压值为 $SIL = 375$kV，按式（8-35）计算操作冲击电流下残压为

$$U_s = \frac{SIL}{K_c} = \frac{375}{1.15}\text{kV} = 326\text{kV}$$

取氧化锌避雷器操作冲击电流下残压峰值不大于 221kV。

7）根据上述选择校验，查表 8-14 选择 Y10W5—100/260 型氧化锌避雷器满足变压器 110kV 侧过电压保护的要求。

9. 35kV 侧避雷器的选择

1）按额定电压选择。35kV 系统最高电压为 40.5kV，相对地电压为 $40.5/\sqrt{3} = 23.4$kV。根据表 8-26，计算避雷器相对地电压为 $1.25U_m = 1.25 \times 40.5\text{kV} = 50.6$kV，取避雷器额定电

压为53kV。

2）按持续运行电压选择。35kV系统相电压为40.5kV/√3＝23.4kV，选择氧化锌避雷器持续运行电压40.5kV，此值大于23.4kV。

3）标称放电电流的选择。35kV氧化锌避雷器标称放电电流选择5kA。

4）雷电冲击残压的选择。查表8-21得变压器35kV额定雷电冲击外绝缘峰值耐受电压为185kV，内绝缘耐受电压为200kV按式（8-33）计算避雷器标称放电电流引起的雷电冲击残压为

$$U_{\text{ble}} = \frac{BIL}{K_c} = \frac{185}{1.4}\text{kV} = 132\text{kV}$$

$$U_{\text{ble}} = \frac{BIL}{K_c} = \frac{200}{1.4}\text{kV} = 142\text{kV}$$

选择氧化锌避雷器雷电冲击电流下残压（峰值）不大于134kV。

5）校核陡波冲击电流下的残压。查表8-21得35kV变压器类设备的内绝缘截断雷电冲击耐受电压（峰值）为220kV，按式（8-34）计算陡波冲击电流下的残压为

$$U'_{\text{ble}} = \frac{BIL'}{K_c} = \frac{220}{1.4}\text{kV} = 157\text{kV}$$

选择陡波冲击电流下残压（峰值）不大于154kV。

6）操作冲击电流下残压的选择。查表8-24得35kV变压器线端操作波试验电压为170kV，按式（8-35）计算变压器35kV侧操作冲击电流下残压为

$$U_s = \frac{SIL}{K_c} = \frac{170}{1.15}\text{kV} = 147\text{kV}$$

选择35kV氧化锌避雷器操作冲击电流下峰值残压为114kV。

7）根据上述计算与校核，查表8-14选择YH5WZ—51/134型氧化锌避雷器能满足变压器35kV侧过电压保护的要求。

10. 变压器35kV侧中性点避雷器的选择

1）按额定电压选择。变电所选用自耦变压器，35kV侧中性点安装消弧线圈接地，查表8-26得变压器中性点额定电压为0.72U_m＝0.72×40.5kV＝29.16kV，选择氧化锌避雷器额定电压为53kV。

2）按持续运行电压选择。35kV相电压为40.5/√3＝23.4kV，中性点额定电压为0.72U_m＝0.72×40.5＝29.16kV，故选择氧化锌避雷器持续运行电压为40.5kV。

3）标称放电电流的选择。变压器35kV侧中性点氧化锌避雷器标称放电电流选择5kA。

4）雷电冲击残压的选择。查表8-23得变压器35kV侧中性点额定雷电冲击耐受峰值电压为180kV，按式（8-33）计算避雷器标称放电电流引起的雷电冲击残压为

$$U_{\text{ble}} = \frac{BIL}{K_c} = \frac{180}{1.4}\text{kV} = 130\text{kV}$$

选择35kV氧化锌避雷器雷电冲击电流下峰值残压134kV，基本满足要求。

5）校核陡波冲击电流下的残压。查表8-21变压器35kV内绝缘截断雷电冲击耐受峰值电压为220kV，按式（8-34）计算陡波冲击电流下的残压为

$$U'_{\text{ble}} = \frac{BIL'}{K_c} = \frac{220}{1.4}\text{kV} = 157\text{kV}$$

选择 35kV 氧化锌避雷器陡波冲击电流下降值残压为 154kV。

6）操作冲击电流下残压的选择。查表 8-24 得 35kV 变压器线端操作波试验电压为 170kV，按式（8-35）计算中性点操作冲击电流下残压为

$$U_s = \frac{SIL}{K_c} = \frac{170}{1.15} = 147kV$$

选择 35kV 氧化锌避雷器操作冲击电流下峰值残压为 114kV。

7）根据上述避雷器的选择计算与校核，查表 8-14 选择 YH5WZ4—5.1/134 型氧化锌避雷器，能满足变压器 35kV 侧中性点过电压保护的要求。

11. 35kV 开关柜的选择

35kV 配电装置不同类型的间隔，根据其用途、额定电压、额定电流、三相短路电流周期分量有效值及短路冲击电流峰值，选用不同电气接线方式的开关柜。一般用 JGN2—35 型固定式高压开关柜。

变电所 35kV 配电装置选用 JGN2—40.5 型固定式开关柜，35kV 各间隔选用的开关柜型号规格见表 8-11。

12. 母线的选择

1）220kV 主母线的选择，主要从以下几方面介绍：

① 母线类型选择。根据管形母线的特点，220kV 主母线选择铝锰合金管形母线。

② 按母线长期工作电流选择。根据 220kV 主母线持续穿越工作电流 1890A。查表 2-21 选择 LF—21Y—φ150/136 型管形母线，该导体环境温度 25℃，导体最高允许温度 80℃时，该导体允许载流量为 3140A，按环境温度 40℃，查表 2-22 得导体温度校正系数为 0.80，计算导体允许载流量，即

$$I_{xu} = KI = 0.80 \times 3140A = 2512A$$

该电流大于 220kV 主母线持续穿越电流 1890A，故选择的 φ150/136 型管形母线满足需要。

③ 热稳定校验。按式（2-16）选择满足热稳定要求时最小导体截面积，即

$$S_{min} = \frac{I_K^{(3)}}{C}\sqrt{t_a} \times 10^3 = \frac{38.11}{87}\sqrt{0.2} \times 10^3 mm^2 = 195mm^2$$

选择 φ150/136 型管形母线截面积为 3143mm²，大于 195mm²，故选择的母线满足热稳定要求。

④ 按晴天不出现可见电晕要求校验。查 2-35 得 220kV 晴天不可出现可见电晕要求时，管形导体外径为 φ30mm，小于选择的 φ150/136 型管形母线外径，故满足电晕校验的要求。

2）220kV 主变压器进线母线截面积的选择，介绍如下：

① 母线类型的选择。根据 220kV 主变压器进线母线架设的特点，选用 LGJ—500/45 型钢芯铝绞线。

② 按经济电流密度选择。该变电所年运行最大负荷利用小时数取 T = 4000h，查图 2-2 得 220kV LGJ—500/45 型导线经济电流密度 j = 1.25A/mm²。

按式（2-2）计算导线截面积，即

$$S = \frac{I_1}{j} = \frac{496}{1.25}mm^2 = 413.33mm^2$$

查表 2-28 选用 LGJ—500/45 型钢芯铝绞线,环境温度 25℃,导体最高温度 70℃时,导体允许载流量为 1016A。

按环境最高温度为 40℃时,查表 2-22 得导体温度校正系数 $K = 0.81$,计算导体允许载流量,即

$$I_p = KI = 0.81 \times 1016A = 822.96A$$

该电流大于 220kV 主变压器进线持续工作电流 496A,故选择的母线满足主变压器进线电流的需要。

③ 热稳定校验。查表 8-40 得 220kV 母线 K1 处短路电流周期分量稳态值 $I_\infty = 38.11kA$,取短路电流假想时间 $t_a = 0.2s$,按式(2-16)计算热稳定最小导体截面积,即

$$S_{min} = \frac{I_K^{(3)}}{C} \sqrt{t_a} \times 10^3 = \frac{38.11}{87} \sqrt{0.2} \times 10^3 mm^2 = 195mm^2$$

该截面小于选择导体截面积 500mm²,故选择的导体截面积满足热稳定要求。

④ 按电晕要求校验。查表 2-35 得 220kV 软母线晴天不可出现可见电晕 LGJ 型导线最小截面积为 300mm²,小于选择的导线截面积 500mm²,故选择的导线满足电晕校验的要求。

3)110kV 主母线的选择,介绍如下:

① 根据管形母线的优点,故 110kV 主母线选择铝锰合金管形硬母线。

② 按母线长期工作电流选择。查表 8-39 得 110kV 主母线长期工作电流为 1890A。查表 2-21 选择 LF—21Y—ϕ150/136 型管形母线,母线截面积为 3143mm²,环境温度 25℃,母线最高允许温度 80℃时,该母线长期允许通过电流为 3140A。当环境温度为 40℃时,经过温度校正系数 0.80 计算,得导体长期允许载流量为 2512A,大于该主母线长期工作电流 1890A,故选择的管形母线满足长期工作电流的要求。

③ 热稳定校验。查表 8-40 主变压器 110kV 侧 K2 处三相短路电流周期分量稳态值 $I_\infty = 21.42kA$,查表 2-32 铝母线常数 $C = 87$,取短路电流假想时间 $t_a = 0.2s$,按式(2-16)计算母线满足热稳定要求时的最小截面积,即

$$S_{min} = \frac{I_\infty}{C} \sqrt{t_a} \times 10^3 = \frac{21.42}{87} \times \sqrt{0.2} \times 10^3 mm^2 = 110mm^2$$

选择的管形母线截面积 3143mm²,大于热稳定校验最小截面积 110mm²,故选择的母线满足热稳定校验的要求。

④ 按电晕要求校验。查表 2-35 得 110kV 晴天不可出现可见电晕要求管形母线最小外径为 ϕ20mm,小于选择母线 ϕ150/136mm,满足要求。

4)110kV 主变压器进线母线的选择,介绍如下:

① 母线类型的选择。110kV 主变压器进线母线选用 LGJ 型钢芯铝绞线。

② 按经济电流密度选择。该变电所年运行最大负荷利用小时 $T = 4000h$,查图 2-2 得 110kV LGJ 形导线选用经济电流密度 $j = 1.25A/mm^2$,查表 8-39 主变压器 110kV 进线电流为 992A,按式(2-7)计算导线截面积,即

$$S_{min} = \frac{I_1}{j} = \frac{992}{1.25}mm^2 = 793.6mm^2$$

查表 2-8 选择标准导线型号为 $2 \times$ LGJ—400/35 型钢芯铝绞线,考虑温度校正系数,导

线允许载流量为1423A，大于主变压器110kV进线电流992A，满足长期工作电流的需要。

③ 热稳定校验。变电所110kV三相短路电流周期分量稳态电流 $I_\infty = 21.42$ kA，取短路电流假想时间 $t_a = 0.2$ s，则按式（2-16）计算按热稳定要求的最小导线截面积，即

$$S_{min} = \frac{I_\infty}{C}\sqrt{t_a} \times 10^3 = \frac{21.42}{87} \times \sqrt{0.2} \times 10^3 \text{mm}^2 = 110 \text{mm}^2$$

选择的 $2 \times$ LGJ—400/35 型导线截面积大于 110mm^2，故选择的导线截面积满足热稳定要求。

④ 按电晕要求校验。查表2-35得110kV母线晴天不可出现可见电晕要求最小导线型号为 LGJ—70mm^2，故选择的 $2 \times$ LGJ—400/35 型导线满足电晕校验要求。

5）35kV主母线的选择，介绍如下：

① 母线类型的选择。矩形铜母线适用成套开关柜，便于安装，维护方便，长期允许负荷电流大，故35kV主母线选用矩形铜母线。

② 按母线长期工作电流选择。根据表8-39变电所35kV主母线长期工作电流为1560A，选择 TWB—100×10 型矩形铜母线，查表2-19该型号矩形铜母线单片立放置，环境温度40℃时，母线长期允许载流量为1870A，水平放置时为1776.5A，大于主变压器35kV侧长期工作电流1560A，故选择的母线满足长期工作电流的需要。

③ 动稳定校验。查表8-40变电所35kV侧K3处三相短路冲击电流 $i_{imp} = 38.73$ kA，选用 JGN2B—40.5 型固定式开关柜，$L = 2000$ mm，$a = 300$ mm，按式（2-11）计算母线受到的电动力，即

$$F = 1.76 \times i_b^2 \frac{L}{a} \times 10^{-2} \times 9.81$$

$$= 1.76 \times 38.73^2 \times \frac{200}{30} \times 10^{-2} \times 9.81 \text{N}$$

$$= 1697.14 \text{N}$$

按式（2-12）计算母线受的弯曲力矩，即

$$M = \frac{Fl}{10} = \frac{1697.14 \times 200}{10} \text{N} \cdot \text{cm} = 33942.8 \text{N} \cdot \text{cm}$$

母线水平布置，截面为 $100 \times 10 \text{mm}^2$，$b = 10$ mm，$h = 100$ mm，查表2-14计算该母线截面系数，即

$$W = 0.167 h^2 b = 0.167 \times 1 \times 10^2 \text{cm}^3 = 16.7 \text{cm}^3$$

按式（2-13）计算母线最大应力，即

$$\sigma = \frac{M}{W} = \frac{33942.8}{16.7} \text{N/cm}^2 = 2032.50 \text{N/cm}^2$$

该值小于表2-30中规定的铜母线最大允许应力 13720N/cm^2，故选择的母线满足动稳定要求。

④ 热稳定校验。查表8-40得变电所主变压器35kV侧三相短路电流周期稳态电流 $I_\infty = 15.19$ kA，取短路电流假想时间 $t_a = 0.2$ s，按式（2-16）计算满足热稳定要求最小的导线截面，即

$$S_{\min} = \frac{I_\infty}{C}\sqrt{t_a} \times 10^3 = \frac{15.19}{171} \times \sqrt{0.2} \times 10^3 \, \text{mm}^2 = 40 \, \text{mm}^2$$

选择铜导线截面 $100 \times 10 \, \text{mm}^2$，故满足热稳定要求。

220kV 变电所主要电气设备选择的计算值及保证值见表 8-43 ~ 表 8-46。主变压器、断路器、隔离开关、电流互感器、电压互感器软硬母线、开关柜、避雷器等主要型号规格技术参数见表 8-47。

某县市 220kV 变电所电气主接线如图 8-11（见全文后插页）所示。

表 8-43　断路器选择结果

顺序编号	安装地点	短路点编号	计算值							断路器参考型式	保证值							备注
			工作电压 U_g/kV	工作电流 I_g/A	短路电流周期分量 I''/kA	短路电流最大有效值 I_{ch}/kA	短路电流冲击值 i_{ch}/kA	t_S热稳定电流 I_t/kA	短路容量 S''/MVA		额定工作电压 U_N/kV	最高工作电压 U_{zd}/kV	额定工作电流 I_N/A	额定开断电流 I_{Ke}/kA	极限通过电流峰值 i_{ch}/kA	t_S热稳定电流 I_t/kA	额定开断容量 S_{Ke}/MVA	
1	220kV	K1	220	496	38.11	57.55	97.18	24.35	14521	SF$_6$	220	252	3150	40	100	$I_3 = 40$	15242	主变
				1395														母联出线
2	110kV	K2	110	992	21.42	32.34	54.62	13.6	4081	SF$_6$	110	126	3150	40	100	$I_3 = 40$	7621	主变母联
				660														出线
3	35kV	K3	35	1560	15.19	22.93	38.73	10.03	921	SF$_6$	35	40.5	2000	25	63	$I_4 = 25$	1516	主变分段
				600									1250	25	63	$I_4 = 25$	1516	出线

表 8-44　隔离开关选择结果

顺序编号	安装地点	短路点编号	计算值				隔离开关参考型式	保证值					备注
			工作电压 U_g/kV	工作电流 I_g/A	短路电流冲击值 i_{ch}/kA	t_S热稳定电流 I_t/kA		额定工作电压 U_N/kV	最高工作电压 U_{zd}/kV	额定工作电流 I_N/A	极限通过电流峰值 i_{ch}/kA	t_S热稳定电流 I_t/kA	
1	220kV	K1	220	496	90.07	24.35	GW16	220	252	2500	100	$I_3 = 50$	主变
				1395			GW17			1600		$I_3 = 40$	出线母联
2	110kV	K2	110	992	54.62	13.6	GW16	110	126	1250	80	$I_3 = 31.5$	主变母联
				600			GW4						出线
3	35kV	K3	35	1560	38.73	10.03	GN27	35	37	2000	100	$I_4 = 40$	进线
				600						1250	80	$I_4 = 31.5$	出线

表 8-45　电流互感器选择结果

| 顺序编号 | 安装地点 | 短路点编号 | 计算值 | | | | 电流互感器参考型式 | 保证值 | | | | | 备注 |
			工作电压 U_g/kV	工作电流 I_g/A	短路电流冲击值 i_{ch}/kA	t_S热稳定电流 I_t/kA		额定工作电压 U_N/kV	最高工作电压 U_{zd}/kV	额定工作电流 I_N/A	极限通过电流峰值 i_{ch}/kA	t_S热稳定电流 I_t/kA	
1	220kV	K1	220	496	90.07	24.35	10SK—245	220	252	1200	100	$I_3=40$	主变
				1395									出线旁路
2	110kV	K2	110	992	54.62	13.6	10SK—145	110	126	1200	80	$I_3=31.5$	主变旁路
				600									出线
3	35kV	K3	35	1560	38.73	10.03	LZZB9—35	35	40.5	2000	100	$I_4=40$	主变分段
				600						600	80	$I_4=31.5$	出线

表 8-46　软硬母线选择结果

| 顺序编号 | 安装地点 | 计算值 | | | | 所选导线及硬母线型号 | 保证值 | | | | 备注 |
		最大工作电压 U_{zd}/kV	工作电流 I_g/A	热额定要求最小截面积 S_{xon}/mm²	按晴天不可出现可见电晕要求最小截面积 S_{xe}/mm²		持续允许电流（环境温度40℃） I_{xu}/A	持续极限输送容量 S_{xu}/MVA	经济输送电流 I_j/A	经济输送容量 S_j/MVA	
1	220kV 主母线	252	1890	195	$\phi30$	$\phi150/136$	2512	956.1	—	—	—
2	220kV 主变进线	252	496	195	300	LGJ—500/45	843	321.2	625	238	$J=1.25$
3	110kV 主母线	126	1890	110	$\phi20$	$\phi150/136$	2512	478.0	—	—	—
4	110kV 主变进线	126	992	110	70	$2\times$LGJ—400/35	1464	278.9	1000	190	$J=1.25$
5	35kV 主母线	40.5	1560	40	—	TMY—100×10	1778	107.8	—	—	—
6	35kV 主变进线	40.5	1560	40	—	SICB—3	2400	145.5	—	—	—

表 8-47　某县市 220kV 变电所主要电气设备型号规格

序号	设备名称	型号	规格
1	电力变压器	OSFS10—180000/220	三相自耦无载调压油浸式风冷电力变压器
			额定电压 220kV
			额定容量 180/180/90/40MVA
			联结组标号 YNa0yn0d11
			电压比（$220\pm\frac{3}{1}\times2.5\%/118/37.5/15$）kV
			阻抗电压百分比（均归算至全容量）
			$u_{K1-2}\%=9.06\%$，$u_{K1-3}\%=34.62\%$，$u_{K2-3}\%=23.56\%$
			附套管电流互感器（每相）
			高压侧：LR—220—200～600/5A 0.5 级 1 只
			LRB—220—200～600/5A　10P20　2 只

序号	设备名称	型号	规格
1	电力变压器	OSFS10—180000/220	中压侧：LR—110—600～1200/5A 0.5 级 1 只
			LRB—110—600～1200/5A 10P20 2 只
			高中压中性点 LRB—35—200～600/5A 10P20 2 只
			附充氮灭火装置 1 套；安装方式不带滚轮
			风冷冷却器安装在变压器本体上
			高压套管爬电距离≥6300mm，中压套管爬电距离≥3150mm，低压套管爬电距离≥1215mm
2	SF₆ 断路器	CL314—245	工作电压 220kV　3150A　40kA
			弹簧操动机构，配套供应断路器支架
			附电动操动机构，控制电压：DC 220V
			电动机电压：AC 220V
			加热器电压：AC 220V
			爬电距离≥6300mm
3	SF₆ 断路器	GL312—145	工作电压：110kV　3150A　40kA 三相联动
			弹簧操动机构，配套供应断路器支架
			附操动机构　控制电压：DC 220V
			电动机电压：AC 220V
			加热器电压：AC 220V
			爬电距离≥3150mm
4	隔离开关（水平伸缩开启）	SPO2T—252	工作电压：220kV　1600A　40kA/3s
			三相联动　相间距 3400mm
			采用不锈钢活动部件
			附 CS611 电动操动机构一副，CS111 手动操动机构二副，辅助开关两副及电磁锁
			电动机电压：AC 380V
			控制电压：AC 220V
			爬电距离≥6300mm
5	隔离开关（水平伸缩开启）	SPOT—252	工作电压：220kV　1600A　40kA/3s
			三相联动　相间距 3400mm　动触头端接地
			采用不锈钢活动部件
			附 CS611 电动操动机构一副，CS111 手动操动机构一副，辅助开关一副及电磁锁
			电动机电压：AC 380V
			控制电压：AC 220V
			爬电距离≥6300mm

序号	设备名称	型号	规格
6	隔离开关（垂直开启）	SPVT—252	工作电压：220kV　1600A　40kA/3s
			三相联动　相间距3400mm　斜列布置
			采用不锈钢活动部件
			附CS611电动操动机构一副，CS111手动操动机构一副，辅助开关一副及电磁锁
			电动机电压：AC 380V
			控制电压：AC 220V
			爬电距离≥6300mm
7	隔离开关（垂直开启）	SPV—252	工作电压：220kV　1600A　40kA/3s
			三相联动　相间距3400mm　斜列布置
			采用不锈钢活动部件
			附CS611电动操动机构一副
			电动机电压：AC 380V
			控制电压：AC 220V
			爬电距离≥6300mm
8	隔离开关（水平开启）	GW4—126ⅡDW	工作电压：110kV　1250A　31.5kA/3s
			三相联动　相间距离2000mm
			采用不锈钢活动部件
			附CJ7B电动操动机构一副，CS17D2手动操动机构二副，辅助开关两副及电磁锁
			电动机电压：AC 380V
			控制电压：AC 220V
			爬电距离≥3150mm
9	隔离开关（水平开启）	GW4—126DW	工作电压：110kV　1250A　31.5kA/3s
			三相联动　相间距离2000mm
			采用不锈钢活动部件
			附CJ7B电动操动机构一副，CS17D2手动操动机构一副，辅助开关一副及电磁锁
			电动机电压：AC 380V
			控制电压：AC 220V
			爬电距离≥3150mm
10	隔离开关（垂直开启）	GW16A—126DW	工作电压：110kV　1250A　31.5kA/3s
			三相联动　相间距离2000mm　斜列布置
			采用不锈钢活动部件
			附CJ7B电动操动机构一副，CSB手动操动机构一副，辅助开关一副及电磁锁
			电动机电压：AC 380V
			控制电压：AC 220V
			爬电距离≥3150mm

序号	设备名称	型号	规格
11	隔离开关 （垂直开启）	GW16A—126W	工作电压：110kV　1250A　31.5kA/3s 三相联动　相间距离2000mm　斜列布置 采用不锈钢活动部件 附 CJ7B 电动操动机构一副 电动机电压：AC 380V 控制电压：AC 220V 爬电距离≥3150mm
12	隔离开关 （水平开启）	GW4—35DW	工作电压：35kV　630A　25kA/4s 三相联动　相间距离1200mm 附手动操动机构二副、辅助开关二副及电磁锁 爬电距离≥1215mm
13	接地开关	STB—252	工作电压：220kV　630A　40kA/3s 三相联动　相间距3000mm 附 CS111 手动操动机构一副、辅助开关一副及电磁锁 电磁锁电压：AC 220V 爬电距离≥6300mm
14	接地开关	JW—126	工作电压：110kV　630A　31.5kA/3s 三相联动　相间距1800mm 附 CSB 手动操动机构一副、辅助开关一副及电磁锁 电磁锁电压：AC 220V 爬电距离≥3150mm
15	电流互感器	LB7—220W	220kV　2×600/5A　油浸式 5P30/5P30/5P30/0.5/0.2S　40kA/3s 各次级均带中间抽头，带金属膨胀带 爬电距离≥6300mm
16	电流互感器	LB6—110W	110kV　2×600/5A　油浸式 10P30/10P30/10P30/0.5　31.5kA/3s 各次级均带中间抽头，带金属膨胀器 爬电距离≥3150mm
17	电流互感器	LB6—110W	110kV　2×600/5A　油浸式 10P30/10P30/0.51/0.2S　31.5kA/3s 各次级均带中间抽头，带金属膨胀器 爬电距离≥3150mm
18	电流互感器	LB6—110W	110kV　2×600/5A　油浸式 10P30/10P30/10P30/0.2S　31.5kA/3s 各次级均带中间抽头，带金属膨胀器 爬电距离≥3150mm

序号	设备名称	型号	规格
19	电压互感器	WVB220—10（H）	220kV　母线型　0.2/0.5/3P 级
			$(220/\sqrt{3})/(0.1/\sqrt{3})/(0.1/\sqrt{3})-0.1\text{kV}$
			爬电距离≥6300mm
20	电压互感器	WVL220—5（H）	220kV　线路型　0.5/3P 级
			$(220/\sqrt{3})/(0.1/\sqrt{3})-0.1\text{kV}$
			爬电距离≥6300mm
21	电压互感器	WVB110—20（H）	110kV　母线型　0.2/0.5/3P 级
			$(110/\sqrt{3})/(0.1/\sqrt{3})/(0.1-\sqrt{3})-0.1\text{kV}$
			爬电距离≥3150mm
22	电压互感器	TYD—110/$\sqrt{3}$—0.01H	110kV　线路型　0.5/3P 级
			$(110/\sqrt{3})/(0.1/\sqrt{3})-0.1\text{kV}$
			爬电距离≥3150mm
23	氧化锌避雷器	Y10W—200/520	带放电记录器及漏电流监视器
			爬电距离≥6300mm
24	氧化锌避雷器	Y10W—100/260	带放电记录器及漏电流监视器
			爬电距离≥3150mm
25	氧化锌避雷器	YH5WZ2—52.7/134	带放电记录器及漏电流监视器
			爬电距离≥1215mm
26	无功补偿装置	TBB35—12000/4000—3W	35kV　密集型、差压保护　每组包括：
			密集型电容器 BFMH38.5/$\sqrt{3}$—4000—1W　3 台
			空心电抗器 CKDGKL—1—240/35—6%　3 台
			放电线圈 FDR3C—11.5×2—5×2—1W　3 台
			氧化锌避雷器 Y5WR2—51/134　3 台
			支持绝缘子，组装金具
			爬电距离≥1215mm
27	无功补偿装置	TBB35—6000/2000—3W	35kV　密集型、差压保护　每组包括：
			密集型电容器 BFMH38.5/$\sqrt{3}$—2000—1W　3 台
			空心电抗器 CKDGKL—1—120/35—6%　3 台
			放电线圈 FDR3C—11.5×2—5×2—1W　3 台
			氧化锌避雷器 Y5WR2—51/134　3 台
			支持绝缘子，组装金具
			爬电距离≥1215mm
28	固定式高压开关柜	JGN2—35—07	35kV　2000A　25kA　主变进线柜
			SF$_6$ 断路器：FP4025F　2000A　25kA
			电流互感器：LZZB9—35D　2000/5A　10P20/10P20/0.5/0.25
			隔离开关 GN27—35　2000A
			爬电距离≥810mm

序号	设备名称	型号	规格
29	固定式高压开关柜	JGN2—35—07	35kV 1250A 25kA 出线柜 SF$_6$断路器：FP4025D 1250A 25kA 电流互感器：LZZB9—35D 　　　　　　600/5A 10P20/0.5/0.2S 氧化锌避雷器：YH5WZ2—52.7/134 隔离开关 GN27—35 1250A 爬电距离≥810mm
30	固定式高压开关柜	JGN2—35—07	33kV 1250A 25kA 电容器出线柜 SF$_6$断路器：FP4025D 1250A 25kA 电流互感器：LZZB9—35D 　　　　　　300/5A 10P20/0.5/0.5 隔离开关 GN27—35 1250A 爬电距离≥810mm
31	固定式高压开关柜	JGN2—35—17	35kV 1250A 25kA PT柜 PT：JDZX9—35 0.2/0.5/6P 干式 $(35/\sqrt{3})/(0.1/\sqrt{3})/(0.1/\sqrt{3})/(0.1/\sqrt{3})$ kV 隔离开关 GN27—35630A 氧化锌避雷器：YH5WZ2—52.7/134 熔断器：XNRP1—35/0.5A 2000MVA 爬电距离≥810mm
32	固定式高压开关柜	JGN2—35—09 改	35kV 2000A 25kA 分段开关柜 SF$_6$断路器：FP4025F 2000A 25kA 电流互感器：LZZB9—35D 　　　　　　2000/5A 10P20/0.5/0.5 2只 隔离开关 GN27—35 2000A 爬电距离≥810mm
33	固定式高压开关柜	JGN2—35—08 改	35kV 2000A 25kA 分段隔离柜 隔离开关 GN27—35 2000A 爬电距离≥810mm
34	固定式高压开关柜	非标	35kV 1250A 25kA 出线PT柜 PT：JDZ9—35 0.5 35/0.1kV 熔断器：XNRP1—35/0.5A 2000MVA 隔离开关 GN27—35 630A（两极） 爬电距离≥810mm

（续）

序号	设备名称	型号	规格
35	固定式高压开关柜	JGN2—35—06 改	35kV　1250A　25kA　所变柜
			所变：SC9—200/35　Dyn11　$u_K\%=6\%$　38.5（1+5%）0.4kV
			熔断器：XRNT—35/6.3A　2000MVA
			隔离开关：GN27—35　630A
			爬电距离≥810mm
36	固定式高压开关柜	JGN2—35—07	35kV　2000A　25kA　主变进线空柜
			爬电距离≥810mm
37	封闭母线桥		35kV　2000A　25kA
			爬电距离≥810mm
38	自动跟踪补偿消谐装置	XHK—Ⅱ	35kV　550kVA
			含：GW4单极隔离开关，消弧线圈，阻波器，避雷器及其他配套设备

第十节　220/110/10kV 变电所电气设备选择举例

一、概述

某县市新建一座 220kV 变电所，安装主变压器一台，额定容量为 180MVA，远景规划为 3×180MVA，额定电压为 220/110/10kV，由 500kV 变电所 220kV 侧出线，为该变电所主供电源。220kV、110kV 侧采用 GIS 组合电气设备、10kV 侧采用高压成套配电装置。

二、母线额定电流的选择

变电所母线穿越功率及电流见表 8-48。

表 8-48　变电所母线穿越功率及电流

母线名称	持续穿越功率/(MVA)	持续穿越电流/A
220kV 主母线	720	1890
220kV 主变进线	189	496
110kV 主母线	360	1890
110kV 主变进线	189	992
10kV 主变进线	90	5200
10kV 分段母线	45	2600

根据选择的母线额定电流应大于母线的工作电流的原则，则

220kV 主母线额定电流 $I_N=3150A>I_g=1890A$

220kV 主变进线额定电流 $I_N=3150A>I_g=496A$

110kV 主母线额定电流 $I_N=3150A>I_g=1890A$

110kV 主变进线额定电流 $I_N=3150A>I_g=992A$

10kV 主变进线额定电流 $I_N = 5000A = I_g = 5000A$

10kV 分段母线额定电流 $I_N = 3150A > I_g = 2600A$

故选择的母线额定电流满足母线运行时的工作电流。

三、短路电流计算

220kV 变电所电气接线原理如图 8-12 所示。

设短路系统基准值如下：

基准容量 $S_j = 100MVA$；基准电压 $U_j = 230kV$、$U_j = 115kV$、$U_j = 10.5kV$；基准电流 $I_j = 0.25kA$、$I_j = 0.50kA$、$I_j = 1.56kA$。

根据电网规划设计原则，220kV 短路电流取 $I_K^{(3)} = 40kA$，则三相短路容量为

$S_K = \sqrt{3} U_N I_K^{(3)} = \sqrt{3} \times 220 \times 40 MVA = 15242 MVA$

系统短路电抗标幺值按式（3-39）计算，得

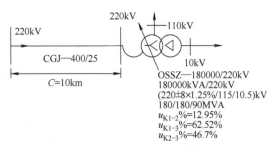

图 8-12 220kV 变电所电气接线原理

$$X_{S \cdot *} = \frac{S_j}{S_K} = \frac{100}{15242} = 0.0066$$

220kV 线路电抗按式（3-22）计算，得

$$X_L = X_{0 \cdot L} L = 0.4 \times 10 = 4\Omega$$

220kV 线路电抗标幺值按式（3-46）计算，得

$$X_{L \cdot *} = X_L \frac{S_j}{U_j^2} = 4 \times \frac{100}{230^2} = 0.00756$$

主变压器三侧电抗百分比按式（3-19）计算，得

$$u_{T1}\% = \frac{1}{2}(u_{K1-2}\% + u_{K1-3}\% - u_{K2-3}\%)$$

$$= \frac{1}{2}(12.95\% + 62.52\% - 46.7\%)$$

$$= 14.385\%$$

$$u_{T2}\% = \frac{1}{2}(u_{K1-2}\% + u_{K2-3}\% - u_{K1-3}\%)$$

$$= \frac{1}{2}(12.95\% + 46.7\% - 62.52\%)$$

$$= -1.435\%$$

$$u_{T3}\% = \frac{1}{2}(u_{K1-3}\% + u_{K2-3}\% - u_{K1-2}\%)$$

$$= \frac{1}{2}(62.52\% + 46.7\% - 12.95\%)$$

$$= 48.135\%$$

主变压器三侧电抗标幺值按式（3-44）计算，得

$$X_{T1 \cdot *} = \frac{u_{T1}\%}{100} \times \frac{S_j}{S_N}$$

$$= \frac{14.385 \times 100}{100 \times 180} = 0.0799$$

$$X_{T2 \cdot *} = \frac{u_{T2}\%}{100} \times \frac{S_j}{S_N}$$

$$= \frac{-1.435 \times 100}{100 \times 180} = -0.00797$$

$$X_{T3 \cdot *} = \frac{u_{T3}\%}{100} \times \frac{S_j}{S_N}$$

$$= \frac{48.135 \times 100}{100 \times 180} = 0.267$$

短路系统电抗标幺值等效电路如图 8-13 所示。

1. K1 处短路电流计算

电抗标幺值为

$$\sum X_{K1 \cdot *} = X_{S \cdot *} + X_{L \cdot *} = 0.0066 + 0.00756 = 0.01416$$

三相短路电流有效值按式（3-53）计算，得

$$I_{K1}^{(3)} = \frac{I_j}{\sum X_{K1 \cdot *}} = \frac{0.25}{0.01416}kA = 17.7kA$$

三相短路电流稳态值为

$$I_{K1 \cdot \infty}^{(3)} = I_{K1}^{(3)} = 17.7kA$$

三相短路电流冲击值按式（3-61）计算，得

$$i_{K1 \cdot imp} = 2.55I_{K1}^{(3)} = 2.55 \times 17.7kA = 45.0kA$$

三相短路全电流最大有效值按式（3-65）计算，得

$$I_{K1 \cdot imp} = 1.51I_{K1}^{(3)} = 1.51 \times 17.7kA = 26.7kA$$

2. K2 处短路电流计算

电抗标幺值为

$$\sum X_{K2 \cdot *} = X_{S \cdot *} + X_{L \cdot *} + X_{T1 \cdot *} + X_{T2 \cdot *}$$
$$= 0.0066 + 0.00756 + 0.0799 - 0.00797$$
$$= 0.0861$$

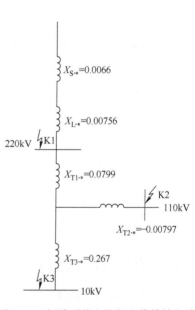

图 8-13 短路系统电抗标幺值等效电路

三相短路电流有效值按式（3-53）计算，得

$$I_{K2}^{(3)} = \frac{I_j}{\sum X_{K2 \cdot *}} = \frac{0.5}{0.0861}kA = 5.8kA$$

三相短路稳态电流为

$$I_{K2 \cdot \infty}^{(3)} = I_{K2}^{(3)} = 5.8kA$$

三相短路电流冲击值按式（3-61）计算，得

$$i_{K2 \cdot imp} = 2.55I_{K2}^{(3)} = 2.55 \times 5.8kA = 14.8kA$$

三相短路全电流最大有效值按式（3-65）计算，得

$$I_{K2 \cdot imp} = 1.51 I_{K2}^{(3)} = 1.51 \times 5.8 kA = 8.8 kA$$

3. K3 处短路电流的计算

电抗标幺值为

$$\sum X_{K3 \cdot *} = X_{S \cdot *} + X_{L \cdot *} + X_{T1 \cdot *} + X_{T3 \cdot *}$$
$$= 0.0066 + 0.00756 + 0.0799 + 0.267$$
$$= 0.361$$

三相短路电流有效值按式（3-53）计算，得

$$I_{K3}^{(3)} = \frac{I_j}{\sum X_{K3 \cdot *}} = \frac{1.56}{0.361} kA = 4.3 kA$$

三相短路电流稳态值为

$$I_{K3 \cdot \infty}^{(3)} = I_{K3}^{(3)} = 4.3 kA$$

三相短路电流冲击值按式（3-61）计算，得

$$i_{K3 \cdot imp} = 2.55 I_{K3}^{(3)} = 2.55 \times 4.3 kA = 11.0 kA$$

三相短路全电流最大有效值按式（3-65）计算，得

$$I_{K3 \cdot imp} = 1.51 I_{K3}^{(3)} = 1.51 \times 4.3 kA = 6.5 kA$$

系统短路电流计算值见表 8-49。

表 8-49　系统短路电流计算值

短路处	有效值 $I_K^{(3)}/kA$	稳态值 $I_{K \cdot \infty}^{(3)}/kA$	冲击值 $i_{K \cdot imp}/kA$	最大有效值 $I_{K \cdot imp}/kA$
K1	17.7	17.7	45.0	26.7
K2	5.8	5.8	14.8	8.8
K3	4.3	4.3	11.0	6.5

四、电气设备的选择

1. GIS 组合电器典型布置

ZFW20—252（L)/T3150—50 型气体绝缘金属封闭开关设备（简称 GIS），包括断路器（CB）、隔离开关（DS）、接地开关（ES）、快速接地开关（HSES）、电流互感器（CT）、电压互感器（VT）、电缆终端、母线（BUS）、二次汇控柜等，它们都是布置在密封的壳体中（二次汇控柜除外）。

断路器由弹簧操动机构驱动，隔离开关、接地开关以及隔离接地组合开关（EDS）由电动机操动机构驱动，快速接地开关由电动弹簧操动机构驱动。

典型 GIS 的工程布置如图 8-14 所示，典型 GIS 对应的一次接线如图 8-15 所示。

2. GIS 组合电气设备间隔结构

ZFW20—252（L)/T3150—50 型 GIS 组合电器电缆进出线间隔结构示意图如图 8-16 所示。

ZFW20—252（L)/T3150—50 型 GIS 组合电器套管进出线间隔结构示意图如图 8-17 所示。

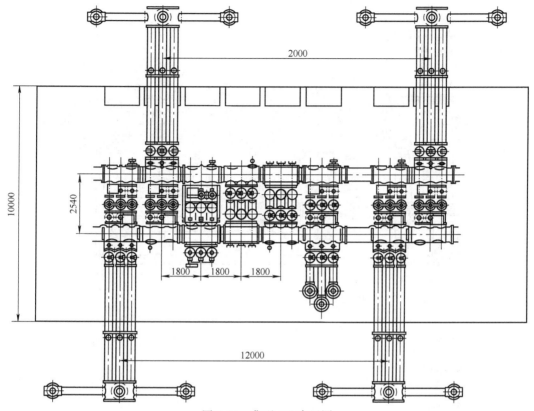

图 8-14　典型 GIS 布置图

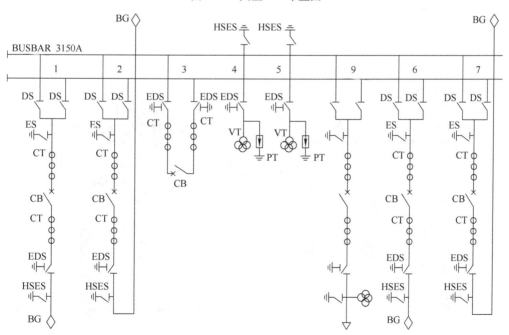

图 8-15　典型 GIS 对应的一次接线图

BUS—铜管型母线　DS—隔离开关　ES—检修接地开关　CT—电流互感器　CB—断路器

EDS—三工位隔离接地组合开关　HSES—快速接地开关　BG—套管

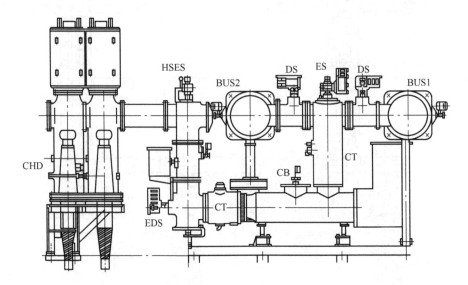

图 8-16　电缆进出线间隔结构示意图

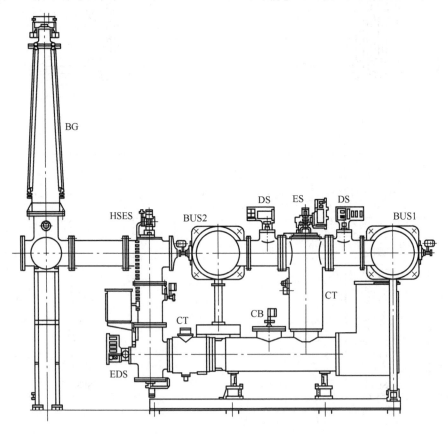

图 8-17　套管进出线间隔结构示意图

GIS 组合电器母联间隔结构示意图如图 8-18 所示，保护间隔结构示意图如图 8-19 所示。

主母线结构：主母线由梅花触头、导体、外壳、支持绝缘子等组成，如图 8-20 所示，梅花触头用于母线和 GIS 的其他部件的连接。

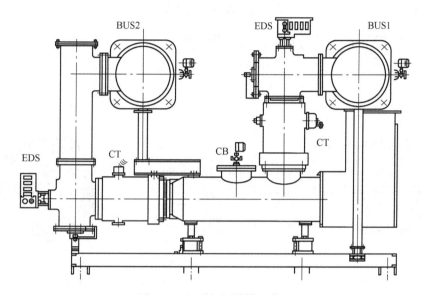

图 8-18　母联间隔结构示意图

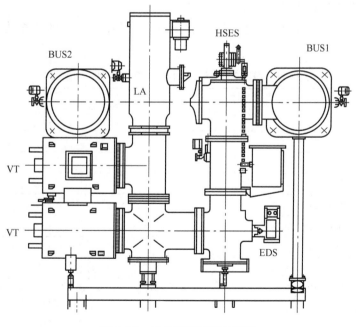

图 8-19　保护间隔结构示意图

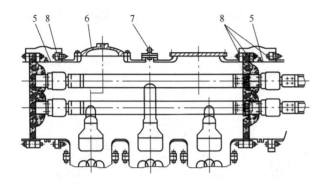

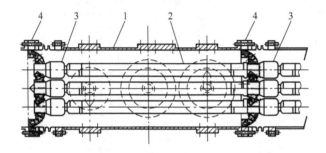

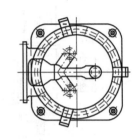

图 8-20　主母线结构

1—外壳　2—导体　3—梅花触头　4—盆式绝缘子　5—伸缩节　6—吸附剂　7—防爆装置　8—O 型密封圈

3. GIS 组合电气设备型号及主要技术参数

（1）GIS 组合电气设备型号及主要技术参数

ZFW20—252（L)/T3150—50 型气体绝缘金属封闭开关设备的主要参数见表 8-50 ~
表 8-58。

表 8-50　ZFW20—252（L)/T3150—50 型主要参数

序号	项目		参数
1	额定电压/kV		252
2	额定频率/Hz		50
3	额定电流/A		3150，4000
4	额定短路开断电流/kA		50
5	额定短时耐受电流/kA		50
6	额定短路持续时间/s		3
7	额定峰值耐受电流/kA		125
8	额定 1min 工频耐受电压（有效值）干试、湿试/kV	对地	460
		断口间	460（+145）
		相间	460
9	额定雷电冲击耐受电压（峰值）/kV	对地	1050
		断口间	1050（+206）
		相间	1050

序号	项目		参数
10	局部放电水平不大于/pC	整机/一个间隔	10/5
		单个绝缘件	3
11	无线电干扰电压　不大于/μV		500
12	SF$_6$ 气体额定压力（20℃表压）/MPa		0.6/0.5[b]
13	SF$_6$ 气体年漏气率　不大于/%/年		0.5
14	断路器、双母线间隔中母线侧隔离开关、快速接地开关气室 SF$_6$ 气体水分含量不大于/μL/L		150
15	其他气室 SF$_6$ 气体水分含量　不大于/μL/L		300
16	防护等级		IP54W
17	噪声水平　（A声级）/dB		≤90
18	进出线套管的端子静拉力/N	水平纵向 F_{thA}	1500
		水平横向 F_{thB}	1000
		静态垂直力 F_{tv}	1250
		风冰引起的水平力 F_{wh}	745

表8-51　隔离开关部分额定参数

序号	项目	参数
1	额定母线转换电流/A	1600
2	额定母线转换电压/V	100
3	分闸时间（不大于）/s	0.8
4	合闸时间（不大于）/s	1.5
5	极间分、合闸不同期差（不大于）/ms	50

表8-52　检修用接地开关部分额定参数

序号	项目	参数	备注
1	分闸时间（不大于）/s	0.8	ES、EDS 中的 ES
2	合闸时间（不大于）/s	1.5	ES、EDS 中的 ES
3	极间分、合闸不同期差（不大于）/ms	50	ES、EDS 中的 ES

表8-53　快速接地开关部分额定参数

序号	项目		参数
1	额定短路关合电流（峰值）/kA		125
2	电磁感应电流开合能力	额定电磁感应电压/kV	30
		额定电磁感应电流/A	400
		关合、开断操作循环/次	10
3	静电感应电流开合能力	额定静电感应电压/kV	45
		额定静电感应电流/A	25
		关合、开断操作循环/次	10

（续）

序号	项目	参数
4	分闸时间（不大于）（包括储能时间）/s	7.5
5	合闸时间（不大于）（包括储能时间）/s	7.5
6	极间分、合闸不同期差（不大于）/ms	5
7	分闸速度/ms	1.5 ±0.5
8	合闸速度/m/s	1.5 ±0.5

表 8-54　电压互感器额定参数（单相）

序号	项目		参数
1	设备最高电压/kV		252
2	额定一次电压/kV		$220/\sqrt{3}$
3	额定二次电压/V		$100/\sqrt{3}$
4	剩余电压绕组额定电压/V		100
5	额定频率/Hz		50
6	一次绕组额定1min工频耐压（方均根值）/kV		460
7	一次绕组额定雷电冲击耐压（峰值）/kV		1050
8	局部放电水平　不大于/pC		5
9	二次绕组绝缘水平（方均根值）/kV	绕组间	3
		对地	3

表 8-55　电流互感器额定参数（单相）

序号	项目		参数
1	设备最高电压/kV		252
2	额定频率/Hz		50
3	额定一次电流/A		500~3150，500~4000
4	额定二次电流/A		1，5
5	额定短时耐受电流/kA		50
6	额定短路持续时间/s		3
7	额定峰值耐受电流/kA		125
8	额定1min工频耐压（有效值）/kV		460
9	额定雷电冲击耐压（峰值）/kV		1050
10	局部放电水平　不大于/pC		5
11	二次绕组绝缘水平（方均根值）/kV	绕组间	3
		对地	3

表 8-56　氧化锌避雷器额定参数

项目	参数
避雷器额定电压/kV	200/204/216
系统标称电压/kV	220
持续运行电压/kV	156/159/168.5
标称放电电流/kA	10
陡波冲击电流残压（峰值）　不大于/kV	582/594/630
雷电冲击电流残压（峰值）　不大于/kV	520/532/562
操作冲击电流残压（峰值）　不大于/kV	442/452/478
长持续时间（2000μs）电流冲击耐受试验次数	20
大电流冲击耐受试验电流值（4/10μs　2次）/kA（峰值）	100
直流 1mA 参考电压　不小于/kV	290/296/314
局部放电水平　不大于/pC	10

表 8-57　操动机构操作电源参数

项目			参数
弹簧操动机构（CB 用）额定电压　DC/V			220/110
电动弹簧操动机构（HSES 用）额定电压　DC/V			220/110
电动机操动机构（DS、EDS、ES 用）额定电压　DC/V			220/110
汇控柜、机构箱中加热器参数	电压　AC/V		220
	功率/W	汇控柜	200
		断路器机构箱	200
		HSES 用电动弹簧机构箱	30

表 8-58　SF_6 气体压力控制参数　　　　　　　　　　（单位：MPa）

项目	参数（各元件具体压力值见工程气隔图）	
SF_6 气体额定压力	0.6	0.5
SF_6 气体压力降低报警压力	0.55	0.45
SF_6 气体压力降低报警解除压力	≤0.58	≤0.48
SF_6 气体最低功能压力	0.5	0.4
SF_6 气体压力降低闭锁压力（仅对断路器）	0.5	—
SF_6 气体压力降低闭锁解除压力（仅对断路器）	≤0.53	—

注：SF_6 气体压力为 20℃时表压。

（2）110kV GIS 组合电气

110kV GIS 组合电气型号及技术参数见表 8-59。

表 8-59 110kV GIS 组合电气型号及技术参数

序号	型号	ZF28A－126
1	额定电压/kV	126
2	额定电流/A	2500
3	额定雷电冲击耐受电压/kV	650
4	额定频率/Hz	50
5	额定短路开断电流/kA	40
6	额定短时耐受电流 kA/s	40/4
7	刀闸额定控制电压/V	AC 220
8	储能电机电压/V	AC 220
9	额定 SF$_6$ 气压（20℃）	0.58MPa 断路器气室/避雷器气室
10	报警 SF$_6$ 气压（20℃）	0.53MPa
11	闭锁 SF$_6$ 气压（20℃）	0.50MPa
12	额定操作顺序	O—0.3S—CO—180S—CO

（3）10kV 开关柜

10kV 开关柜型号及技术参数见表 8-60。

表 8-60 10kV 开关柜型号及技术参数

序号	柜名 型号	进线柜 KYN79（i-AX）—12—026	压变柜 KYN79（i-AX）—12—006	电容器柜 KYN79（i-AX）—12—006	出线柜 KYN79（i-AX）—12—006	分段 120 柜 KYN79（i-AX）—12—013
1	额定电压/kV	12	12	12	12	12
2	额定频率/Hz	50	50	50	50	50
3	额定短时耐受电流（4s）/kA	40	31.5	31.5	31.5	42
4	额定峰值耐受电流/kA	100kA	—	63	63	100
5	额定雷电冲击耐受电压/kV	75	75	75	75	100
6	额定电流/A	4000	—	1250	1250	4000
7	额定短路开断电流/kA	40	—	25	25	40
8	额定短路持续时间/s	4	4	4	4	4
9	额定工频耐受电压/kV	42	42	42	42	42

4. 电气设备的选择

（1）220kV 侧电气设备的选择

选择 ZFW20—252/3150—50 型 GIS 组合电气设备。

额定电压 U_N = 252kV 大于系统运行额定电压 220kV。

额定电流 I_N = 3150A 大于系统主母线持续工作电流 I_g = 1890A。

额定短路开断电流 $I_{N.op} = 50kA$ 大于短路电流冲击值 $i_{imp} = 45kA$。

额定短时耐受电流 $I_{K/3s} = 50kA$，大于短路电流稳态值 $I_K^{(3)}{}_{.\infty} = 17.7kA$

故选择的 ZFW20—252（L）/3150—50 型组合电气设备，满足 220kV 侧电网运行要求。

（2）110kV 侧电气设备的选择

选择 ZF28A—126/2500—40 型组合电气设备。

额定电压 $U_N = 126kV$，大于系统运行额定电压 110kV。

额定电流 $I_N = 2500A$，大于 110kV 主母线工作电流 $I_g = 1890A$。

额定开断电流 $I_{N.op} = 40kA$，大于 110kV 侧三相短路冲击值 $i_{K2.imp} = 14.8kA$。

额定短时耐受电流 $I_K = 40kA/4s$，大于 110kV 侧三相短路电流稳态值 $I_{K.\infty} = 5.8kA$。

故选择的电气设备满足电网运行要求。

（3）10kV 开关柜的选择

选择 KYN79 系列移升式开关柜。

额定电压 $U_N = 12kV$，大于系统运行额定电压 10kV。

额定电流 $I_N = 4000A$，基本能满足 10kV 电网运行电流的要求。

额定短路开断电流 $I_{N.op} = 25kA$、$40kA$，大于 10kV 侧短路电流冲击值 $i_{imp} = 11.0kA$。

额定短时耐受电流 $I_K = 31.5kA/4s$，大于 10kV 侧三相短路稳态电流 $I_{K.\infty} = 4.3kA$。

故选择的开关设备满足电网运行要求。

5. 主变压器 10kV 侧出线母线的选择

主变压器 10kV 侧额定容量为 90MVA，则额定电流为 $I_N = 4955A$，查表 2-23，选择铜管母线 $\phi100/80mm$，额定电流为 5000A。故满足要求。

6. 电气主接线

220/110/10kV 变电所电气主接线如图 8-21（见全文后插页）所示。

参 考 文 献

［1］虞忠年. 电力网电能损耗 ［M］. 北京：中国电力出版社，2000.

［2］江苏省电力公司. 电力系统继电保护原理与实用技术 ［M］. 北京：中国电力出版社，2006.

［3］狄富清. 变电设备合理选择与运行检修 ［M］. 北京：机械工业出版社，2006.

［4］狄富清，狄晓渊. 变电站现场运行实用技术 ［M］. 北京：中国电力出版社，2019.

［5］狄富清，狄晓渊. 配电实用技术 ［M］. 北京：机械工业出版社，2020.

［6］谭恩鼎. 电工基础下册 ［M］. 北京：高等教育出版社，1985.

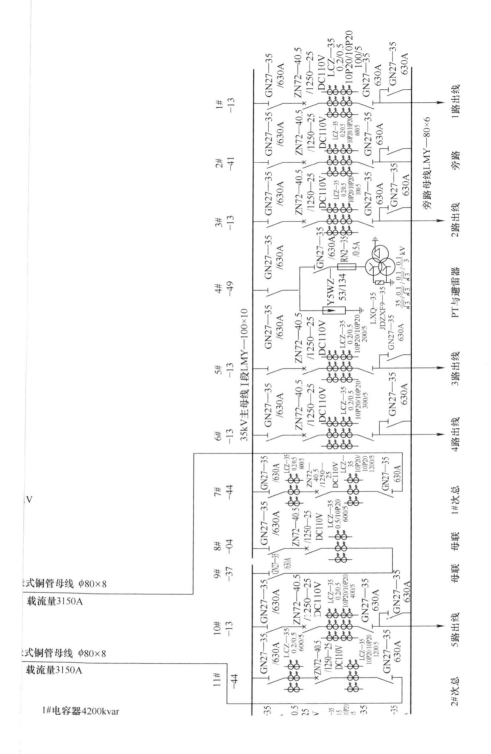

式铜管母线 φ80×8

载流量3150A

式铜管母线 φ80×8

载流量3150A

1#电容器4200kvar